Unsere Ozeane

Jacques Perrin

Unsere Ozeane

Nach dem gleichnamigen Film von
Jacques Perrin und Jacques Cluzaud

Texte von
François Sarano und Stéphane Durand

Aus dem Französischen von
Ursula Held

KNESEBECK

Inhalt

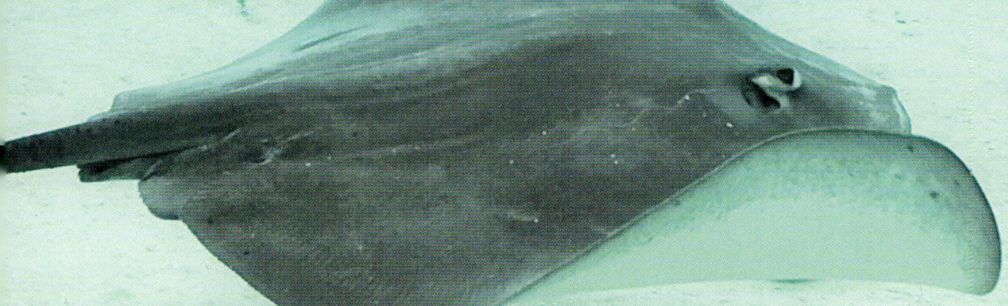

Das Meer … das weckt Assoziationen wie Valparaiso, Vancouver, Aleuten, Sansibar, Macao, Kap Horn, Freibeuter, Moby Dick …

Lauter Ermunterungen zum Abenteuer! Diese Worte machen Lust aufzubrechen, sich die Gischt ins Gesicht peitschen zu lassen und in den Sturm hinauszufahren … Ich gebe zu, dass dies für mich eher für den Film als die Realität gilt. In den 1970er Jahren, nachdem ich *Z – Anatomie eines politischen Mordes* produziert hatte, wollte ich mit Costa Gavras und Jean Labib einen Film über die Verschmutzung der Meere drehen. Aber mir ist dann schnell klar geworden, dass ein solcher Film den Verletzungen, die der Mensch den Ozeanen zufügt, immer hinterherhinken würde. Der Film wäre schon nicht mehr aktuell, wenn er in den Kinos anliefe. Konkret wieder aufgetaucht ist die Idee zu *Unsere Ozeane* vor zehn Jahren, als wir gerade die Arbeit an *Nomaden der Lüfte* beendeten. Uns schwebte eine Geschichte über einen heldenhaften Beschützer der Wale und Meere vor, nach dem Vorbild von Kapitän Paul Watson. Dann aber traten die Meereslebewesen immer mehr in den Vordergrund. Die Geschichte weitete sich aus, wurde immer umfangreicher, und es gab immer mehr Figuren und Sichtweisen – Seeleute, Taucher, Ozeanografen, Fischer, Umweltaktivisten, Umweltverschmutzer, Abenteurer –, um den zahlreichen Facetten der Ozeane gerecht zu werden. Und trotzdem waren es nie genug für die zahllosen Gesichter des Meeres. Die Meereslebewesen überfluteten unser Drehbuch, immer zahlreicher und immer erstaunlicher. Uns wurde klar, dass es nicht einen, sondern tausend Ozeane in einem gibt. Das Meer wurde allgegenwärtig, es lockte und begeisterte uns. Wir würden Nächte, Tage und Jahre brauchen, um all dies zusammenzubringen.

Um Jacques Cluzaud und mich bildete sich ein wertvolles, unverzichtbares Team, das uns half, dem Meer näher zu kommen und es besser zu verstehen: François Sarano, Laurent Debas, Stéphane Durand … und schließlich noch Yvon Le Maho und Laurent Gaudé. Doch nach drei Jahren gemeinsamer Arbeit endete das Drehbuch in einer Sackgasse. Es war ein Werk von drei Stunden und 30 Minuten geworden, das die Geschichte von Personen und Meereslebewesen auf engste verwob, um das größte impressionistische Gemälde des Ozeans entstehen zu lassen – aber es war zu lang! Also folgte ein schmerzhafter Abbruch der Arbeit.

Wir begannen von neuem und konzentrierten uns auf das Wesentliche: die Meereslebewesen als beste Anwälte des Ozeans. Denn diese Art von Kino – vorausgesetzt, dass man nicht nur schöne Dinge filmen oder seinem Pessimismus Ausdruck verleihen möchte – eignet sich wunderbar, um etwas bewusst zu machen, eine Position einzunehmen, etwas aufzudecken und anzuprangern. Dabei spielt es keine Rolle, um welches Thema es geht – es kann noch so komplex sein. Die evokative Kraft des Kinos könnte es wahrlich mit der Kraft des Meeres aufnehmen.

Natürlich waren wir nicht die ersten, die einen Film über das Meer drehen wollten. Aber wir wollten etwas anderes. Kann man anders, neu an etwas Bekanntes herangehen? Wir hatten keine fertigen Lösungen parat. Wir haben gesucht und uns vorgetastet. Die Besonderheit des Tier- oder Naturfilms besteht darin, dass er ein kollektiver Ausdruck ist. Es gibt kein »Ich«, sondern ein kollektives »Wir«. Der Autor verschwindet hinter dem Werk und dem Team, und es sind die aus dem Leben gegriffenen Figuren, die am besten für den Film stehen. Um überhaupt eine Chance zu haben, den Ozean in seiner Gesamtheit zu erfassen, mussten möglichst viele Sichtweisen eingefangen werden. Hundert Paar Augen sind besser als eins, wenn es darum geht, die unzähligen Facetten des Ozeans zu zeigen. Um diese Vielzahl der Blickwinkel zu verdeutlichen, heißt der Film auch *Unsere Ozeane* in der Mehrzahl. Nach und nach bildete sich ein Team, das dieselben Ziele und Fragen verfolgte wie wir und sich ganz der gemeinsamen Sache verschrieb. Jeder brachte seine Fähigkeiten mit, sein Wissen, aber auch seine Zweifel und seine Begeisterung für das Projekt. Das gilt für das Drehbuch wie für die unentbehrlichen technischen Neuerungen, die Spezialeffekte, den Ton, die Musik und die Filmweise. Die Kamerataucher und die Kameraleute an Land mussten sich den Film zu eigen machen, und dies mit ihrer manchmal ganz unterschiedlichen Art, sich den Tieren zu nähern. Sie sollten nachvollziehen können, was Jacques und ich uns wünschten: Dass sie uns lieben lassen, was sie filmen, dass sie nicht mehr beschreiben, sondern sich der Bewegung anschließen, um den flüchtigen Moment zu erfassen, in dem sich die einzigartige Würde des Tieres ausdrückt.

Unsere Ozeane ist ein durch und durch kollektiver Film. Er ist die Summe all dieser Sichtweisen, die (hoffentlich) zu einem kohärenten Ganzen führen, das ja vor allem eine Darbietung sein soll. Der Ozean ist viel zu riesig, als dass ihn ein einziger Blickwinkel ausschöpfen könnte. Natürlich ist diese Vorgehensweise nicht ganz einfach, und sie benötigt viel Zeit: drei Jahre für das Drehbuch und die Vorbereitungen, fast vier Jahre Filmaufnahmen und unzählige Versuche und Rückschläge, die uns nach und nach ermöglichten, unsere Wünsche zu präzisieren und unsere Intention besser zu verdeutlichen. *Nomaden der Lüfte* war schon keine einfache Arbeit – aber *Unsere Ozeane* war noch hundertmal komplizierter. Unter Wasser sind unsere Kameraleute in ihren Bewegungen eingeschränkt und vollkommen kurzsichtig. Sie sind zu langsam, um den Fischen zu folgen und befinden sich in einem Milieu, in dem die Sichtweite selten mehr als 15 Meter beträgt. Trotzdem wollten wir die Lebensweise und die Bewegung von so unterschiedlichen Meerestieren wir Tintenfischen und Fächerfischen zeigen. *Unsere Ozeane* ist kein Dokumentarfilm, sondern eine »wilde Oper«. Und jeder hat ein paar Noten und Fragmente zur Partitur beigetragen.

Wir haben einen Film mit »geöffneten Fenstern« produziert, um der ständig im Wandel begriffenen Meereswelt gerecht zu werden. Wir wollten uns nicht auf Einzelbeispiele versteifen. Im Gegenteil: Das Projekt sollte sich mit den aktuellen Ereignissen entwickeln, damit es die Chance hat, beispielhaft zu werden. Der lange und schwierige Prozess macht doch das Abenteuer erst verlockend. Wenn das erträumte Ziel nicht erreichbar ist, dann wird der Weg zum Ziel – wenn nur unsere Vorgehensweise konsequent bleibt, indem sie den Ausdruck der Mittel meistert.

Unsere Ozeane war für uns alle eine echte Lebenserfahrung. Heute können wir mit den technischen Hilfsmitteln besser umgehen, und wir kennen auch die Tiere und ihre Lebensräume besser. Fast wünschte man sich, die Dreharbeiten würden morgen beginnen. Aber noch mehr Aufnahmen, so schön sie auch sein mögen, würden nicht mehr Emotion transportieren. Wir haben zwar die technischen Mittel nicht ausgeschöpft, aber wir sind an die Grenzen der Empfindung gegangen. Wichtig ist doch die Jugend, würde ein alter Mann sagen: ihre Begeisterung, ihre Energie und ihre Entschlossenheit, den eigenen Weg zu gehen, ohne sich auf den eigenen Errungenschaften auszuruhen. Man darf unterwegs nur nicht seine Ideale und Träume vergessen.

JACQUES PERRIN

»Der Ozean? Was ist das?«, fragt ein Kind zu Beginn des Films.

Um ihm antworten zu können, müssen wir zuerst einmal Zahlen, Erklärungen und Untersuchungen vergessen. Bei dem Versuch, die Geschichte der Ozeane zu schildern, wollten wir andere Türen öffnen. Wir wollten uns nicht auf Statistiken stützen, sondern auf die fantastische und magische Erzählung vom Wunder dieser kleinen Welt namens Korallenriff, vom Heldenmut der dahinschnellenden Delfine, vom anmutigen Tanz der Buckelwale und Riesenkraken, vom Schrecken der Gewalt, die den Ozeanen und ihren Lebewesen angetan wird, vom unglaublichen Schauspiel des tosenden Meeres bei einem gewaltigen Sturm, von der Stille in einem Museum der ausgestorbenen Arten, vom fragenden Blick eines Zackenbarschs oder eines Seeelefanten ...

Der Film *Unsere Ozeane* soll nicht versuchen, das Verhalten der Tiere zu erklären oder Informationen über die verschiedenen Arten zu geben. Es soll nicht darum gehen, die Zuschauer zu bilden, sondern sie zu berühren.

In den 50 Jahren nach *Die schweigende Welt* von Kapitän Jacques Cousteau haben Hunderte von Filmemachern aller Nationalitäten unglaubliche Dokumentationen über die meisten Meereslebewesen gedreht. In welche Richtung kann man also gehen, um etwas »Neues« zu finden? Die einzige Antwort lautet: in alle möglichen Richtungen. Da ist zum einen natürlich die Bewegung, wie bei *Nomaden der Lüfte*, also das Begleiten der Meerestiere in ihrer Dynamik. Aber auch die Suche nach einer neuen Beleuchtungstechnik im dunklen oder nächtlichen Ozean. Und vor allem der unabdingbare Kontakt mit dem gefilmten Tier, bis man Einstellungen bekommt, die das Motiv in eine Person verwandeln.

Jacques Perrin hat die seltene und besondere Eigenschaft, dass allem ohne irgendeine Vorstellung von Begrenzung nachgegangen wird – angefangen beim nicht existierenden Zeitlimit.

Während der Dreharbeiten ist die Zeit unsere wertvollste Verbündete. Sie ist unentbehrlich, wenn man Aufnahmen benötigt, mit denen man eine so dichte und dynamische Sequenz zusammenstellen kann wie für einen Spielfilm, obwohl die Natur weder kontrollierbar noch vollkommen vorhersehbar ist. Die Zeit erlaubt uns, immer wieder von vorn anzufangen – ganz gleich, wie schwierig das Unternehmen sein mag.

Einen Film wie *Unsere Ozeane* zu realisieren, bedeutet, permanent auf der Suche zu sein, und ich glaube, die Begierde, in neuen Richtungen zu suchen, zeichnet all jene aus, die den Film bis zum Ende begleitet haben. Denn letztendlich ist es ja das, was Jacques Perrin von jenen verlangt, die das Glück haben, mit ihm zu arbeiten: Ihre Träume bis zum Ende zu verfolgen. Der seine bleibt unendlich ...

Wie bei *Nomaden der Lüfte* fanden Filmemacher aus zwei Bereichen zusammen. Spezialisten der Tierwelt arbeiteten neben Spielfilm-Experten, da *Unsere Ozeane* über die Dokumentation hinausgehen und ganz einfach ein Kinofilm werden sollte.

Die vier Jahre andauernden Dreharbeiten haben uns an sehr besondere Orte unseres Planeten geführt, die man in zwei große Kategorien unterteilen könnte: jene, an denen sich das Leben zu zeigen scheint wie vor Tausenden, ja Millionen von Jahren, und jene, an denen sich die Ordnung der Natur offensichtlich ernsthaft verändert hat. Die Fülle und den Reichtum der Meere, auf deren Suche wir uns begaben, konnten wir an Orten, die durch die Aktivitäten des Menschen – Überfischung, Verschmutzung und betonierte Küsten – zerstört wurden, nicht mehr finden.

Wie eine Handvoll Konfetti, die auf den Planeten geworfen wurden, gibt es hier und da noch Refugien und geschützte Räume, in denen das Leben hartnäckig und kraftvoll besteht oder neu entsteht.

Bei den Kokosinseln vor Costa Rica muss man nur den Kopf ins Wasser stecken, um Fische aller Arten, Haie aller Gattungen, Rochen in jeder Größe, Schildkröten und alle möglichen Meeressäugetiere herumschwirren zu sehen.

Auf der kleinen Insel Coburg im Norden der Arktis, die selbst unsere einheimischen Begleiter aus dem Volk der Inuit noch nie betreten hatten, sind Seehunde, Walrosse und Eisbären noch ganz unter sich.

Ganz im Westen der Galapagosinseln, an der Spitze der Insel Fernandina, die höchstens alle 20 Jahre ein Wissenschaftler besucht, haben sich Adler inmitten von Meeresleguanen, Seelöwen und Kormoranen einige Meter von uns postiert, um sich uns seltsame Zweibeiner aus der Nähe anzuschauen.

Die Filmaufnahmen für *Unsere Ozeane* und die Fotos für dieses Buch sind hauptsächlich an diesen kleinen Orten der Erde entstanden – in der Hoffnung, dass es sich nicht um den Abglanz einer vergangenen Vielfalt handelt, sondern um das unerschütterliche, immer wiederkehrende, wilde und freie Leben.

JACQUES CLUZAUD

Der Film

»Der Ozean? Was ist das?«

Wenn ein Kind einem Meeresforscher diese Frage stellt, weiß er zuerst einmal keine passende Antwort. Wo soll man beginnen? Das Kind wird sich nicht mit Statistiken, lateinischen Namen und physikalischen oder chemischen Erklärungen zufrieden geben. Die Wissenschaft erscheint auf einmal ungeeignet, die Neugier des Kindes zu befriedigen. Worte wirken unpassend, um vom Meer zu erzählen. Stattdessen kommen Bilder in den Sinn, Eindrücke und Empfindungen werden herangespült. Es sind Meereslebewesen mit vorsintflutlichem Aussehen, die unseren Ozean bevölkern. Geharnischte Kreaturen mit stacheligem Kamm tauchen aus dem Ozean auf und erobern die Flüsse – wie ihre Vorfahren vor 360 Millionen Jahren. Die urtümlichen Monster setzen ihren Fuß auf eine unberührte Erde, die noch niemandem gehört. Symbole einer langen und langsamen Geschichte, die sich mit einem Mal zusammenballt. Die Jahrtausende prallen aufeinander. Unter den ängstlichen Blicken der Meeresleguane startet eine Rakete.
Der Mensch erforscht das All ... obwohl er noch nichts über die Tiefen des Ozeans und die Geheimnisse der Meereswelt weiß ...

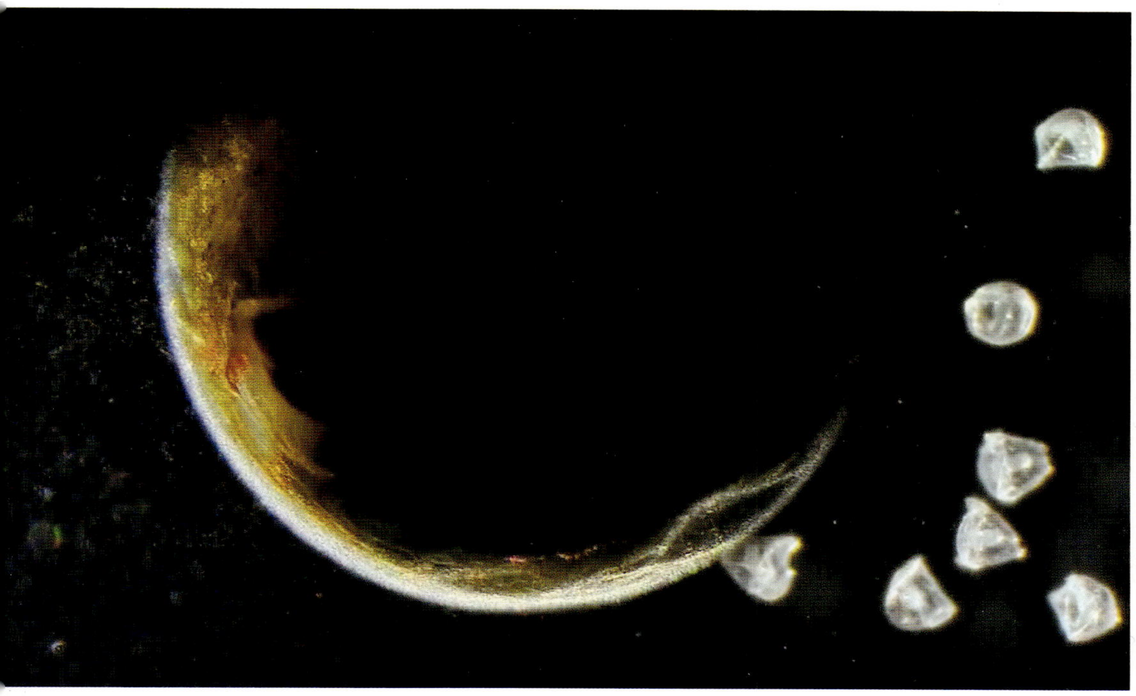

»Zur Zeit der großen Entdeckungen durchkreuzten Seefahrer die Meere und streiften eine Welt, von deren Fülle, Reichtum und Geheimnissen sie nichts ahnten.«

Die Rakete verschwindet in den Tiefen des Raums. Gleich einem Echo folgen den fernen Galaxien lebende Sterne, die einen Tropfen Meerwasser bevölkern. Seltsame Konstellationen, in denen die Asteroiden und Planeten im Rhythmus winziger Herzen schlagen. Zwei unendliche Welten treffen aufeinander, in überraschendem Einklang …

Langsam verschwimmen die Gestirne und Lebensteilchen im anbrechenden Tageslicht. Die Sonne bescheint bebende, durchsichtige Schirme. Ein paar Farbtupfer akzentuieren die schwebenden Quallen. Der ganze Ozean belebt sich im Rhythmus ihrer regelmäßigen Stöße. Mantarochen eröffnen den Tanz. Im blauen Kielwasser ihres Fluges sprießt die Fülle des Lebens. Fischschwärme strömen herbei: Makrelen mit metallisch schimmernden Flanken, kobaltblaue Thunfische, fahlgelbe Kuhnasenrochen – eine Flut von Schuppen, eine Horde goldener und silberner Flossen. Die Schwärme sind so dicht, dass sie keinen Anfang und kein Ende zu haben scheinen.

Auf einmal erstarrt der Schwarm und zieht sich unter der unbändigen Wucht der Angreifer zusammen. Delfine schießen heran. Eilende Streifen. Sie brechen durch die Wellen und bestürmen den Fischschwarm, der an der Wasseroberfläche Rettung sucht. Doch gleich tauchen Tölpel herab, die wie Hellebarden in den aufgescheuchten Sardinenschwarm stoßen.

Aus der Tiefe steigen Haie auf, um am großen Fressen teilzuhaben. Sie durchschneiden die Masse kleiner Fische und greifen mit großen Bissen in die lebende Menge. Dann legt sich der Sturm. Die Angreifer sind gesättigt. Die Tölpel mit ihren langen Flügeln sind voll und schwer. Sie versuchen vergeblich, wieder abzuheben. Der Ozean beruhigt sich.

»Zu jener Zeit haben sich die wildlebenden Tiere riesige Gebiete geteilt. Der Ozean gehörte ihnen.«

Seelöwen machen es sich an einem weißen Sandstrand bequem. Sie sind ins gemeinsame Spiel vertieft und achten nicht auf ihre lauernden Feinde. Schwertwale und Weiße Haie warten auf den kleinsten unaufmerksamen Moment. Nach ihren jähen Angriffen sind die Entkommenen eine Weile wie betäubt. Aber das Leben nimmt seinen Lauf.

Im kristallklaren Wasser einer Lagune umsorgt ein Buckelwalweibchen ihr noch zerknittertes Neugeborenes mit mütterlicher Zärtlichkeit. Endloses Herumtollen und grenzenlose Zuneigung bei den Spinnerdelfinen. Ruhe und Gelassenheit. Und am Grund, einige Meter unter dem heiteren Frieden, dem Spiel und der Unbekümmertheit der großen Meerestiere, versteckt sich eine andere Welt: Rückenpanzer, Augen, Beine, Antennen ... Im Licht des Vollmonds erobert ein buntes Universum, eine Vielfalt der ungewöhnlichsten Formen das Riff. Die Kreaturen wimmeln wie mechanisch umher und tanzen ein anderes, jedoch nicht weniger dramatisches Ballett: Zwischen einer Krabbe und einer Garnele spielt sich ein tödlicher Kampf ab, und Fische, die nicht schwimmen können, kriechen auf seltsame Art über den Grund. Sie sind so gut getarnt, dass sie den kleinen vorbeiziehenden Fischen keine Chance lassen. Die mikroskopischen und die riesenhaften Kreaturen des Meeres übertreffen sich gegenseitig mit ihren Kniffen und Tricks beim Verstecken, plötzlichen Angreifen und Verführen.

Über Jahrhunderte haben Entdecker, die auf der Suche nach neuem Land in See stachen, diesem Reichtum der Ozeane keine Beachtung geschenkt. Sie konnten sich nicht vorstellen, dass unter den Rümpfen ihrer Schiffe solche Schätze verborgen waren.

»Die großen Wanderungen finden im Rhythmus der Jahreszeiten statt. Das Meer ist ein riesiger, freier Raum, den die Tiere beliebig und ungehindert von einem Kontinent zum anderen durchstreifen.«

Delfine durchstoßen die Wasseroberfläche. Sie schnellen dahin und schießen empor wie Raketen. Wie Wellen, die sich im Wasser verbreiten. Das Wasser, das sie doch eigentlich bremsen müsste, scheint sie nur noch zu beschleunigen. Sie sind ganz Bewegung, Schwingung, im Einklang mit dem Ozean. Blauwale, Buckelwale, Mondfische und Gelbflossen-Thunfische, Walhaie und Blauhaie streifen von einer Insel zur anderen, durch warme und kalte Gewässer, von Osten nach Westen, aus der Tiefe zur Oberfläche. Sie durchkreuzen ungehindert die Ozeane, um an einem Ort Nahrung zu finden und am anderen Ende des Globus ihren Nachwuchs zu bekommen.

Die großen Wanderer durchqueren den gewaltigen, quasi unbegrenzten Raum der Meere, um von den Gaben des Ozeans zu profitieren, die sich im Wechsel der Strömungen, Winde und Jahreszeiten verändern. Das Meer ist ihr Garten. Er verbindet die entferntesten Flecken Erde, und die Arten kolonisieren selbst an Bord von behelfsmäßigen Flößen neue Ufer. Das Leben ist überall, ganz gleich auf welcher Länge und Breite und in welcher Tiefe. Es tritt sogar ins Innere der Kontinente, wo der Ozean Wurzeln fasst und die Roten Lachse die Flüsse hinaufwandern.

»Mit Inkaufnahme einer Katastrophe ist der Sieg des Menschen über die Natur beinahe vollendet.«

Die Roten Thunfische durchziehen das Blau, doch auf einmal weichen sie zurück: Ihre Wanderroute ist blockiert! Der gesamte Ozean scheint eingesperrt, mit Netzen durchzogen, von Langleinen durchkreuzt. Haken schneiden sich ins Fleisch. Ein Tier nach dem anderen wird abgeschlachtet, ganze Arten ausgerottet. Ein Wal wird von einer Harpune niedergestreckt …

Die lange Harmonie des wilden Lebens wird jäh vernichtet: Die Menschen fischen und verschmutzen die Meere über das Erträgliche hinaus, und sie sind sich dessen nicht einmal bewusst. Der Mensch, das kleine, letzte Lebewesen der Evolution mit seinem Hochmut und seiner Technologie, weiß nicht einmal, was er da zerstört.

Der alte Professor, der vom Ozean erzählt, und das fragende Kind ziehen eine traurige Bilanz. Sie durchwandern die Gänge eines imaginären Museums, in dem alle Tiere, die der Mensch bereits ausgerottet hat, sowie zahlreiche Arten, die vom Aussterben bedroht sind, versammelt sind.

»Heute tauchen Meeresforscher respektvoll in den Ozean ab. Sie wollen lernen und verstehen, bevor es zu spät ist.«

Sie tauchen in dunklen Grotten und riesigen Kelpwäldern. Sie suchen die respektvolle Begegnung mit bekannten, verkannten und unbekannten Arten. Sie eröffnen einen neuen Blickwinkel auf die Meereswelt. Fern aller Vorurteile und Märchen sucht ein Taucher sogar die Nähe zu einem Weißen Hai, dem am meisten gefürchteten Raubtier der Meere. Damit offenbart er das Ausmaß unserer Unkenntnis und unterbreitet symbolisch eine neue Beziehung zwischen Mensch und Meereswelt.

Doch wie bei Seeleuten, die in einen Sturm geraten sind, braucht es viel Einsatz und starken Zusammenhalt, um den vom Menschen losgetretenen ökologischen Orkan zu bekämpfen.

Von ihren Umlaufbahnen aus beobachten Satelliten, wie unser Müll von den Flüssen fortgetragen wird. Die Satelliten erfassen die Meeresströmungen, die sich wie Adern durch die Ozeane ziehen und die Gifte in die entlegensten Orte spülen.

»In den weißen Eisgebieten am letzten Ende der Welt sind die Tiere noch geschützt. Aber wie lange?«

Im scheinbar unberührten Eismeer des Südpols vollführt ein Seeleopard einen Tanz, und Pinguine fliegen wie Schwalben im blauen Himmel des Ozeans. Am anderen Ende der Welt beleben Narwale und Weißwale die dunklen Gewässer der Arktis, und ein Walrossweibchen umschlingt ihr Neugeborenes wie eine Madonna ihr Kind. Makellose Welten in belebter Stille. Nur das Pfeifen des Windes und das Knacken des Eises sind zu hören. Die Kälte, die Nacht und das Packeis wirken wie unüberwindliche Grenzen. Die weißen Refugien scheinen geschützt vor menschlichem Tun. Aber die Entfernung reicht nicht mehr. Unsere Abfälle haben die letzten Winkel des Planeten erreicht. Und das Eis geht immer weiter zurück. Auf einmal eröffnen sich neue Schifffahrtsrouten über den Nordpol. Gier und Profit haben freien Lauf. Nicht aber die Natur. Die Rufe der wilden Tiere bleiben ungehört.

»Es gibt keinen Ersatz-Ozean …«

Das Kind und der Meeresforscher stehen vor einem riesigen Aquarium, in dem alle möglichen Fischarten verschiedenster Größe zusammengepfercht sind, die sich in der Natur wahrscheinlich nie begegnet wären: ein Walhai, ein Geigenrochen, ein Sägehai, Schmetterlingsfische und ein Riesenbarsch … eine traurige Ansammlung von Tierarten.

Müssen wir uns darauf einstellen, bald in einer vollkommen künstlichen Welt zu leben, in der die Vertreter einer Art wie blasse Abbilder einer vergangenen Vielfalt in Zoos oder Aquarien erhalten werden?

Das Kind und der Meeresforscher wenden sich von dem Wasserbecken ab und treten vor ein riesiges Hologramm der Erde, unseres Blauen Planeten, dessen Verletzlichkeit und Reichtum man wirklich erst mit einem Blick aus dem All erfasst.

Wir haben keinen Ersatz-Ozean und keinen Reserve-Planeten. Das Meer ist auch heute noch reich, und es hat Widerstandskraft.

Es braucht nicht viel, damit es seine Schätze zurückerlangt.

Es braucht nur unseren Willen.

»Sollten wir uns die Erde nicht mit einer wilden und freien Natur teilen?«

Meeres-
bewohner

NORDPOLARMEER
Eisgrenze (Juli)
KARASEE
OSTSIBIRISCHE SEE
BARENTSEE
Schwertwal
NORWEGISCHES MEER
Nördlicher Polarkreis
BERING
Riesenhai
NORD-MEER
EUROPA
ASIEN
Plankton
SCHWARZES MEER
JAPANI-SCHES MEER
Napoleonfisch
Schwertfisch
Roter Thunfisch
MITTELMEER
Löcherkrake und Riesenqualle
Dugong, Grüne Meeresschildkröte, Ostpazifischer Delfin und Korallenriff
Nördlicher Wendekreis
NORD
PAZIF
AFRIKA
ARABISCHES MEER
GOLF VON BENGALEN
SÜDCHINE-SISCHES MEER
Prachtsepia
Äquator
JAVASEE
Buckelwal
Buckelwal
INDISCHER OZEAN
Korallenriff-Fauna
Korallenriff-Fauna
Korallenrif
Südlicher Wendekreis
Fregattvogel und Grüne Meeresschildkröte
AUSTRALIEN
Schwertwal
Weißer Hai
Kaptölpel
Sardine und Gemeiner Delfin
Riesenkrake
Elefantenfisch und Riesenseespinne
TASMANISCHE SEE
SÜDPOLARMEER
Weddellrobbe und Kaiserpinguin
Südlicher Polarkreis
ANTARKTIS

Narwal und Eisbär
Walross
BAFFIN BAY
Weißwal
HUDSON BAY
LABRADORSEE
Buckelwal
Lachs
NORD-AMERIKA
Goldqualle und Meerotter
Kalifornischer Seelöwe
Blauwal und Mondfisch
Weißer Hai und Seeelefant
Blauwal
Mantarochen
Fortpflanzung der Korallen
Pfeilschwanzkrebse
Zügeldelfin
NORD-ATLANTIK
Segelfisch
KARIBISCHES MEER
Pottwal
Walhai
Hammerhai
Ostpazifischer Delfin
Lederschildkröte
Meerechse und Seelöwe
SÜD-AMERIKA
Blaupunktrochen
Buckelwal
SÜD-PAZIFIK
SÜD-ATLANTIK
Schwertwal, Seelöwe und Seeelefant
DRAKESTRASSE
Seeleopard und Eselspinguin
Eisgrenze (Dezember)
0
3000 km

Der Weiße Hai

Insel Guadalupe, Mexiko

False Bay,
Südafrika

20 Meter unter der Oberfläche gleite ich durch den blauen Ozean. Zur Orientierung habe ich nur die fächerförmig durch das Wasser stoßenden Sonnenstrahlen. Sie lassen in der Tiefe einen grauen, weiß untersetzten Umriss erkennen. Die Gestalt kreist umher, richtet sich auf und steigt an die Oberfläche. In wenigen Sekunden bekommt die undeutliche Silhouette Flossen, entwickelt Muskeln und verwandelt sich in eine kraftvolle und entschlossene Masse. Kein Zweifel, ich habe einen Weißen Hai vor mir.

Er schwimmt schnell und ohne Umschweife voran. Dabei wedelt er nicht wie kleinere Haie mit dem Kopf, sondern bleibt schnurgerade auf Kurs. Er hat den festen Körper eines ausgewachsenen Tieres. Mindestens fünf Meter lang ist es, ein Weibchen, gezeichnet mit tiefen Narben. Ich befinde mich in seinem Jagdrevier. Sein halboffenes Maul kaut nervös. Plötzlich lässt ein tiefer Schluck seine Kiemen anschwellen. Seine großen Brustflossen drehen sich von der Horizontale in die Vertikale. Es greift an. Zehn Meter, fünf Meter, zwei Meter ... Das »Monster« überwältigt mich ...

Ich rühre mich nicht. Ich lasse mich nicht einschüchtern.

Im letzten Moment stoppt das Weibchen seinen Angriff und dreht ab. Ich habe sein schwarzes Auge knapp einen Meter vor mir. Wir mustern uns. Es taxiert das fremde Wesen, das nicht auf seine Provokation eingegangen ist. Aber um seine Gebietshoheit zu betonen, steigt es zur Oberfläche auf und zeigt mir seinen weißen Bauch.

Dann kommt es zurück. Die Brustflossen stehen wieder horizontal – also hat es sich beruhigt. Es schwimmt langsam. Seine uneingeschränkte Selbstsicherheit überträgt sich. Ich empfinde eine überwältigende und wohltuende Gelassenheit.

Der Weiße Hai gleitet so nah an mir vorbei, dass ich ihn streicheln könnte. Ich atme kurz aus, um seine Geschwindigkeit aufzunehmen und mich an seine Seite zu drehen. Wir schwimmen nebeneinander, Schulter an Flosse. Wir streifen uns respektvoll. Nichts steht zwischen uns, nicht der geringste Hintergedanke. Es ist ein stilles Einverständnis, wie zu Beginn der Welt. Eine aufrichtige Begegnung, ohne Berechnung, ohne Hinterlist. Eine dieser Begegnungen, die mich eine tiefe Freude über den Kontakt mit der lebendigen Welt empfinden lassen und zeigen, wie unentbehrlich uns das ungezähmte, unvorhersehbare Leben der Natur ist.

STECKBRIEF

Carcharodon carcharias
Weißer Hai

Größe und Gewicht (maximal):
7,2 m/2,5 t

Lebenserwartung:
30 Jahre, unter Umständen mehr

Geschlechtsreife:
Männchen: 10 Jahre (etwa 4 m)
Weibchen: 15 Jahre (etwa 4,5 m)

Fortpflanzung:
Ovovivipar. Das Weibchen trägt ein Dutzend lebensfähige Embryonen. Die Tragzeit beträgt ein Jahr. Bei ihrer Geburt wiegen die jungen Haie 18 kg bei einer Länge von 1,2 m.

Man kann jeden Weißen Hai an den Einkerbungen auf seiner Rückenflosse und der Zeichnung und Pigmentierung seines Körpers erkennen. Besonders drei Zonen sind hier von Bedeutung: die weißen Flecken auf der Schwanzflosse, der Zusammenfluss der dunklen Flankenpigmentierung mit der Pigmentierung der Afterflosse und die Zeichnung des hellen Bereichs auf den Kiemendeckeln. Mit dem »Passfoto« eines Hais lassen sich die Bewegungen des Tieres nachvollziehen und sein Verhalten besser verstehen.

Ein Weißer Hai besitzt ausgesprochen geschärfte Sinne. Mit seinem seitlichen Hörorgan kann er die leiseste Vibration aus Hunderten Metern Entfernung wahrnehmen und registriert sofort jede ungewohnte Bewegung, die auf eine Beute hindeuten könnte. Sein besonders feiner Geruchssinn nimmt Blut- und Verwesungsgeruch aus großer Entfernung wahr und führt den Hai zuverlässig zu seiner Quelle. Aber der Weiße Hai ist vornehmlich ein Sichtjäger. Er hat eine hervorragende Unterwassersicht und ist der einzige Hai, der auch außerhalb des Wassers sehen kann. Zu guter Letzt ist seine Schnauze mit Poren besetzt, hinter denen Rezeptoren liegen, die elektrische Felder wahrnehmen. Diese sogenannten Lorenzinischen Ampullen ermöglichen es dem Hai, Muskelkontraktionen von unsichtbaren Nachttieren oder unter dem Sand versteckten Lebewesen zu erspüren.

Der Hai als Wandertier

Der Weiße Hai lebt in allen Meeren mit gemäßigten Temperaturen, so auch im Mittelmeer. Lange wurde angenommen, dass er sich in einem begrenzten Jagdrevier in Küstennähe bewegt und etwa 13 °C warmes Oberflächenwasser bevorzugt. Studien, in denen seine Bewegungen mithilfe von per Satellit überwachten Sendern verfolgt wurden, haben diese Annahme jedoch nicht bestätigt. Im nordöstlichen Pazifik zum Beispiel haben Weiße Haie in nur 40 Tagen mehr als 3800 Kilometer zwischen der kalifornischen Küste und den Hawaii-Inseln zurückgelegt! Die Tiere sammeln sich zum Herbst im bis 30 Meter tiefen und zehn bis 14 °C warmen Oberflächenwasser der kalifornischen Farallon-Inseln. Anschließend schwimmen sie ins offene Meer und verbringen dort den Rest des Jahres. Sie verweilen in einer Tiefe von 300 bis 680 Metern in bis zu 4,8 °C kaltem Wasser. Aber im Laufe des Tages steigen sie regelmäßig an die Oberfläche, an der das Wasser 26 °C erreicht, und tolerieren so extreme Temperaturunterschiede.

Die Körpertemperatur des Weißen Hais liegt stets mindestens 10 °C höher als die Temperatur des umgebenden Wassers. Der Haiexperte Mauricio Hoyas nimmt an, dass die innere Temperatur der Tiere 26 °C beträgt. Damit rücken sie in die Nähe warmblütiger Säugetiere und unterscheiden sich radikal von einem Großteil der Fische, deren Temperatur üblicherweise der Umgebungstemperatur entspricht. Die erhöhte Temperatur der Haie ist ein entscheidender Vorteil, denn sie beschleunigt den Stoffwechsel und ermöglicht es dem Tier, schneller und länger zu schwimmen. Andererseits erfordert sie mehr Energie und damit eine größere Nahrungsaufnahme.

Wenn er sich ruhig und selbstsicher im Wasser bewegt, hält der Hai seine Brustflossen horizontal. In Angriffshaltung dagegen senkt er die Flossen ab.

Weiße Haie unter sich

Der Weiße Hai ist ein Einzelgänger – im Gegensatz zu anderen Haien wie dem Grauhai, Seidenhai, Schwarzspitzenhai, Bronzehai und Hammerhai, die sich in Schwärmen bewegen. In Gruppen jagende Weiße Haie hat man noch nie vorgefunden. Trotzdem können sich mehrere, vom Geruch der Beute angezogene Tiere an einem Ort sammeln. Diese Situation haben wir herbeizuführen versucht, indem wir bei unseren Tauchgängen bei Guadalupe Fischbrocken ins Wasser warfen.
Während der acht Tauchtage haben wir ungefähr 15 Haie beobachtet, darunter fünf große Weibchen mit einer Länge von mehr als fünf Metern. Wenn die Weibchen gleichzeitig angeschwommen kamen, vermieden sie jede Konfrontation, ohne dass sich eine klare Hierarchie herausbildete. Sie schwammen nie nebeneinander, sondern beschrieben verschlungene Ellipsen und stiegen abwechselnd an die Oberfläche.
Wenn jedoch Tiere verschiedener Größe zusammentrafen (beispielsweise ein großes Weibchen und ein kleines Männchen), war sehr schnell eine Hierarchie zu erkennen. Gegenüber einem Konkurrenten und zur Verdeutlichung seiner Stärke stemmt sich der Hai auf und neigt seine Brustflossen in die Vertikale. Diese Position verdickt den Hals und lässt das Tier imposanter erscheinen. Der schwächere Hai entfernt sich, der stärkere Hai bleibt nahe an der Oberfläche und bietet sich auf diese Weise einem Angriff aus der Tiefe. Drückt diese Haltung seine Selbstsicherheit und Dominanz aus? Das bei Grauen Riffhaien *(Carcharhinus amblyrhynchos)* bekannte Verhalten wurde bei Weißen Haien bisher nicht beschrieben. Wir haben es ebenfalls bei Kleinen Schwarzspitzenhaien *(Carcharhinus limbatus)* in Südafrika beobachtet.

Bei der False Bay in Südafrika springt ein Weißer Hai nach einem künstlichen Köder, den die Wissenschaftler einsetzen, um sein Jagdverhalten zu untersuchen.

Wer frisst wen?

Bevor er groß und stark wird, ist der junge Weiße Hai seinen ausgewachsenen Artgenossen und Schwertwalen ausgesetzt. Aber auch ausgewachsene Tiere werden manchmal von männlichen Ohrenrobben oder Seeelefanten angegriffen, die ihren Harem verteidigen. Der junge Hai mit einer Länge von weniger als drei Metern ernährt sich hauptsächlich von Fisch. Ausgewachsene Haie sind wenig wählerisch, haben aber eine Vorliebe für Meeressäugetiere. Wir haben bei Guadalupe einen Angriff auf einen Seeelefanten beobachtet und an der False Bay in Südafrika die Erbeutung von Ohrenrobben gefilmt. Der Angriff vollzieht sich nahezu immer in derselben Region, nämlich wenn sich die Robbe in Zickzack-Linien aufs offene Meer bewegt oder auf dem Rückweg zur Kolonie ist. Der Weiße Hai zählt auf den Überraschungseffekt, um seine Beute zu überwältigen. Er wartet am Grund und schießt nach oben, um sich die vereinzelte Robbe zu schnappen. Der Angriff ist selten von Erfolg gekrönt, und die Verfolgung ist oft zwecklos. Aber der Weiße Hai ist ein Opportunist, der sich von allem ernährt, das er findet. Dies sind meist verletzte oder tote Tiere, deren Geruch er aus weiter Entfernung wahrnimmt. Er nimmt sich viel Zeit und agiert sehr vorsichtig, um seine Beute vor dem Zubeißen zu identifizieren.

Der Weiße Hai und der Mensch

Begegnungen zwischen Weißen Haien und Menschen sind selten. Begegnungen, die zu Bisswunden führen, sind sehr rar, und Begegnungen mit Todesfolge sind die absolute Ausnahme. Es ist schwer, sie aus Statistiken herauszufiltern, die sich auf sämtliche Haiarten beziehen und etwa 60 Angriffe pro Jahr verzeichnen, von denen vier tödlich verlaufen. Sechs Prozent der Haiattacken betreffen Unterwasserjäger, 40 Prozent betreffen Badende und 54 Prozent betreffen Surfer. In unruhigem Wasser kann der Hai seine Sinne nicht einsetzen. Er muss sofort zubeißen, wenn er nicht eine potenzielle Beute verlieren will. Daher rührt die große Anzahl von Bisswunden bei Surfern. Taucher treffen dagegen keine Angriffe, da der Hai Zeit hat, sie zu identifizieren.
Obwohl er seit 1991 in Südafrika und seit 1994 in Kalifornien und Australien zu den geschützten Arten gehört, und obwohl er in Anhang II des Washingtoner Artenschutz-Übereinkommens aufgelistet ist, wird der Weiße Hai immer noch illegal gejagt. Besonders seine Rückenflossen und sein Kiefer sind begehrte Trophäen. Zuweilen wird er Opfer von Fangapparaten, die nicht für ihn bestimmt sind. Man nimmt an, dass die Populationen im Rückgang begriffen sind.

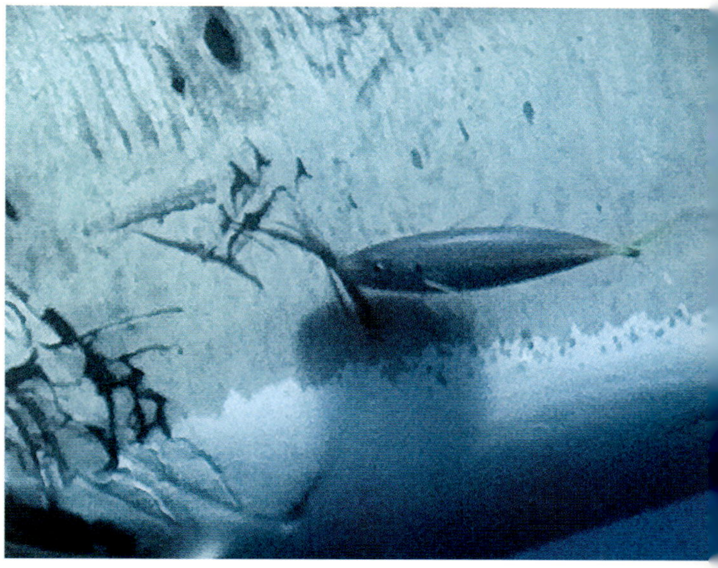

Die ausgewachsenen Weibchen weisen tiefe Bisswunden auf, die ihnen die Männchen bei der Paarung zufügen, um sie festzuhalten. Aber auch die Männchen werden nicht verschont und ziehen sich bei Rangkämpfen Verletzungen zu. Zudem werden Weiße Haie zuweilen von Beutetieren wie Ohrenrobben und Seeelefanten verletzt. Das Foto zeigt einen mexikanischen Stöcker, der die Wunden eines Haifischweibchens reinigt. Es ist ein einzigartiges Dokument, denn niemand hat bisher beobachtet, dass sich ein Weißer Hai von Parasiten reinigen lässt.

Patrice Pain, Marc Thurlow und David Reichert in der Nähe des Schutzkäfigs

Guadalupe – das Paradies der Weißen Haie

Weiße Haie halten sich in allen Meeren auf, aber sie sind besonders zahlreich in der Nähe von Robben- und Seeelefantenkolonien anzutreffen, da sich ihnen dort ausreichend Beute bietet. Die Ohrenrobben dagegen lassen sich in Meereszonen nieder, in denen sie genug kleine Fische finden, und die Fische wiederum bevorzugen Gewässer, die reich an Nährstoffen und Plankton-Mikroorganismen sind. Diese Gewässer sind oft trüb und aufgewühlt und eignen sich deshalb schlecht für Unterwasseraufnahmen. Dies gilt zum Beispiel für die kalifornischen Farallon-Inseln und die Region am Kap der Guten Hoffnung in Südafrika. Unser Außenkameramann Luc Drion konnte dort jedoch spektakuläre Sprünge eines Haifisches festhalten, der Südafrikanische Seebären *(Arctocephalus pusillus)* jagte. Klareres Wasser findet man am Dangerous Reef in der Nähe von Adelaide in Australien. Aber Haie, die sich von Australischen Seelöwen *(Neophoca cinerea)* ernähren, sind nicht besonders zahlreich und lassen manchmal Wochen auf sich warten.

Die mexikanische Insel Guadalupe mitten im Pazifik, 150 Meilen von der Küste entfernt, ist von klarem Wasser umgeben, das ideale Filmbedingungen bietet. Die etwa 40 Kilometer lange Insel ist seit 1925 Naturreservat und seit 1975 Zufluchtsort für Seeelefanten *(Mirounga angustirostris)*, Guadalupe-Seebären *(Arctocephalus townsendi)* und Kalifornische Seelöwen *(Zalophus californianus)*.

Im Herbst lauern die Weißen Haie an den schmalen Stränden, an denen die Seeelefanten ihre Jungen zur Welt bringen und sich fortpflanzen. Die kleineren Männchen sind schon ab September anzutreffen, die großen Weibchen kommen erst im November.

LOGBUCH

Datum: 12.11.06
Ort: El Faro (Guadalupe)

Breitengrad: 29° 08′ N
Längengrad: 118° 17′ W
Tauchgerät: offener Kreislauf, Rebreather
Beginn des Tauchgangs: 8.30 Uhr
Dauer des Tauchgangs: 210 min
Dekostopp: 25 min
Maximale Tiefe: 25 m
Sichtweite: 15 m
Oberflächentemperatur: 19 °C
Meereslage: ruhig
Wind: Nordost/30 Knoten
Mond: letztes Viertel
Bewölkung: 50 %

Didier Noirot neben einem eindrucksvollen Weibchen von mehr als fünf Meter Länge

Der schlechte Ruf des Weißen Hais als »gefährlichstes Raubtier« verlieh den Dreharbeiten eine besondere Spannung. Jacques Perrin und Jacques Cluzaud wollten keine lächerlichen und trügerischen Aufnahmen von einem Hai, der sich am Schutzkäfig eines Kameramanns verbeißt, oder von einem Taucher mit Harpune, der sich einem wilden Raubtier in dessen Jagdrevier entgegenstellt. Um den wahren »Charakter« des Weißen Hais darzustellen, sollten die Kameramänner Didier Noirot und David Reichert frei umherschwimmen und dem Hai in seiner Umgebung folgen. Wir wollten filmen, wie ein Taucher ruhig neben einem Hai dahingleitet, um so Vorurteile zu beseitigen und dem faszinierenden Tier wieder seinen wahren Platz einzuräumen: Es ist weder blutrünstig noch skrupellos, sondern ganz einfach das beeindruckendste wild lebende Raubtier unseres Planeten.
Die einzige Schwierigkeit lag darin, unsere legitimen Befürchtungen angesichts der scheinbar so furchtbaren Haie zu überwinden. Unsere Unterwassererfahrungen mit Leistenkrokodilen *(Crocodilus porosus)* in Australien und Weißen Haien in Südafrika – an der Seite von André Hartman, einem Pionier in Sachen Tauchen ohne Schutzkäfig – hatten uns bereits davon überzeugt, dass die Tiere weder aggressiv noch berechnend sind. Der Weiße Hai hat ein »Fischgehirn«, das reagiert, aber nicht reflektiert oder plant. Das Tier kennt nur seine gewohnte Umgebung und kann sich neuen Situationen nur schwer anpassen. So ist es unsere eigene Erfahrung und Analysefähigkeit, die wir in es hineinprojizieren und an ihm zu erkennen glauben. Im Übrigen nähert sich der eher misstrauische Weiße Hai Tauchern nie freiwillig. Wir mussten ihn mit Fischbrocken anlocken, die Peter Schalkwik in regelmäßigen Abständen aus dem Boot warf. Der Hai geht kein Risiko ein – im Gegensatz zu anderen, schwächeren Tieren, die ihren Nachwuchs verteidigen. Der Hai tritt einem unbekannten und großen Wesen wie einem Taucher, der mit Schwimmflossen immerhin 2,5 Meter misst, nur zögernd entgegen.
Wir sind dem Weißen Hai wie allen anderen Haien begegnet: wachsam, aber unvoreingenommen. Um Zwischenfälle zu vermeiden, haben wir die klugen Ratschläge von Chris Thompson, Paul Anes und Jessie Harper beachtet, die uns auf ihr Boot nahmen. Wir haben zwei Käfige, jeweils an der Oberfläche und in acht Meter Tiefe, ins Wasser gelassen, um uns im Fall der Fälle zurückziehen zu können. Die mit dem traditionellen »Abwehrstock« ausgerüsteten Taucher Patrice Pain und Marc Thurlow gewährleisteten die Sicherheit der Kameramänner und des Fotografen Pascal Kobeh. François Sarano bewegte sich allein umher und tauschte seinen Abwehrstock gegen ein Zeichenbrett.
Wir verbrachten insgesamt etwa 50 Stunden mit den Haien unter Wasser, und nie kam es zum kleinsten Zwischenfall, nie wurde die Situation in irgendeiner Weise brenzlig. Im Gegenteil, wir empfanden ausgesprochene Gelassenheit.

Dieser mehr als fünf Meter lange Hai lässt sich von François Sarano begleiten. Der Taucher hält seine Eindrücke auf einem Zeichenbrett fest.

Die Haltung des Tauchers bestimmt das Verhalten des Hais

Durch den Geruch der Fischköder angezogen, inspizierte der Weiße Hai die Bootsränder und sah sich dann den Tauchern gegenüber. Meistens drehte er mit einigem Abstand seine Kreise, ohne Drohverhalten zu zeigen. Manchmal starteten größere Haie jedoch einen Einschüchterungsangriff, ja berührten den Taucher sogar. Dessen Verhalten beeinflusste die Reaktion des Tieres: Ein Rückzug, die »Flucht«, verstärkte den Angriff. Eine Vorwärtsbewegung, eine plötzliche, aggressive Geste oder starkes Ausatmen dagegen ließen den Hai zurückweichen. Die Ruhe und Ausgeglichenheit des Tauchers schienen das Tier zu »besänftigen«, und der Hai setzte seine Erkundung gelassen fort – mit den Brustflossen in horizontaler Lage. Der Hai betrachtet den Taucher anscheinend nicht als Beute, sondern als Konkurrenten, den er zunächst taxiert und anschließend toleriert.

Dem Weißen Hai bei der Körperpflege zusehen

Was bekommt man von einem Tier mit, das man aus einem Käfig beobachtet, wenn nicht ein abnormes Verhalten? Tauchgänge ohne Begrenzung öffnen den Weg für authentische Studien zum Verhalten der Haie und ihrer Beziehung zur Umwelt. Einen Weg, den Wissenschaftler bereits mit anderen Meereslebewesen gehen. Irgendwann wird es vielleicht möglich sein, einem großen Weibchen bei der Geburt zuzusehen oder verwundert zu beobachten, wie sich ausgewachsene Haie der Pflege von Krebstieren und Putzerfischen überlassen.

»Wie es gelingt, ungesichert an der Seite eines Weißen Hais zu schwimmen? Zuerst einmal muss man bei sich sein, und zudem respektvoll und gelassen. Aber vor allem muss man wissbegierig sein und wirklich die Absicht haben, auf ihn zuzugehen und ihn als den zu erkennen und zu schätzen, der er ist: ein König.«

FRANÇOIS SARANO, TAUCHER

Riesensepien

Spencer Gulf, Australien

Löcherkraken

Shimane, Japan

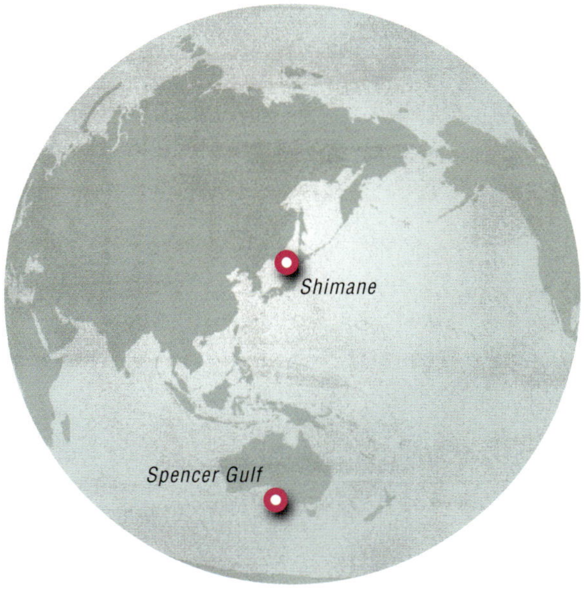

Das Wasser ist kühl und grün. Wir bewegen uns in geringer Tiefe und suchen zwischen den Algen, ohne irgendetwas zu finden. Doch sie müssen da sein, die Wissenschaftler haben es uns versichert. Dann gewöhnen sich unsere Augen langsam an das Dunkel. Ein flüchtiges Vorbeihuschen, Schatten, die wie von Zauberhand verschwinden: Die Sepien sind da, gleich neben uns. Unsere plötzlichen Bewegungen und die Blasen aus unseren Tauchgeräten haben sie erschreckt. Sie verbergen sich so gut im Untergrund, dass sie unsichtbar werden. Von einem Moment auf den anderen ändern sie Farbe und Form – da könnte selbst ein Chamäleon neidisch werden. Wir lernen langsam, sie nicht zu erschrecken. Sie lassen sich von der Strömung treiben. Wir nähern uns einem Tier von beeindruckender Größe. Seine Haut blinkt wie ein Leuchtschild. Woanders treffen zwei Sepien in einem Feuerwerk der Farben aufeinander. Die Spektralstrahlen irisieren ihre Körper – als würden Zebras auf einem psychedelischen Trip miterleben, wie ihre Streifen sich auf einmal bewegen und im Bruchteil einer Sekunde alle Farben des Regenbogens annehmen. Ein Männchen versucht, ein Weibchen zu beeindrucken, und setzt sein schillerndes Repertoire aus Punkten, Flecken und Streifen ein, ohne dabei die Eindringlinge aus dem Auge zu lassen, die ihm das Spiel vermasseln könnten. So werden wir stille Zeugen einer elektrisierenden Liebe, die nur eine Saison hält …

Das Auge der Sepien gehört zu den perfektioniertesten Sehorganen der Tierwelt und ist ohne Zweifel das komplexeste unter den Weichtieren. Die W-förmige Pupille und die bifokale Netzhaut ermöglichen den Sepien, zwei präzise Bilder ihrer Umwelt wahrzunehmen und gleichzeitig nach vorn und nach hinten zu schauen. Die hervorstehenden und weit auseinander liegenden Augen garantieren eine 360°-Sicht, ohne ein stereoskopisches Sehen zu verhindern, das zur Abstimmung der Greifarme erforderlich ist. Zudem sind die Augen mit einem polarisierenden Filter ausgestattet, der die Kontraste vergrößert, wenn sich das Tier in hell beleuchtetem Oberflächenwasser bewegt. Dennoch, trotz all dieser Feinheiten können Sepien keine Farben wahrnehmen. Um mit Artgenossen zu kommunizieren, setzen sie daher auf Kontraste, also die Intensität und Geschwindigkeit, in der sie Muster auf ihrer Haut erscheinen und verschwinden lassen.

STECKBRIEF

Sepia apama
Riesensepia

Größe und Gewicht (maximal):
1 m/3 bis 5 kg

Lebenserwartung:
2, manchmal 3 Jahre

Geschlechtsreife:
2 Jahre

Fortpflanzung:
Paarung und Eiablage finden im April bis Juli statt. Das Weibchen legt mehrere Hundert Eier, die es zum Schutz unter einen kleinen Felsvorsprung hängt. Der Nachwuchs schlüpft etwa 3 bis 5 Monate später. Die kleinen Sepien sind Waisen, da das Leben der ausgewachsenen Tiere meist mit der Fortpflanzung endet.

Die schöne Unbekannte

Die Riesensepia ist eines der zahlreichen Wunder, die der Ozean in seinen dunklen Gewässern verborgen hält. Man weiß nur wenig über sie, denn die Tiere wurden bisher nur während der spektakulären Ansammlungen beobachtet, die im Herbst und zu Beginn des Winters auf der südlichen Halbkugel stattfinden. Wo und wie lebt die Riesensepia außerhalb dieser Periode? Wovon ernährt sie sich? Wie findet sie in den abgelegenen Golf an der australischen Küste? Welchen Weg nimmt sie dorthin? Diese und zahlreiche andere Fragen versuchen Forscher zu beantworten, indem sie Sepien mit Sendern ausstatten. Eines ist jedenfalls sicher: Es bleibt noch genug Arbeit für mehrere Generationen von Meeresbiologen.

Elektrische Haut

Die Sepia ist die Königin des Maskenballs. Sie verwandelt sich nach Belieben, von einem Augenblick auf den anderen. Jeder Quadratmillimeter ihrer Haut besitzt Hunderte pigmentierte und reflektierende Zellen, die sie einzeln steuert, um sich mit den verschiedensten Mustern aus Punkten, Flecken oder Streifen zu schmücken. Ihre Haut ist wie ein Bildschirm, und jede Farbzelle entspricht einem Pixel. Diese »elektrische Haut«, wie unser begleitender Wissenschaftler Mark Norman sich ausdrückte, ist nicht nur ein ideales Mittel, um sich in einer bestimmten Umgebung unsichtbar zu machen – sie ist zudem Organ für eine komplexe visuelle Sprache. Aber die Sepien teilen sich auch mit ihren Armen mit. Wie bei allen Kopffüßern haben sich aus dem einzelnen Fuß der Weichtiere acht bis zehn Tentakel entwickelt, die den mit einem verhornten und kräftigen Schnabel versehenen Mund umgeben. Sepien können Position, Form und Länge der Tentakel beliebig variieren und nutzen so eine komplexe Zeichensprache.

Sepien sind empfindliche Tiere, deren Emotionen direkt in Farben, Strukturen und Formen auf der Haut übersetzt werden. Ein ideales Mittel, um sich Artgenossen mitzuteilen, Weibchen zu beeindrucken, Feinde fernzuhalten und sich zu tarnen. Sepien besitzen das am weitesten entwickelte Gehirn aller Weichtiere. Es ist in der Lage, eine beträchtliche Datenmenge in Echtzeit zu verarbeiten.

Die Paarung ist ein langer Kuss mit 20 ineinander verschlungenen Armen, während der das Männchen dem Weibchen mit einem Paarungsarm ein Samenpaket übergibt, das dieses in einer speziellen Speichertasche aufbewahrt. Bei der Eiablage wird das Weibchen die Eier selbst befruchten. Da es mehrere Partner hat, kann das Männchen sich seiner Vaterschaft nie sicher sein.

Balztheater unter Wasser

Sepiamännchen sind meist größer als die Weibchen und haben längere Tentakel. Ihr Mantel und die äußeren Tentakel sind mit einem wogenden Schleiersaum besetzt, der sie noch imposanter und verführerischer wirken lässt. Das Paarungsspiel des Männchens ist eine Kombination aus rhythmisch den Körper durchlaufenden, dunklen Streifenmustern und wellenförmigen Bewegungen der seitlich ausgestreckten Arme. Ein positiv beeindrucktes Weibchen muss unterwürfig erscheinen: Es macht sich klein, steckt die Tentakel unter den Kopf, verbirgt seine Schleier und zeigt keine Farben. Die Haut der Sepien verrät nicht nur die Empfindungen der Tiere, sondern kann auch für Täuschungsmanöver dienen. Mark Norman hat beobachtet, wie sich einzelne kleine Männchen derart »hinterlistig und verschlagen« (nach seinen eigenen Worten) verhielten, dass sie sich als Weibchen tarnten und der Aufmerksamkeit der großen Männchen entgingen. Auf diese Weise gelang es ihnen, sich vor den Augen der offiziellen Bewerber zu paaren und sogar den Schutz der Verführer zu genießen!

Die Konkurrenz unter den Männchen ist so stark, dass sich oft gleich mehrere von ihnen um ein Weibchen drängeln. Sie stellen sich einem geregelten Wettkampf: In einer Linie aufgereiht lassen sie ihre Schleier wedeln und zeigen pulsierende schwarze Streifenmuster. Aber aus dem Ritual kann schnell eine Rangelei werden, und zahlreiche Männchen tragen Bisswunden oder amputierte Tentakel davon.

Bedrohte Lieben

Die große saisonale Ansammlung von Sepien zieht natürlich die Aufmerksamkeit von Raubfischen auf sich. Delfine aus dem Spencer Gulf zweigen sich regelmäßig ihren Anteil ab und betäuben die Sepien durch einen kräftigen Hieb mit ihrem Sporn. Seit den 1990er Jahren interessiert sich auch die Fischfangindustrie für sie, und die Schiffe, die abends in den Hafen zurückkehren, sind immer vollkommen bedeckt mit der schwarzen Tinte der gefangenen Tiere. Die Fischer bedienen den wachsenden südostasiatischen Markt und gleichen das Verschwinden der kommerziellen Fischarten der Region aus. Sepien zu fangen, ist einfach und lukrativ, doch Wissenschaftler und Naturschützer waren derart schockiert über das Gemetzel, dass sie bei den Behörden einen zeitweiligen Fangstopp durchsetzten.

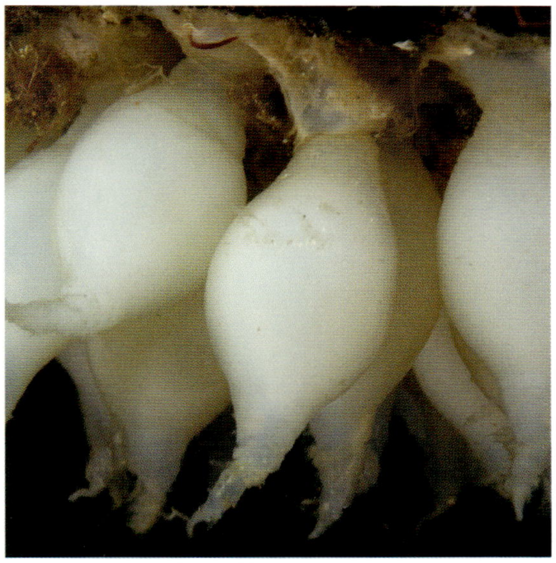

Eine Girlande aus frisch abgelegten Eiern, die das Weibchen an einen Felsvorsprung geklebt hat. Im Gegensatz zu Kraken lassen Sepien ihrem Nachwuchs keinerlei Fürsorge zukommen: Sie sterben kurz nach der Befruchtung und Eiablage.

Oben: Eine Sepia versucht, Kameramann René Heuzey einzuschüchtern.

Unten: Regisseur Jacques Cluzaud beobachtet aufmerksam die Paarungsspiele der Riesensepien, um dann genau präzisieren zu können, welche Aufnahmen er sich vom Kameramann wünscht. Nach dem Tauchgang wird lange darüber diskutiert, wie man die Einstellungen im Sinne des Regisseurs und des Drehbuchs verbessern kann.

Rechte Seite: Dieses Männchen wacht in all seiner Pracht eifersüchtig über ein Weibchen, das zusammengezogen und farblos seine Unterwürfigkeit demonstriert.

»Zur Fortpflanzungszeit denken die Sepien an nichts anderes. Sie waren überall, sie tauchten ohne Vorwarnung aus allen Richtungen auf. Man musste aufpassen, dass man sie nicht zerdrückte.«

RENÉ HEUZEY, KAMERAMANN

LOGBUCH

Datum: 01.06.07
Ort: Whyalla

Breitengrad: 33° 02′ S
Längengrad: 137° 36′ O
Tauchgerät: offener Kreislauf, Rebreather
Beginn des Tauchgangs: 12.35 Uhr
Dauer des Tauchgangs: 120 min
Dekostopp: keiner
Maximale Tiefe: 5 m
Sichtweite: sehr unterschiedlich
Oberflächentemperatur: 13 °C
Meereslage: ruhig
Mond: Vollmond
Bewölkung: stark

Willkommen in Whyalla, der Welthauptstadt der Riesensepien!

Australischer Bundesstaat South Australia. Fast eine Million Quadratkilometer Fläche für nur 1,5 Millionen Einwohner, von denen Dreiviertel in der Hauptstadt Adelaide wohnen. Unser Team trifft sich am Eingang der Wüste Nullarbor in einer kleinen Bergwerkstadt, die verloren am Ende des Spencer Gulf liegt. Die Stadt ist ruhig, der Strand leer, und der Winter auf der südlichen Hemisphäre hält mit Stürmen aus Richtung Antarktis Einzug. Eisenminen, petrochemische Anlagen, Werften – ein seltsamer Ort für eine Zusammenkunft. Aber genau hier, zwei Schritte von der tristesten Wüste des Planeten entfernt, findet das jährliche große Treffen der Riesensepien statt. Hunderte Tiere finden sich zur Paarung ein. Mark Norman untersucht das Phänomen seit mehreren Jahren und führt unser Team zum einzigen bisher bekannten Versammlungsort. Vielleicht gibt es andere, noch unbekannte Paarungsplätze, aber man weiß, dass die Weibchen unbedingt Felsen benötigen, an denen sie ihre Eier befestigen. Und Felsen sind rar in dieser Region – bis auf die Gewässer vor Whyalla!

Zurückhaltung ist gefragt

Die Sepien sind ängstlich und zeigen es auch. Um sie in all ihrer Pracht filmen zu können, müssen wir ihr Vertrauen gewinnen. Kameramann René Heuzey hat von den Wissenschaftlern Mark Norman und Julian Finn gelernt, sich im Hintergrund zu halten und den Tieren nicht zu nahe zu kommen. Die Sepien lassen sich durch dieses Zeichen der Unterwürfigkeit beruhigen und zeigen sich vor der Kamera.

Der Löcherkrake aus dem Japanischen Meer

STECKBRIEF

Tremoctopus gracilis
Löcherkrake

Größe und Gewicht (maximal):
Weibchen: 2 m/10 kg
Männchen: 2,4 cm/0,25 g

Lebenserwartung: unbekannt

Geschlechtsreife: unbekannt

Fortpflanzung: Das Weibchen behält die Samenpakete der Männchen bis zur Befruchtung in ihrer Mantelhöhle. Es produziert 100 000 bis 150 000 Eier mit einem Durchmesser von circa 1 mm und sammelt diese in einer kalkigen, röhrenförmigen Struktur, die es in die Rückententakel einrollt. Auf diese Weise schützt es die Eier, bis die kleinen Löcherkraken schlüpfen.

Schleiertanz

Japan, Westküste. Auf dem stürmischen Pazifik sind wir auf der Suche nach dem Löcherkraken, einem äußerst zurückhaltenden Bewohner von Meeresgebieten mit gemäßigten bis warmen Temperaturen. Als Tiefseelebewesen versteckt er sich im dunklen Blau des weiten Ozeans. Zuweilen landen Löcherkraken auch in den Netzen der Fischer. Vor einem Eindringling flieht das schüchterne Tier und betört ihn zugleich durch einen Schleiertanz mit seinen großen Seidenröcken. Die Rückententakel besitzen Schwimmhäute, die durch eine feine Membran miteinander verbunden sind und sich entfalten lassen wie eine lange Fahne, die in der Strömung flattert. Um den Feind zu verwirren, kann der Löcherkrake Teile seines Schleiers an bestimmten Linien abtrennen und einem zu aufdringlichen Verfolger als Futter überlassen.

Lange Zeit kannte man nur die Weibchen der Löcherkraken. Und das aus gutem Grund: Die Männchen sind hundertmal kleiner. Löcherkraken weisen den größten Geschlechtsdimorphismus der gesamten Tierwelt auf. Dem australischen Team unserer wissenschaftlichen Berater Julian Finn und Mark Norman gelang es 2002 am Great Barrier Reef zum ersten Mal, ein lebendes Männchen zu fangen. Die winzige Größe der Männchen ermöglicht ihnen, all ihre Energie auf ein Ziel zu richten, nämlich das Auffinden und Befruchten eines Weibchens. Diesem Projekt opfern sie ihr ganzes Leben. Ihr Körper reduziert sich auf ein großes Augenpaar, mit dem sie das Weibchen besser wahrnehmen können, sowie eine enorme Samentasche, mit der sie sicherstellen, dass das Weibchen auch befruchtet wird. Aber das Meer ist so unendlich weit, dass man den richtigen Partner nur schwer findet und ihn suchen muss wie die Nadel im Heuhaufen. Aus diesem Grund geht das Männchen auf Nummer sicher: Es pflanzt dem Weibchen einen speziellen Tentakel, den Hectocotylus, ein, der mit all seinen Samen gefüllt ist. Auf diese Weise von seinem Existenzgrund amputiert, stirbt das Männchen. »Das ist echter Kamikaze-Sex«, meint Mark Norman. Man trifft nicht selten auf Weibchen, die mit winzigen Liebeseinstichen gespickt sind – den einzigen Spuren der kurzen Begegnungen mit vorbeiziehenden Männchen.

LOGBUCH

Datum: 17.10.07
Ort: Japanisches Meer

Breitengrad: 35° 38′ N
Längengrad: 132° 27′ O
Tauchgerät: offener Kreislauf
Beginn des Tauchgangs: 7.20 Uhr
Dauer des Tauchgangs: 180 min
Dekostopp: keiner
Maximale Tiefe: 18 m
Sichtweite: mittelmäßig (5 bis 10 m)
Oberflächentemperatur: 18 °C
Meereslage: bewegt
Mond: erstes Viertel

Kameramann René Heuzey musste sich stundenlang in Geduld üben, bis er sich mit dem schüchternen Löcherkraken anfreunden durfte.

Oben: Vier Poren, zwei am Rücken (auf dem Foto zwischen den Augen liegend) und zwei am Bauch (auf jeder Seite des Siphons), regeln den Zufluss von Wasser in den Organismus und steuern so die präzisen Schwimmbewegungen.

»Löcherkraken gehören zu den zahlreichen Meeresbewohnern, über die man im Grunde nichts weiß ... Es ist glaube ich das erste Mal, dass die Tiere für die große Leinwand gefilmt wurden.«

JULIAN FINN,
WISSENSCHAFTLICHER BERATER

Meerechsen

Galapagosinseln,
Ecuador

Sanft erhebt sich der schwarze Umriss eines Vulkankegels, umhüllt von Morgennebel. Nach einem riskanten Anlegemanöver an der zerklüfteten, von starken Pazifikwellen gepeitschten Küste wollen wir nun die Ufer der Insel erkunden. Es herrscht Halbdunkel, aber allmählich setzt sich die aufgehende Sonne durch.

Zögernden Schrittes steigen wir auf die wackeligen schwarzen Felsbrocken. Zwischen den metallisch schimmernden Schlacken lugen tausend Augen hervor – sie gehören großen, bekrallten Leguanen mit stacheligen Wucherungen und salzverkrusteten Hornhäuten. Die Tiere dösen vor sich hin. Zwischen den Lavablöcken sind sie fast nicht zu erkennen. Die Masse sieht aus wie ein aufgegangener, kaum hartgewordener Teig voller Blasen, Furchen und Pickel, mit rissiger und bröckeliger Kruste. Beim Anblick der zerklüfteten Formen können wir uns lebhaft vorstellen, welche Kräfte an der Entstehung der Insel beteiligt waren, am Zusammenstoß der unbändigen Elemente. Dicht über der Brandung gleiten braune Pelikane ohne Flügelschlag dahin – wie Flugsaurier, die der Vorzeit entsprungen sind. Wir kehren ins Reich der Reptilien zurück. Zwischen den feindseligen, schaumweißen Wellen, die auf die Felsen und unerreichbaren Abhänge der dunstverschleierten Vulkanmasse schlagen, erhebt sich vor unseren Augen eine vorsintflutliche Welt, in der alles möglich scheint.

Wir setzen die Erkundung fort. Leuchtend rote Krabben, Robben mit großen, schwarzfeuchten Augen, Pinguine, herumstolzierende Kormorane – allesamt einzigartige Tierarten auf der Erde. Ihre Gleichgültigkeit angesichts unserer Anwesenheit ist genauso beeindruckend wie ihre Zahl und Vielfältigkeit. Hier sind alle Extravaganzen versammelt, die sich die Natur erlaubt hat. Aufgrund ihrer isolierten Lage waren die Galapagosinseln lange unfruchtbar. Aber mit der Hilfe von Wind und Strömung hat das Leben die abgelegenen Inseln erobert. Ein gewagter Versuch, der sich als wahrer Geniestreich herausstellte. Die Galapagosinseln sind ein Labor der Evolution. Wer hierher kommt, unternimmt eine Zeitreise. Für Naturforscher wie uns sind die Inseln das Paradies!

STECKBRIEF

Amblyrhynchus cristatus
Meerechse

Größe und Gewicht (maximal): 0,75 bis 1,30 m/1 bis 3 kg

Lebenserwartung: unbekannt

Geschlechtsreife: 12 Jahre

Fortpflanzung: Das Weibchen legt nur alle 2 Jahre Eier. Es sucht sich die wärmste Jahreszeit (Dezember bis April) aus, um mehrere Löcher in den schwarzen Sand zu graben. In diese legt es 3 bis 5 Eier von der Größe kleiner Hühnereier und bewacht sie anschließend, damit sie nicht von anderen Weibchen oder Räubern ausgegraben werden.

Oben rechts: Am Meeresgrund nutzt die Meerechse die Dienste von kleinen Putzerfischen.

Rechte Seite: Die Meerechse der Galapagosinseln ist einmalig in der Welt. Niemand weiß, woher sie kommt und wie sie sich zu diesem Amphibienwesen entwickeln konnte.

Das Doppelleben der Meerechse: Sonne …

Meerechsen sind kleine, wechselwarme Unterwassertiere, die von Sonnenenergie abhängen. Ihr Tagesablauf orientiert sich an den Wetterverhältnissen. Jeden Morgen vor dem ersten Tauchgang breiten sich die Tiere im Sonnenschein aus und laden ihre Batterien. Wenn sie die Optimaltemperatur von 35,5 °C erreicht haben, ändern sie die Position, um eine Überhitzung zu vermeiden. Sie stellen sich der Sonne gegenüber und recken den Kopf in den Himmel empor. Eine beschwörende Geste als Zeichen ihrer Verehrung für das Tagesgestirn. Wenn es den Meerechsen doch zu heiß wird, nehmen sie ein Bad. Die großen Männchen warten damit oft bis mittags, aber ihre schneller durchwärmten kleinen Artgenossen tauchen früher ab. Wenn die Leguane aus dem Wasser kommen, sind sie durchgefroren und strecken sich schnellstens der wärmenden Sonne entgegen. Abends versuchen sie, die letzten Sonnenstrahlen einzufangen und legen sich übereinander, um die Wärme so gut wie möglich zu halten.

… und Meer

Meerechsen ernähren sich ausschließlich von Algen, die unter dem Wasser liegende Felsen bedecken. Die Algen sind klein, aber sie wachsen so schnell nach, dass immer etwas da ist, mit dem die Leguane ihren Appetit stillen können. An einem Kilometer Küste können sich immerhin bis zu 3000 Tiere aufhalten. Die Algen sind reich an Mineralsalzen. Diese werden von der kalten Strömung mitgeführt, die entlang der Vulkanhänge aus der Tiefe aufsteigt. Wenn Meerechsen nach der Nahrungsaufnahme an Land zurückkehren, niesen sie oft – so werden sie überschüssiges Salz los, das sich in Drüsen angesammelt hat, die unter ihren Augen liegen und mit den Nasenöffnungen verbunden sind. Ein Großteil der Tiere weidet täglich Algen ab, aber besonders große Tiere müssen nur alle zwei bis drei Tage fressen. Nur die größten Meerechsen wagen sich bis ins tiefe Wasser vor und tauchen mehrere Meter tief. Sie sind exzellente Schwimmer, die wie Surfer unter den Wellen gleiten. Durch regelmäßigen Hüftschlag wirft das Tier seinen Körper von rechts nach links und verstärkt die Bewegung durch Wedeln des Schwanzes. Zudem sind Meerechsen gute Taucher: Unser Kameramann René Heuzey wunderte sich, als er eines der Tiere in 20 Meter Tiefe antraf, wo es sich ohne Schwierigkeiten sieben bis zwölf Minuten aufhielt. Um den Sauerstoffverbrauch zu reduzieren, fahren Meerechsen ihren Stoffwechsel herunter und verlangsamen den Herzrhythmus bis zum Stillstand. Auf diese Weise verlieren sie bis zu zehn Grad an Körpertemperatur, denn obwohl das Meer an der Oberfläche 27 °C warm ist, steigen Wassermengen mit 14 °C aus den Tiefen auf – dieser auch als *upwelling* bezeichnete Effekt ist durch die Meeresströmung bedingt. Jungtiere und Weibchen bleiben vorsichtshalber in der Nähe der Felsen, die bei Ebbe freigelegt werden.

LOGBUCH

Datum: 21.03.08
Ort: Cabo Douglas, Insel Fernandina

Breitengrad: 0° 18′ S
Längengrad: 91° 39′ W
Tauchgerät: offener Kreislauf
Beginn des Tauchgangs: 8.25 Uhr
Dauer des Tauchgangs: 90 min
Dekostopp: keiner
Maximale Tiefe: 18 m
Sichtweite: mittelmäßig
Oberflächentemperatur: 27 °C
Tiefentemperatur: 14 °C (aus großen Tiefen aufsteigendes Wasser)
Meereslage: freundlich, mit starkem, die Felsen umspülenden Wellengang
Mond: Vollmond
Bewölkung: nebelig

»Die außergewöhnliche Tierwelt der Galapagosinseln zieht zahlreiche Touristen aus aller Welt an, aber da die Inseln zum Weltnaturerbe der Menschheit gehören, sind die Besuche sehr eingeschränkt, und bestimmte Inseln sind erst gar nicht zugänglich, um die Ruhe der Fauna zu bewahren. Mit der Genehmigung, an der Insel Fernandina anzulegen, haben wir eine einzigartige Chance bekommen.«

VINCENT STEIGER, LEITENDER REGISSEUR

Zauberinseln

Den Seefahrern erschienen die Galapagosinseln lange als ein magischer, von einer seltsamen Fauna bevölkerter Ort. Mitten im riesigen, einsamen Pazifik tauchen sie auf einmal aus dem Nichts auf. Sie sind schwer zu finden, stets von Nebel umgeben und von Wolken bedeckt und liegen im Zentrum eines komplexen Zusammenspiels von Wind und Strömungen. Sich den Inseln zu nähern, war zu Zeiten der Segelschifffahrt kein leichtes Unterfangen.

Wir sind wie die Entdecker des 18. und 19. Jahrhunderts zu den Galapagosinseln gelangt: An Bord eines 20 Meter langen alten Segelschiffs aus Holz, der *Sulidae*. 20 Stunden mussten wir navigieren, um die Inselgruppe südlich zu umfahren und schließlich in der Bucht von Cabo Douglas im Nordosten der Insel Fernandina den Anker zu werfen. Fernandina ist ein junger Vulkan, der sich eben erst aus den Fluten erhoben hat – vor einer Million Jahren. Er ist noch aktiv, und sein höchster Punkt liegt bereits auf 1600 Metern. Dank der Hartnäckigkeit und Diplomatie unseres Regisseurs Vincent Steiger und seiner Frau Ana-Maria haben wir von den Verantwortlichen des Nationalparks die Ausnahmegenehmigung erhalten, eine Woche lang an der verlassenen Insel anlegen zu dürfen, zu der sonst niemand darf, um den Erhalt von Flora und Fauna nicht zu gefährden. Wir wissen, welch enormes Glück das bedeutet: Sieben Tage allein im Allerheiligsten, dem Mekka der Naturforscher, das Charles Darwin durch seinen Aufenthalt im Herbst 1835 berühmt gemacht hat – übrigens an Bord der *Beagle*, die kaum größer gewesen ist als unsere *Sulidae*. Hier hat er einen Teil des Materials gesammelt, das ihm nach mehr als 20 Jahre andauernden Studien und Überlegungen ermöglichte, unser Verständnis der lebendigen Welt zu revolutionieren, indem er 1859 seine berühmte Evolutionstheorie veröffentlichte.

Ein zweites Boot, die *Queen Mabel* mit René Heuzey und seinem Tauchteam, begleitet uns. Jeden Morgen tauchen sie direkt unter ihrem

Boot, um in zehn bis 20 Meter Tiefe das von Algen bedeckte Felsengewirr nach tauchenden Meerechsen abzusuchen. Die seltsam anthropomorphe Gestalt der Tiere mit dem kleinen runden Kopf, Armen, Rumpf und fast menschlich proportionierten Beinen erscheint im Halbdunkel wie der Umriss eines kleinen Reptilienmenschen, dem man einen langen Schwanz angehängt hat. Eine irritierende Begegnung. Und nicht so leicht aufzuzeichnen, denn die beträchtlichen Temperaturunterschiede des Wassers (zwischen 14 und 27 °C, je nachdem, ob gerade kalte Strömungen aus der Tiefe aufsteigen) stellen die Filmausrüstung auf eine harte Probe. Immer wieder beschlagen plötzlich die Linsen. Währenddessen wagen Regisseur Jacques Cluzaud und das Team an Land jeden Morgen einen neuen Versuch, sich zwischen die Meerechsen zu begeben, die gleichgültig wie steinerne Drachen in ihrer starren Haltung verbleiben und sich von der Sonne wärmen lassen.

Während Laurent Charbonnier das Teleobjektiv (linke Seite, oben, mit Hilfe seiner Assistentin Mathilde Louveau) oder das Weitwinkelobjektiv (diese Seite, oben) einstellt, um die seltsame Physiognomie der unbeweglich auf den Felsen liegenden Reptilien einzufangen, nimmt Philippe Barbeau (linke Seite, unten) ihr Niesen und Räuspern auf. Mit dem Touchscreen seines Aufnahmegeräts kontrolliert er ständig die Lautstärke seiner verschiedenen Mikrofone.

Buckelwale

Chatham Strait, Alaska

Französisch-Polynesien

Sainte-Marie, Madagaskar

Mayotte, Komoren

Buckelwale sortieren ihre Nahrung nicht aus, sondern verschlingen einfach alles, das in ihr weit aufgerissenes Maul hineinpasst. Die Kehle, deren Haut wie ein Akkordeon gefaltet ist, wird durch das enorme Volumen des Wassers übermäßig gedehnt. Anschließend filtert der Wal das Wasser bei halbgeöffnetem Maul durch die Barten – Hornplatten im Oberkiefer, die als Seihvorrichtung dienen. Heringe und Plankton werden zurückgehalten und ohne Unterschied geschluckt.

Unter dem ruhigen Wasser des Chatham Strait schwillt ein jämmerliches Stöhnen an. Das monotone Klagelied wird unmerklich schriller und immer durchdringender. Die spiegelglatte Meeresoberfläche wird von Blasen zerrissen, die eine lange Spirale beschreiben, in deren Mitte das Wasser zu brodeln beginnt. Heringe schießen empor. Plötzlich tauchen von Gischt umspritzte, basaltschwarze Spitzen aus den Fluten auf. Zuerst begreift man gar nicht, woher auf einmal diese Berge auftauchen. Dann entdeckt man, dass die immensen Vulkangipfel inmitten von Wasserstrudeln die weit geöffneten, monströsen Schnauzen von Walen sind: 16 Megaptera, die bis zu den Flossen emporkommen, 16 gigantische Köpfe, 16 aufgeblähte Kehlen, die das Meer verschlingen. Dann schließen sich die Mäuler. Die extrem geweiteten Kinnfurchen ziehen sich zusammen. Das Wasser strömt durch die Barten, die Heringe werden hinuntergeschluckt. Die lebende Insel kehrt unter die Oberfläche zurück und hinterlässt nur einen smaragdgrünen Wirbel.

Einige Sekunden später schöpfen die Wale Atem. Sie blasen lautstark aus und vernebeln die Morgenluft. Die dumpfen Klacklaute, die das Öffnen des Blaslochs und das Ausströmen der Luft begleiten, umgeben uns wie Schüsse einer fernen Schlacht. Schließlich hebt einer der Wale seine Rückenflosse gen Himmel und taucht senkrecht ab. Die anderen folgen ihm.

Im Bordhydrophon ertönt ihr tiefer synkopischer Gesang wie eine Sirene. Die Wale gehen wieder auf Beutefang. Wo werden sie wieder hochkommen? Inmitten der Luftblasen? Rechts davon? Oder links?

Nicht wissend, welchen Aufruhr sie provozieren, tauchen die Wale einige Meter von unserem Boot entfernt auf. Wieder gleicht es einer Eruption, einem Vulkanausbruch. Ein Katarakt mit spritzenden Fontänen. Das laute Prusten ähnelt Trompetenstößen. Und wieder haben wir den Eindruck, Liliputaner unter Giganten zu sein, und sehen uns mit unkontrollierbaren Kräften konfrontiert.

In Alaska veranstalten die Wale ein Festgelage wie nirgendwo sonst. Bis zum Abend fressen sie sich immer wieder an den Heringen satt.

STECKBRIEF

Megaptera novaeangliae
Buckelwal

Größe und Gewicht (maximal):
Männchen: 14,5 m/25 t
Weibchen: 15,5 m/35 t

Lebenserwartung: 50 Jahre

Geschlechtsreife: 5 Jahre

Fortpflanzung: Nach der Paarung beginnt eine 1-jährige Tragzeit. Bei der Geburt wiegt der kleine Wal 700 kg bei einer Größe von 4,5 Metern. Seine Mutter säugt ihn 8 Monate. Im Laufe ihres Lebens kann sie etwa ein Dutzend Junge bekommen.

Der Buckelwal verdankt seinen Namen einem Höcker an der Rückenflosse. Dieser Buckel ist besonders gut sichtbar, wenn das Tier sich aus dem Wasser stemmt, bevor es auf einen seiner Tauchgänge geht, die selten länger als zwölf Minuten dauern. Der Wal sticht fast vertikal ein und hebt dabei seine Rückenflosse nach oben. Diesen Moment nutzen Biologen, um das Tier anhand der Flukenform, der Verteilung weißer und schwarzer Flecken, aber auch anhand der von Feinden (meist Schwertwalen) zugefügten Narben und Einkerbungen zu identifizieren.

Der Wal mit den großen Flügeln

Mit wissenschaftlichem Namen wurde der Buckelwal *Megaptera* (»große Flügel«) getauft, denn seine außergewöhnlich langen Brustflossen machen fast ein Drittel seiner Körpergröße aus. Die Wale nutzen sie zur Kommunikation, indem sie heftig auf das Wasser schlagen, aber auch zum Aufscheuchen und Kanalisieren von Fischschwärmen.
Im Laufe ihrer Beschäftigung mit Buckelwalen haben Wissenschaftler herausgefunden, dass jedes Tier eine charakteristische Pigmentierung der Rückenflosse aufweist. Diese Beobachtung hat die Walforschung und auch das Studium anderer großer Meerestiere revolutioniert, denn seitdem kann man die Spur einzelner Tiere anhand von Fotos nachvollziehen und ihre »individuelle« Geschichte innerhalb der Gemeinschaft nacherzählen. Man kennt Alter, soziale Beziehungen und Wanderwege der einzelnen Wale.

Überall auf der Welt verteilt, aber mit starker lokaler Identität

Buckelwale sind in allen Ozeanen von der Arktis bis zur Antarktis anzutreffen. Jedes Jahr wandern die Tiere aus höheren, nahrungsreichen Breiten in tropische Regionen, um sich dort zu paaren. Sie ziehen jedoch nicht von einer Hemisphäre in die andere oder von einem Ozean in den anderen. Der aktuelle weltweite Bestand von 35 000 Buckelwalen teilt sich in etwa 15 Untergruppen, die sich nicht durchmischen und erhebliche Unterschiede in Morphologie und Verhalten aufweisen. Beispielsweise waren die Exemplare, denen wir in Alaska folgten, bis auf die mehr oder weniger weißen Flossen ganz schwarz, während die Buckelwale, auf die wir in Indonesien trafen, einen weißen Bauch, weiße Flanken und eine schwarze Flossenunterseite aufwiesen.
Die 8000 im Nordpazifik heimischen Buckelwale bilden drei Populationen: eine im Südosten Alaskas, die sich zur Paarung in die warmen Gewässern der Hawaii-Inseln begibt; eine, die den Winter vor Mittelamerika verbringt und in kalifornischen Gewässern Nahrung findet; und schließlich eine dritte Gruppe, die zwischen der japanischen Küste und dem Beringmeer hin- und herwandert.
Der atlantische Buckelwalbestand teilt sich in jeweils eine Gruppe im Westen und im Osten. Erstere pflanzt sich in den warmen Gewässern der Karibik fort und wandert entlang der ostamerikanischen Küste bis in die Arktis; die zweite bewegt sich zwischen den Kapverdischen Inseln und der grönländischen und norwegischen Küste. Auf der südlichen Halbkugel unterscheidet man neun Populationen. Die Wale verbringen den Sommer in antarktischen Gewässern und verlassen diese zum Winter (auf der südlichen Halbkugel von Juni bis Oktober), um sich in tropischen Gewässern zu paaren. Wir konnten aber auch Walweibchen mit Neugeborenen bei Französisch-Polynesien und vor der Insel Sainte-Marie bei Madagaskar filmen.

Geschützt, aber dennoch gefährdet

Im Laufe des 20. Jahrhunderts wurden mehr als 200 000 Buckelwale geschlachtet. Seit man sich 1983 auf einen Fangstopp einigen konnte, erholt sich der weltweite Bestand langsam. Mit diesem Argument treten japanische Walfänger für eine Wiederaufnahme der Jagd ein. Aber ist es überhaupt sinnvoll, nur den weltweiten Bestand zu betrachten? Muss man nicht vielmehr davon ausgehen, dass ähnlich wie bei den Schwertwalen jede Gruppe und jede Walfamilie ihre eigene Ausdrucks- und Lebensweise besitzt und deshalb einzigartig und unersetzbar ist?

Gemeinschaftliche Nahrungsbeschaffung

Ein ausgewachsener Wal von 30 Tonnen verschlingt pro Tag durchschnittlich 500 Kilogramm Nahrung. Die opportunistischen Tiere ernähren sich sowohl von Plankton und Krustentieren als auch von Fischen wie Heringen, Kapelanen und Sandaalen. Ihre Jagdtechnik ist denkbar einfach: Der Wal schwimmt mit weit geöffnetem Maul auf seine Beute zu. Zuweilen umgibt er sie mit einem Vorhang aus Luftblasen, um den Fischschwarm zu bündeln, bevor er ihn verschluckt. Aber jeder Wal agiert für sich. Nur Buckelwale im Südwesten von Alaska nutzen eine gemeinsame Jagdstrategie, an der

etwa 20 Tiere beteiligt sein können. Damit es zu einer erfolgreichen und für jedes Individuum nützlichen Zusammenarbeit kommt, muss alles perfekt koordiniert werden. Zwei Wale führen die Gruppe an: Einer produziert Blasen, der andere stößt Brülllaute aus. Der erste Wal umgibt den Heringsschwarm mit einer Blasenspirale, aus der die Fische nicht auszubrechen wagen. Das Netz aus Blasen funktioniert ähnlich wie ein Treibnetz und drängt die Fische in einen engen Kanal. Wie ein Schäferhund, der seine Herde auf die Weide führt, lenkt der zweite Wal mit seinem anschwellenden rhythmischen Gesang die Fische in das »Treibnetz«. Der Gesang umfasst fünf bis 30 verschiedene Phrasen, die zudem den anderen Walen zu verstehen geben, dass der Angriff unmittelbar bevorsteht. Wenn dann der letzte entscheidende Ruf ertönt, versammeln sich alle Wale unter der Blasenspirale in der Tiefe und steigen nebeneinander mit geöffneten Mäulern auf. So werden die Heringe, die einem Wal entwischen, von seinen seitlichen Nachbarn verschlungen.

Unter der Leitung von Ko-Regisseur Jacques Cluzaud begab sich das *Thetys*-Team an Bord des Zodiacs, um die Meerenge von Chatham auf der Suche nach Buckelwalen zu durchforsten. Manchmal musste es die Wale stundenlang verfolgen, bis diese sich sammelten und einen Heringsschwarm fanden, der groß genug war, damit sich ein gemeinschaftlicher Angriff lohnte. So starrte ein jeder auf die glatte See und hielt sich zum Filmen bereit. Die Spannung stieg, bis Jacques dann die Arme hob und der wohlbekannte Ruf: »Ton ab! Kamera läuft!« ertönte.

LOGBUCH

Datum: 15.06.08
Uhrzeit: 9.35 bis 13.40 Uhr

Ort: Chatham Strait
Breitengrad: 58° 05′ 88″ N
Längengrad: 135° 09′ 03″ W
Meereslage: ruhig
Wind: windstill
Mond: letztes Viertel
Bewölkung: 100 %

Heimliche Beobachtung

Alaska. Insgesamt mehrere Hundert Kilometer lange Kanäle zwischen schneebedeckten Bergen und tannenbewachsenen Inseln. Um unsere Zeit auf dem Wasser zu optimieren, hat der für die USA zuständige Produzent Antoine de Cazotte ein altes Krabbenfischerboot, die *Ocean Olympic*, besorgt. Sie ist Anlaufpunkt für die beiden Boote mit der stabilisierten Kamera *Thetys* und dem ferngesteuerten Minihelikopter *Birdy*, den die Regisseure Jacques Perrin und Jacques Cluzaud einsetzen wollen, um die Fressgelage der Buckelwale festzuhalten. Auf diese Weise sind wir jeden Morgen an Ort und Stelle und können die Kanäle nach Walen absuchen …

Geführt werden wir von den Wissenschaftlern Fred Sharpe und Jan Straley, die seit 30 Jahren die Wale erforschen und praktisch jedes Tier kennen. Doch eines müssen die beiden eingestehen: Je länger sie die Wale beobachten und je besser sie den Reichtum ihrer Sprache ermessen können, desto größer ist ihre Verwunderung angesichts der Komplexität des tierischen Verhaltens. »Sind Wale intelligent?«, fragt sich Fred immerzu.

Sobald es morgens dämmert, holen wir die Ferngläser hervor und tauchen die Hydrophone ein, um Wale auf Heringsjagd aufzuspüren. Die Suche dauert manchmal Stunden, aber sobald wir eine Gruppe Wale entdecken, ist es relativ einfach, den Tieren bis zum Abend zu folgen. Wir nehmen uns vor, uns den Walen nie von vorn zu nähern oder sie auf irgendeine Weise bei ihrem Festmahl zu stören. Aber unsere Anwesenheit macht den Walen so wenig aus, dass sie mehrmals auf die stillstehenden Boote zukommen oder nur einige Meter von der Kamera entfernt auftauchen.

»Wenn einer der Wale prustete, hob sich unser Minihelikopter im Bruchteil einer Sekunde um zehn Meter! Was für ein Schreck! Aber mein bleibender Eindruck von den Walen – diesen Wesen, die aus dunkler Vorzeit zu uns gestoßen sind – ist eine seltsame Mischung aus phänomenaler Kraft und Anmut.«

CHRISTOPHE POTTIER, LEITENDER KAMERAMANN FÜR DEN MINIHELIKOPTER

Die nach Heringen suchenden Wale haben nicht bemerkt, dass der Minihelikopter sie unauffällig überfliegt. Christophe Pottier kann so im Weitwinkel filmen, ohne die Wale zu stören. Pilot Frédéric Jacquemin dagegen muss *Birdy* vor den Fontänen der Wale schützen, die ihn schnell destabilisieren können!

Dieser sehr junge Buckelwal bleibt vorsichtshalber zwischen den großen Brustflossen seiner Mutter. Sie säugt ihn in regelmäßigen Abständen. Während der ersten Wochen nach der Geburt bleibt das Paar in der Lagune, denn dort ist das Meer ruhig, selbst wenn der Wind orkanartig bläst. Das Waljunge erschließt sich nach und nach seine Umwelt. Neugierig schwimmt es auf Fotograf Roberto Rinaldi zu. Die Mutter beobachtet das Geschehen aus einiger Entfernung und würde sofort einschreiten, wenn sie die leiseste Gefahr witterte. Wenn er älter und kräftiger geworden ist, führt seine Mutter den kleinen Wal aus der Lagune und über das Riff hinaus ins offene Meer, damit er die Wellen kennenlernt, die er auf der langen Reise in die Antarktis zu durchqueren hat.

Französisch-Polynesien

Das Doppelleben der Buckelwale

Buckelwale führen ein seltsames Leben: Eine Hälfte des Jahres schlagen sie sich in nahrungsreichen, kalten Gewässern die Bäuche voll, um Fettreserven anzulegen; die andere Hälfte des Jahres verbringen sie ohne Nahrung in den Gewässern der tropischen Meere, um ihre Jungen auf die Welt zu bringen und sich zu paaren. Unser Team ist in polynesischen Gewässern auf Buckelwale gestoßen, die aus der Antarktis zurückgekehrt waren. Die Tiere bleiben von Juni bis Oktober in den geschützten Lagunen der südlichen Inseln.

Didier Noirot hatte uns bereits gewarnt: »Ohne Rebreather keine Buckelwale! Wenn die Tiere schlafen, erschreckt sie das leiseste Geräusch.« Mit seinem lautlosen Tauchgerät konnte sich der Kameramann dann bis unter den Bauch des großen Wals gleiten lassen, ohne ihn aufzuwecken. Aber das Beste war dann: Als er schließlich erwachte, schwamm der Wal nicht weg, sondern tanzte ihm etwas vor.

Buckelwale werden auch *Megaptera* (»große Flügel«) genannt. Mit ihren riesigen Brustflossen oder der Schwanzflosse schlagen sie heftig auf das Wasser. Die lautstarken Vorführungen könnten der Kommunikation dienen – vielleicht aber auch dem Vergnügen.

Rechte Seite, unten: Ein wenige Wochen alter Buckelwal tut es seiner Mutter gleich und schwingt sich aus dem Wasser.

Insel Sainte-Marie, Madagaskar

Die Behutsamkeit der Buckelwale

Wir haben sie begleitet, als sie in den Fjorden Alaskas einige Meter von der Küste entfernt auf Jagd gingen. Manchmal mussten wir den Motor unseres Zodiacs nach oben schwenken, um ihnen zwischen den Felsen folgen zu können. In Polynesien schwammen sie so nah am sandigen Boden, wie es sonst Krokodile tun. Im Sankt-Lorenz-Strom freundete sich ein Walweibchen mit unserem Boot an und hob es mehrere Male ganz leicht mit dem Rücken in die Höhe.

Wollten wir filmen, wie sich ihre Schwanzflosse aus dem Wasser hebt, bevor die Wale abtauchen, vollführten sie den Buckel nicht, wenn sie das Boot mit der Kamera in zu großer Nähe spürten. Wenn ein Wal einem filmenden Taucher seinen Tanz vorführte, zogen die gewaltigen Brustflossen Zentimeter an der Kamera vorbei, berührten sie jedoch nie. Bei Madagaskar singen und rivalisieren die Männchen, um die Gunst der Weibchen zu erlangen:

Sie prusten Fontänen, beschleunigen abrupt oder reiben sich gegeneinander. Wir spürten die Spannung, die Kraft der Triebe, aber niemals Gewalt.
Bei Sainte-Marie bringt die Buckelwal-Mutter ihr Junges zur Welt. Sie schiebt es vorsichtig an die Oberfläche, um ihm beim Atmen zu helfen, sie schützt es vor Gefahren, sie bringt ihm bei, mit den Flossen aufs Wasser zu klatschen und lehrt ihn bestimmt noch viele andere Dinge, von denen wir keine Ahnung haben. Sie bringt ihm sicher auch bei, alle Lebewesen in seiner Umgebung zu respektieren und seine gigantische Kraft nicht gegen sie zu wenden. Es scheint tatsächlich Stimmen zu geben, die für eine Wiederaufnahme der Waljagd plädieren. Kann man eigentlich noch von Jagd sprechen, wenn man ein Lebewesen tötet, das uns achtet?

Jacques Cluzaud, Regisseur

Weddellrobben und Kaiserpinguine

Adelieland, Antarktis

Seeleoparden und Eselspinguine

Pleneau-Insel, Antarktis

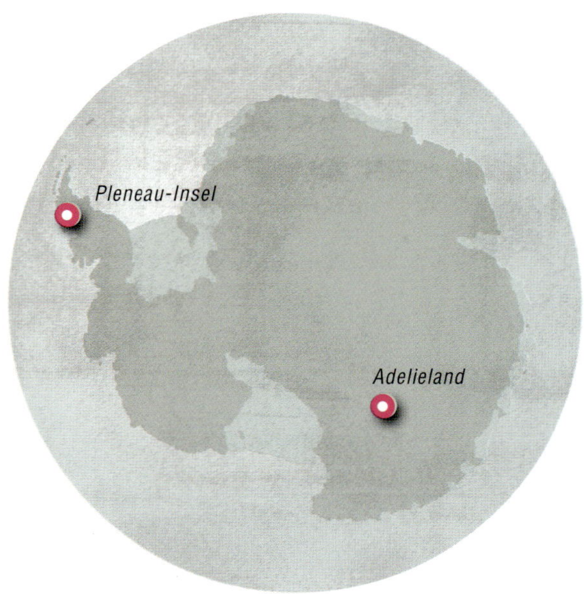

Die schwarzen Silhouetten der Kaiserpinguine gleiten durchs Himmelblau. Das Wasser ist so klar, dass nichts die Sicht trübt – bis auf ein paar Wolken, die langsam darüber hinwegziehen. Die Pinguine tollen herum und schütteln sich mit gekreuzten Flügeln. Sie vergnügen sich in einem spitzwinkligen Schwimmbad, das an das herausgebrochene Stück einer matten Fensterscheibe erinnert. Durch diese Öffnung taucht die Sonne bis zum Grund und dringt durch den blauen Schatten des Packeises. Didier Noirot, unser Unterwasserkameramann, versteckt sich zwischen den Felsen. Unbeweglich und unsichtbar filmt er das erste Bad der Pinguine. Sie bemerken ihn nicht.

Um sie nicht zu erschrecken, ist er außerhalb ihres Blickfelds geblieben und hat sich hinter einem Eisberg in einem winzigen Spalt versteckt. Anschließend ist er dicht über dem Boden getaucht, um mitten unter dem natürlichen Schwimmbecken der Pinguine geduldig abzuwarten – lautlos, ohne auch nur eine Blase aufsteigen zu lassen. Die Pinguine sind scheu und fürchten sich vor ihren Erbfeinden, den Seeleoparden. Aber jetzt, zu Beginn des Frühjahrs, besteht keinerlei Gefahr. Das Eis ist noch sehr dick, und die durch den Seegang und die Stöße der Eisberge entstandene Öffnung ist zurzeit noch der einzige Wasserzugang für die Pinguine in Adelieland. Das Packeis ist eine riesige Marmorfläche mit farbigen Maserungen aus dem Grün der ersten Algen, dem Rosa der Eismeergarnelen und dem Blau der im Eis eingeschlossenen Risse. Verschiedene Blauschattierungen, die anzeigen, wie alt das Eis ist, Eisbergwurzeln, die den Felssockel schrammen, Eisgebilde, die bei der leisesten Bewegung zu klingen beginnen – eine Zauberwelt, still und gewaltig, nach der sich der Kameramann augenblicklich zurücksehnt, als ihn oben die eisige Luft packt.

In dem Schwimmbecken spielen immer mehr Pinguine. Sie tauchen, steigen auf und lassen lange Blasengirlanden hinter sich. Sie streifen Didier, ohne ihn zu bemerken. Die Kamera schwenkt und filmt Ballett tanzende, lebendige Torpedos, die sich in alle Richtungen drehen.

Unter der Aufsicht einiger ausgewachsener Tiere bilden die jungen Pinguine einen Kindergarten und warten auf die Rückkehr ihrer Eltern.

Wiedersehen im Eis

Der Kaiserpinguin ist die größte Art aus der Familie der Pinguine. Ihre Küken wachsen so langsam heran, dass ihnen – anders als den kleinen Adelie-, Esels- und Zügelpinguinen – der kurze antarktische Sommer nicht ausreicht, um selbstständig zu werden. In der Hoffnung, dass ihr Junges zur besten Jahreszeit, im Dezember, allein zurechtkommen kann, beginnen die Kaiserpinguine bereits zu Winteranfang mit der Fortpflanzung. Die einander treuen Männchen und Weibchen finden sich im März wieder, nachdem sie den Sommer im Meer verbracht haben. Da das Packeis sich im Laufe der Jahreszeiten bewegt, suchen sie sich möglichst festes Eis, das oft am Ende einer Bucht und möglichst nah am Festland liegt. Aber diese Orte sind auch am weitesten vom offenen Meer entfernt… Im Mai legt das Weibchen ein einziges Ei, das es der Fürsorge ihres Gefährten überlässt, um sogleich wieder zum Meer aufzubrechen. Das Ei wird auf die Füße des Männchens gelegt und mit einer Bauchfalte zugedeckt. Auf diese Weise kommt es garantiert nicht mit dem Eis in Berührung.

Radikaldiät

Das Männchen brütet das Ei knapp vier Monate aus, und das unter den schwersten Bedingungen: bei mittleren Temperaturen von –30 °C (und Tiefstwerten von –50 °C) und Winden, die regelmäßig die Grenze von 250 Kilometer pro Stunde erreichen. Der Kaiserpinguin macht einen Buckel – seine Federn sind kurz und starr, um dem Wind keine Angriffsfläche zu bieten. Er frisst nichts und verliert während der Brutzeit 20 Kilo, das heißt die Hälfte seines Körpergewichts. Wissenschaftler haben herausgefunden, dass mindestens 300 Tiere dicht gedrängt (zehn pro Quadratmeter) stehen müssen, um die Gruppe ausreichend warm zu halten. In der Mitte ist es jedoch zu warm und am Rand zu kalt. Deshalb setzen die Männchen ununterbrochen die Ellbogen ein, um die richtige Temperatur zu halten…

Modulierte Frequenzen

Im August kommt endlich das Weibchen zurück. Durch Rufen findet sie ihren Gefährten aus der Menge heraus. In der Kolonie entsteht ein solcher Lärm, dass die Pinguine in zwei Frequenzen zugleich singen, um einen besonderen Rhythmus entstehen zu lassen, der nur ihnen eigen ist. Die Paare erkennen sich, fin-

STECKBRIEF

Aptenodytes forsteri
Kaiserpinguin

Größe und Gewicht (maximal): 1,20 m/ zwischen 20 und 40 kg, je nach Jahreszeit

Lebenserwartung: 20 Jahre

Geschlechtsreife: 5 Jahre

Fortpflanzung: Jedes Jahr wird ein einzelnes Küken aufgezogen.

den zusammen, und die Mutter sieht zum ersten Mal ihr Junges. Nun ist sie an der Reihe, sich um den Nachwuchs zu kümmern.

Biathlon-Asse

Das Männchen hat einen Bärenhunger, aber mitten im Winter kann das offene Meer schon einmal 300 Kilometer entfernt sein! Es bricht also mit seinen Artgenossen zu einer langen Reise über das Packeis auf, um das nächste Eisloch aufzuspüren. Wie finden sich die Pinguine nur in dieser unwirtlichen Gegend zurecht? Man weiß es nicht. Um schneller voranzukommen, lassen sie sich bäuchlings über das Eis gleiten. Die Männchen haben drei Wochen Zeit, um wieder ihr Ursprungsgewicht zu erreichen und Nahrungsvorräte für ihr Junges zu sammeln. Aus diesem Grund tauchen sie in den sichersten und reichhaltigsten Fanggebieten für diese Jahreszeit: der benthischen Zone in 200 bis 400 Meter Tiefe. Der Pinguin ist Sichtjäger und taucht deshalb nur bei Tage, wodurch gerade im Winter die Zeit zur Nahrungsaufnahme stark beschränkt ist.
Vater und Mutter wechseln sich während der ersten 45 Tage bei der Versorgung des Kükens ab und lassen es niemals allein. Nach dieser Zeit können sie beide zusammen auf Fischfang gehen; ihr Spross tut sich mit seinen kleinen Artgenossen zusammen und bildet einen Kindergarten. Das Junge wird im Dezember bis Januar im Alter von fünf Monaten selbstständig. Sein Flaum verschwindet zugunsten eines kurzen und dichten Federkleids – einem regelrechten Taucheranzug. Das Packeis ist auseinandergebrochen, und das offene Meer ist zwei Schritte entfernt. Das Junge kann schwimmen und jagen lernen, ohne lange über das Eis wandern zu müssen. Seine ersten Bewegungen im Wasser wirken ziemlich unbeholfen. Es braucht gut zwei Monate, um 200 Meter tief tauchen und knapp vier Minuten ohne Atmung auskommen zu können.

Ein Vogel mit Gefrierschrank

Während der fünf Monate, in denen das Küken von seinen Eltern abhängig ist, laufen diese nur sieben- bis achtmal von der Kolonie zum Meer und zurück. Wie schaffen es die Pinguine, eine ausreichende Menge frischer Nahrung im Schlund aufzubewahren, um ihr Junges über so lange Zeit zu verpflegen? Wie Yves Le Maho herausgefunden hat, bilden sie spezielle Proteine, mit denen die Zersetzung der in ihren Mägen gelagerten Beute verhindert wird – ungefähr so wie in einem Gefrierschrank.

Rechte Seite: Letzte Tauchstunden für die kleine Weddellrobbe. Sie hat die Größe ihrer im Wasser wartenden Mutter erreicht und wird bald eigenständig sein.

STECKBRIEF

Leptonychotes weddellii
Weddellrobbe

Größe und Gewicht (maximal): 3,5 m/550 kg
Lebenserwartung: 20 Jahre
Geschlechtsreife: 15 Jahre
Fortpflanzung: Ein Junges, das schon mit 7 bis 8 Wochen brutal sich selbst überlassen wird.

Ein grandioser Taucher

Die Weddellrobbe ist das einzige Säugetier, das inmitten von Packeis überleben kann, da es sich Tauch- und Atemlöcher freihält. Mit ihren nach vorn gebogenen Eckzähnen knabbert sie an den Rändern des Eislochs, damit es nicht wieder zufriert. Durch diese Lebensweise ist das Tier vor Räubern wie dem Schwertwal und dem Seeleoparden geschützt, da diese nicht in Gebiete mit dickem Eis vordringen.
Im Frühjahr bringt das im vorangegangenen Jahr befruchtete Weibchen ein Junges von 25 Kilo zur Welt, das mit einem grauen Wollkleid bedeckt ist. Wenn die kleine Robbe zwei bis drei Wochen alt ist, lehrt die Mutter sie das Schwimmen und Tauchen. Das Junge bleibt jedoch meist an der Oberfläche, wenn die Mutter in der Tiefe nach Nahrung sucht. Währenddessen stecken die Männchen ihr Revier ab und verteidigen es eifrig. Mit sieben bis acht Wochen wiegt das Robbenjunge bereits 100 Kilo, während seine Mutter das gleiche Gewicht verloren hat (ihr Gewicht sinkt von 450 auf 350 Kilo). Die kleine Robbe wird entwöhnt und allein gelassen. Ihre Mutter paart sich von neuem – mit dem Männchen, das ihr Geburtsrevier erobert hat. Die junge Weddellrobbe trainiert nun mehrere Monate, um ihre Tauchfähigkeit zu verbessern. Aber erst nach einigen Jahren wird es ihr gelingen, Rekordtiefen und sensationelle Tauchzeiten zu erreichen.

Gespräche unter dem Eis

Weddellrobben sind unter Wasser sehr gesprächig und besitzen ein umfangreiches Vokabular – vom gedämpften Brummen über helles Gezwitscher bis zum lauten Pfeifen. Bestimmte Laute sind so durchdringend, dass man sie ohne Mühe durch das Packeis vernehmen kann. Die Männchen grenzen so ihr Territorium ein und umwerben die Weibchen. Die Mütter kommunizieren ständig mit ihren Jungen. Wie unser Filmteam festhalten konnte, geschieht dies sogar durch das Eis hindurch, wenn die Jungen nicht mit ins Wasser gekommen sind. Obwohl die Robbe ein gutes Gehör besitzt, mit dem sie ihre Artgenossen und auch ihre Beute erkennen kann, deutet nichts darauf hin, dass sie mit Echolot auf Beutefang geht. Im Gegenteil, sie scheint ein Sichtjäger zu sein. Ihre Sehschärfe ist hervorragend. Mit kleinen Infrarot-Kameras ausgestattete Weddellrobben haben Wissenschaftlern Auskunft über ihre Fangtechniken gegeben. Trotz schlechter Sicht gelingt es den Robben, ihre Beute schon aus der Ferne zu erkennen. So halten sie ausreichend Abstand, um ihre Opfer zu umkreisen und sich von hinten und unten zu nähern. Die Umrisse der Beute heben sich deutlich von der hellen Eisdecke ab. Auf diese Weise fangen Weddellrobben sogar eineinhalb Meter lange und 80 Kilo schwere Seehechte! Zu ihrer Nahrung gehören aber genauso kleine Meerestiere, die sich in die Einbuchtungen der Eisdecke flüchten. Um sie herauszulocken, bläst die Robbe Luft aus der Nase in ihre Verstecke.

Oben: Zügelpinguine *(Pygoscelis antarctica)*

Rechte Seite, oben: Adeliepinguine *(Pygoscelis adeliae)* kehren vom Fischen zurück.

Rechte Seite, unten: Eselspinguine *(Pygoscelis papua)* nehmen Kurs auf die Kolonie.

Der Vogel, der gerne wieder ein Fisch wäre

Der Pinguin ist ein besonders wasserliebender Seevogel. Er kann wochen-, ja monatelang im Wasser bleiben und muss das Festland (oder im Falle der Kaiserpinguine das Packeis) nur aufsuchen, um sich fortzupflanzen. Ein Pinguin ist zum Schwimmen geboren. Seine schlanke und gedrungene Gestalt macht ihn windschnittig wie einen Torpedo und reduziert den Wärmeverlust im Wasser. Sein Schwimmen ist ein von Flügelschlägen unterbrochenes Gleiten, das abhängig von der Tauchphase (Abtauchen, Jagd, Auftauchen) den Rhythmus ändert.
Um seinen Sauerstoffverbrauch zu minimieren und während des Tauchgangs so wenig Körperwärme wie möglich zu verlieren, reduziert der Pinguin seine Herzfrequenz. Eine dichte Fettschicht und im Federkleid eingeschlossene Luft sorgen für ausreichende Wärmeisolation.
Den kleinen Pinguinen der Antarktis gelingt es, ihren Fortpflanzungszyklus in der schönen Jahreszeit unterzubringen: Die Sonne steht hoch am Himmel, es ist stets hell, die Temperaturen steigen auf Höchstwerte, und das Packeis lockert sich. Den Rest des Jahres verbringen die Tiere im Meer, am Rand des Eises, während die Kaiserpinguine in den schlimmsten winterlichen Bedingungen unseres Planeten ausharren.
Auf dem antarktischen Kontinent haben die Pinguine keinerlei Feinde an Land. Dies erklärt ihr furchtloses Verhalten gegenüber Menschen und Drehteams. Im Wasser ist es aber genau das Gegenteil. Dort setzen ihnen Schwertwale und verschiedene Seehundarten nach, und die Tiere sind extrem auf der Hut.

Eric Börjesson filmt mit einer 35-Millimeter-Schulterkamera, wie ein Weddellrobben-Weibchen in ihrem Atemloch auftaucht. Ihr Sprössling liegt auf dem Eis und hält ein Nickerchen in der Sonne.

LOGBUCH

Datum: 23.11.07
Ort: auf See vor Dumont d'Urville

Breitengrad: 66° 40′ S
Längengrad: 140° 00′ O
Tauchgerät: Rebreather
Dauer des Tauchgangs: 70 min
Dekostopp: keiner
Maximale Tiefe: 22 m
Sicht: gut

Zutraulich auf dem Eis, misstrauisch unter Wasser

Ohne Sondergenehmigung vom Präfekten der französischen Südpolar- und Antarktisgebiete und ohne die logistische Unterstützung des Institut polaire Paul-Émile Victor wären unsere Aufnahmen in Adelieland ein Traum geblieben. Wir haben den Alltag der Wissenschaftler in der französischen Forschungsstation miterlebt und zwei Monate im Rhythmus der klima-

»Wir haben auf der Forschungsstation gelebt und sind das Problem wissenschaftlich angegangen. Wir haben festgehalten, welchen Ausstieg die Pinguine wie oft verwendeten. So konnten wir einschätzen, wie wahrscheinlich es sein würde, dass die Pinguine aus einem bestimmten Loch aufs Eis springen. Aber immer, wenn wir unsere Ausrüstung aufgebaut hatten, entschlossen sich die Pinguine für einen anderen Ausgang. Oder sie zogen es vor, erst herauszuspringen, wenn ich keinen Film mehr in der Kamera hatte. Wir benötigten unheimlich viele Versuche, um endlich die spektakulären Sprünge und die rasante Eislandung der Pinguine festhalten zu können.«

ERIC BÖRJESSON, KAMERAMANN

Tauchassistent Patrice Pain und Kameraassistent Benoît Torti helfen dem Kameramann Didier Noirot beim Einstieg durch ein ins Packeis geschlagenes Loch. Weiter hinten sieht man die französische Forschungsstation Dumont d'Urville.

tischen Bedingungen gelebt, die allein über das Gelingen der Dreharbeiten entscheiden. Neben einer den Extrembedingungen besonders gut angepassten Ausrüstung erfordert das Tauchen mit den Kaiserpinguinen große Zurückhaltung. So zutraulich, wie sie auf dem Eis sein können, so misstrauisch sind sie unter Wasser. Jedes unbekannte Wesen könnte eine Bedrohung sein. Hauptgefahr für die Pinguine ist der Seeleopard. Sobald wir das Tauchloch der Pinguine entdeckt hatten, suchte unser Team deshalb immer einen zweiten Zugang zum Meer – wenn möglich außer Sichtweite der Pinguine, zum Beispiel hinter einem Eisberg. Durch dieses Eisloch tauchte unser durch einen Ariadnefaden mit der Oberfläche verbundener Kameramann ab und näherte sich vorsichtig den badenden Pinguinen.

Die Weddellrobbe dagegen ist sowohl auf dem Eis als auch im Wasser außerordentlich zutraulich. Unser Kameramann Didier Noirot konnte deshalb aus nächster Nähe filmen, wie das Robbenbaby, von seiner Mutter ermuntert, zum ersten Mal ins Wasser geht. Die Annäherung an Robben und Pinguine an Land ist relativ problemlos. Die Hauptschwierigkeit für Kameramann Eric Börjesson bestand darin, die richtige Stellung für seine Kamera zu finden, um die Pinguine bei ihren Sprüngen aus dem Wasser zu filmen.

Der Seeleopard der Pleneau-Insel

Dieses Weibchen unternimmt einen Einschüchterungsversuch gegen David Reichert, unseren Fotografen und Kameramann. Der Trick besteht darin, sich nicht davon beeindrucken zu lassen, ansonsten wird man nicht akzeptiert. Aber das ist manchmal leichter gesagt als getan.

STECKBRIEF

Hydrurga leptonyx
Seeleopard

Größe und Gewicht (maximal): 3,80 m/500 kg (Weibchen sind größer als Männchen)

Lebenserwartung: unbekannt

Geschlechtsreife: unbekannt

Fortpflanzung: Das Weibchen bringt auf dem Packeis ein einzelnes Junges zur Welt. Es säugt das Kleine 4 Monate und lässt es dann allein, um sich einen neuen Partner zu suchen. Die Paarung findet während des südpolaren Sommers statt. Die seltenen Zeugenberichte lassen vermuten, dass es sich um ein häufig gewaltsames Zusammentreffen handelt, bei dem das Männchen dem Weibchen tiefe Wunden am Hals zufügen kann. Die fast 1 Jahr dauernde Tragzeit zieht sich bis zum folgenden Frühjahr.

Ein schlecht angesehener Vielfraß

Der als Einzelgänger lebende Seeleopard geht eigentlich nie an Land. Das Tier verlässt das Wasser nur am Rande des Packeises, um sich auszuruhen oder sein Junges zur Welt zu bringen. Man weiß deshalb nur wenig über seine Lebensgewohnheiten und seine Physiologie. Der Seeleopard hat jedoch einen sehr schlechten Ruf und steht dabei dem wärmere Gewässer vorziehenden Weißen Hai in nichts nach. Seine gewundene Gestalt, sein großer Kopf, seine scharfen Zähne und sein riesiges Maul, das er unverhältnismäßig weit aufsperren kann, verleihen ihm das Aussehen eines vorzeitlichen Reptils, das es mit den schrecklichsten Dinosauriern aufnehmen kann. Doch wie die meisten Bewohner der Antarktis ernährt sich der Seeleopard hauptsächlich von Krill, verschmäht allerdings auch kräftigere Speisen keineswegs. Er frisst nahezu alles, was sich bewegt und das Pech hat, seine Wege zu kreuzen, von Krevetten bis zu Pinguinen und anderen Hundsrobben. So ist er neben dem Schwertwal der gefürchtetste Räuber der Polarregion. Er fürchtet nichts und niemanden – es sei denn, er trifft in jungen Jahren auf einen Schwertwal oder vorbeiziehende große Haie.
Es gibt nur wenige wissenschaftliche Studien zum Seeleopard, aber diese lassen vermuten, dass das Tier kein besonders guter Taucher ist. Die Tauchgänge dauern nur zwei bis drei Minuten, und der Seeleopard steigt nicht tiefer als 50 Meter. Er jagt an der Oberfläche und schwimmt dort buchstäblich wie ein Fisch.
Er schlängelt sich nach links und rechts und

streckt dabei seine großen Hinterflossen senkrecht auf, wodurch sie wie die Schwanzflosse eines Fisches funktionieren. Seine außerordentliche Geschmeidigkeit und seine langen Brustflossen verleihen ihm eine beeindruckende Wendigkeit, die er natürlich auch benötigt, wenn er einem vorbeischießenden Pinguin nachsetzt.

Makabre Szenen

Wenn im Sommer das Packeis bricht, nähern sich die Seeleoparden-Weibchen der Küste, sammeln sich vor den Pinguinkolonien und richten hart umkämpfte Jagdreviere ein. Sobald sie sich einen Platz gesichert haben, verfolgen sie das Treiben der Pinguine und warten auf das erste Bad der im Frühjahr geborenen Jungen. Diese bewegen sich noch langsam und ungeschickt und sind deshalb die ideale Beute für die unter der Oberfläche lauernden Seeleoparden. Nur ihre Nasenlöcher zum Atmen tauchen leicht aus dem Wasser. Wissenschaftler haben beobachtet, dass die Seeleoparden kein Interesse an kleinen Pinguinkolonien zeigen, da dort zu wenige Junge zu finden sind. Daher gibt es eine klare Hierarchie zwischen den Weibchen: Nicht alle Jagdgebiete sind lohnend, und so werden sehr junge und schwächere Tiere zu uninteressanteren Pinguinkolonien abgeschoben.
Die Pinguine nisten also am besten in kleinen oder aber in sehr großen Kolonien, wo sie bessere Überlebenschancen haben, da sich den Seeleoparden eine größere Auswahl bietet.
Das dichte Federkleid der Pinguine ist unverdaulich. Der Seeleopard muss es ohne stabilen Halt oder Hilfe mit seinen Vorderflossen abziehen. Hierbei spielen sich spektakuläre und makabre Szenen ab, in denen der Räuber mit seinem Opfer zu spielen scheint, während er versucht, seine Beute zu »schälen« ...

Diesem jungen Eselspinguin hat sein letztes Stündlein geschlagen: Bei seinem ersten Bad im Meer ist er unglücklicherweise auf einen Seeleoparden gestoßen. Doch entgegen dem Anschein ernährt sich der Seeleopard hautsächlich von Krill.

Oben: Jean-François Barthod filmt aus dem Schlauchboot mit einer Schulterkamera einen neugierigen Seeleoparden.

Unten: David Reichert ist mit einem Apparat unterwegs, den er sich aus zwei Surfbrettern und Metallbalken gebaut hat, um damit Seeleoparden halb im Wasser und halb an der Oberfläche filmen zu können. Trotz aller Vorsicht hat das Tier den sich nähernden Kameramann entdeckt, bleibt aber vertrauensselig und selbstsicher auf seiner Eisscholle liegen und döst weiter.

LOGBUCH

Datum: 23.02.08
Ort: Pleneau-Insel, antarktische Halbinsel

Breitengrad: 65° 06′ S

Längengrad: 64° 04′ W

Tauchgerät: offener Kreislauf

Beginn des Tauchgangs: 13.30 Uhr

Dauer des Tauchgangs: 60 min

Dekostopp: keiner

Maximale Tiefe: 8 m

Sichtweite: mittel

Oberflächentemperatur: 0 °C

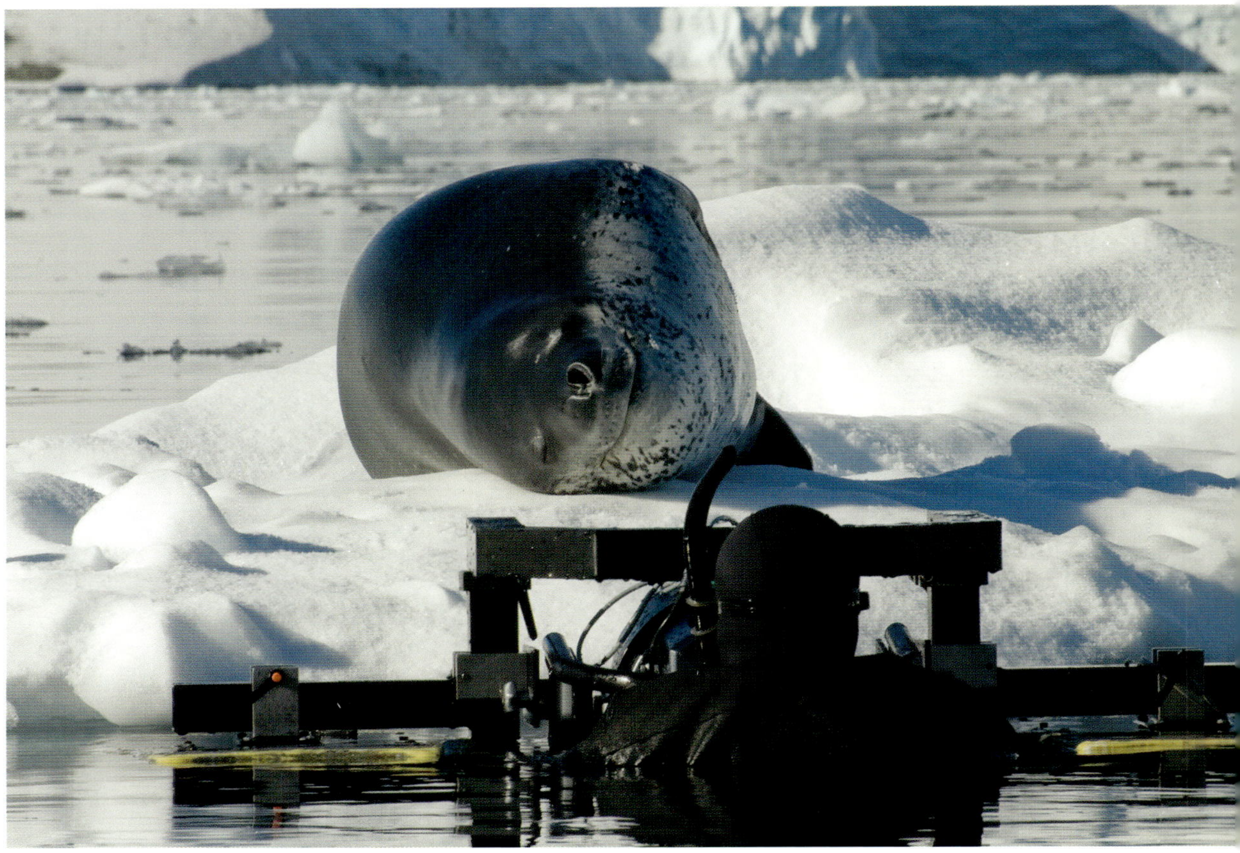

Unberechenbares Wetter

Ushuaia, Feuerland, 14. Februar 2008. Unser auf ein absolutes Minimum von sechs Personen reduziertes Team geht mit einer Tonne Ausrüstung an Bord der *Kotik*, einer 20 Meter langen Ketsch, die von der Familie Bely gesteuert wird. Oleg, Sophie und Igor kennen sich im Eis aus: Seit 30 Jahren durchkreuzen sie auf eigene Faust die Fjorde der antarktischen Halbinsel. Das Ziel unserer Expedition lautet: den Seeleoparden filmen, der in der Sequenz über die Polarregion die Hauptrolle innehat. Das Segelschiff ist groß und speziell für diese Art von Mission ausgestattet. Aber mit sechs Personen und der Filmausrüstung an Bord wird es sehr schnell eng. Kurs ans Ende der Welt!
Auf dem Hinweg ist die Drakestraße ruhig, aber in der Antarktis spielt das Wetter verrückt: Nebel, Windstöße, Stürme direkt aus Richtung des Südpols. Das Boot ist von allen Seiten an kleinen Felsen festgemacht. Die Wetterbedingungen überraschen sogar unsere alten Hasen.

Einschüchterungsversuche

Wir nutzen die kleinste Wetterberuhigung und wagen eine Ausfahrt. Den Seeleoparden da draußen macht Kälte und Sturm nichts aus. Ruhig und selbstsicher dulden sie, dass wir uns nähern. Unter Wasser werden die Taucher aufmerksam beobachtet. Es folgen Einschüchterungsversuche mit weit aufgerissenem Maul direkt vor dem Objektiv, um sicherzustellen, dass wir keine Konkurrenten sind. Nach abgeschlossenem Test wird die Gegenwart der Taucher geduldet, und die Tiere zeigen ihren Charakter. Einige sind schüchtern, andere aggressiv. Wieder andere sind sehr neugierig und folgen den Tauchern. So können diese die Tiere zu einem Hintergrund ihrer Wahl führen, am liebsten zu einem hübschen kleinen Eisberg, der schmilzt, ohne das umgebende Wasser zu trüben. Erst drei Tage vor unserem Aufbruch entschließt sich endlich ein Seeleopard, einen Pinguin zu verspeisen. Inzwischen sind wir so vertraut mit den Räubern, dass einige den Tauchern ihre Beute anbieten!
7. März 2008. Es ist Zeit zurückzukehren. Der Sommer ist vorbei, die Tage werden kürzer, der Winter steht bevor, und bald wird die Drakestraße unbefahrbar sein ... Wir müssen uns aufmachen.

»Während der sechs Wochen mit Galatée Films herrschte das schlimmste Wetter, das wir in 20 Jahren Arbeit auf der antarktischen Halbinsel erlebt haben. Es war schrecklich! Es gab keinen einzigen ruhigen Moment, und noch einen Monat vorher hatten wir nicht einen Tag schlechtes Wetter… Wir haben wirklich kein Glück gehabt!«

OLEG BELY,
SKIPPER AUF DER *KOTIK*

»Die Antarktis ist noch schöner, als ich es mir je vorgestellt habe. Die Landschaft ist atemberaubend. Es tut mir nur leid, dass ich nicht länger bleiben und wegen des schlechten Wetters nicht noch mehr Aufnahmen machen konnte.«

DAVID REICHERT,
UNTERWASSERKAMERAMANN

»Auf dem Heimweg – trotz des aufgewühlten Meeres in der Drakestraße und trotz der Umrundung von Kap Horn – sprach niemand. Unsere Gedanken waren woanders. Wir sehnten uns alle nach dieser außergewöhnlichen Welt zurück, einer von der Welt abgeschnittenen Welt. Es war ein einzigartiges Erlebnis.«

JEAN-FRANÇOIS BARTHOD,
AUSSENKAMERAMANN

Schwertwale

Halbinsel Valdés, Argentinien

Lofoten, Norwegen

Drei-Königs-Inseln, Neuseeland

Mel, das große Männchen, ist Meister darin, sich aus dem Wasser gleiten zu lassen, um junge Robben zu fangen. 60 Prozent seiner Angriffe sind erfolgreich.

Pummelig und ungeschickt schütteln sich ein paar junge Seelöwen im Schutze des von der Ebbe freigelegten Riffs. Sobald die Flut kommt, werden sie den kleinen, zum offenen Meer liegenden Strand entlangtollen.

In der Ferne schießt die Rückenflosse eines großen Schwertwalmännchens durch das Wasser.

Die 1,60 Meter große, schwarze Flosse ist aufgerichtet wie ein Schwert und vermittelt den Eindruck unbezähmbarer Macht. Sie nähert sich schnell – rasend schnell. In regelmäßigen Abständen vernebeln die Wasserfontänen des Wals den Horizont, während sein dunkler Kopf zwischen zwei Wellen auftaucht wie die Kuppel eines U-Boots. In wenigen Minuten erreicht das Tier den zum Strand führenden Kanal. Es taucht unter und verschwindet ... kein Prusten, keine Rückenflosse ... keine Spur mehr von ihm. Die Seelöwen sind kurz aufgeschreckt, fahren dann aber mit ihren Wasserspielen fort.

Plötzlich, in zehn Meter Entfernung vom Strand, sticht erneut die Rückenflosse des Schwertwals durch die Wasseroberfläche. Das Meer zieht sich zurück und legt einen riesigen, dunklen Körper frei, der sich wie ein Tsunami auf die verschreckten Robben stürzt. Die Zeit steht still. Die Seelöwen wollen an Land fliehen, sich retten ... Eines der Tiere wird von der Gischt herumgeschleudert. Der monströse schwarz-weiße Kopf überwältigt es. Er schüttelt es mit ungeheurer Gewalt. Die verängstigten Seelöwen, die entkommen konnten, sehen zu, wie ihr Spielgenosse getötet wird. Selbst das Meer scheint sich zurückziehen zu wollen und lässt den Wal am Strand im Trockenen liegen. Neun Meter und sieben Tonnen an Land! Der Herr des Ozeans, der sich seinen Tribut in einer Welt holen wollte, die nicht die seine ist, befindet sich in Lebensgefahr ...

Aber der Schwertwal hebt den Kopf, als wolle er uns die zuckende Beute präsentieren, die er zwischen den Zähnen festhält. Dann dreht er sich mit einem beeindruckenden Hüftschwung auf dem Untergrund. Seine Schwanzflosse peitscht das Meer, sein Körper stemmt sich auf, rollt sich erst auf die eine, dann auf die andere Seite und findet nach und nach in das Element zurück, das er nie hätte verlassen dürfen.

Der Schwertwal eilt zurück ins offene Meer und teilt dort seine Beute mit seinen jungen, unerfahrenen Artgenossen, die noch nicht gelernt haben, die Grenze des Ozeans zu überschreiten.

STECKBRIEF

Orcinus orca
Großer Schwertwal oder Orca

Größe und Gewicht (maximal):
Männchen: 9 m/8 t
Weibchen: 6 m/4 t

Lebenserwartung:
Männchen: 50 Jahre
Weibchen: 60 bis 80 Jahre

Geschlechtsreife:
Männchen: 14 Jahre (etwa 6 m), pflanzt sich aber erst ab dem Alter von 20 Jahren fort.
Weibchen: 11 Jahre (etwa 5 m), pflanzt sich bis zum Alter von 40 Jahren fort.

Fortpflanzung: Nach der Paarung beginnt eine 15-monatige Tragzeit. Bei der Geburt misst das Schwertwaljunge 2,5 m und wiegt 150 kg. Es wird etwa 2 Jahre lang gesäugt, obwohl es sich schon sehr früh auch von fester Beutenahrung ernährt. Ein Weibchen bekommt im Laufe seines Lebens 5 oder 6 Junge.

Das Volk der Schwertwale

Schwertwale, die man in allen Meeren der Erde antrifft, vom Arktischen Meer über die tropischen Meere oder das Mittelmeer bis zur Antarktis, sind soziale Wesen. Die übliche matrilineare Struktur versammelt etwa ein Dutzend Tiere aus zwei bis drei Generationen um das dominierende Weibchen. Diese sehr stabilen »Familien« formieren sich manchmal zu einer Herde, die aus bis zu 60 Individuen bestehen kann. Die Fortpflanzung findet innerhalb dieser Populationen statt, und es entsteht kein Austausch mit anderen Beständen der Erde. Man unterscheidet sesshafte und wandernde Schwertwale sowie jene, die sich hauptsächlich von Fischen oder von Meeressäugetieren ernähren.
Aber die Verschiedenartigkeit geht noch weiter, denn die Populationen unterscheiden sich genetisch, morphologisch, in ihrem Verhalten und in ihrer Ausdrucksweise – und dies oft so deutlich, dass der Artenbegriff bei Schwertwalen beinahe unangemessen erscheint.

Eine Schwertwalfamilie zieht unter der Führung von Matriarchin Maga durch argentinische Gewässer. Mit dem Kopf über Wasser beobachtet Augustin, ihr 1994 geborener Sohn, die Umgebung – ein Verhalten, das man auch *spyhopping* nennt. An der Spitze der Gruppe steckt ein wenige Tage altes Schwertwaljunges sein Maul an die Luft.

Männliche Schwertwale erkennt man sehr leicht an ihrer kräftigen und geraden Rückenflosse (unteres Foto). Weibchen und Jungtiere dagegen haben eine sichelförmige Rückenflosse (oberes Foto). Anhand der Form der weißen Flecken unter dem Auge und an den Flanken hinter der Rückenflosse kann man jedes einzelne Tier identifizieren: Oben sieht man das dominierende Weibchen Maga, das 42 Prozent seiner Angriffe erfolgreich abschließt; unten das große Männchen Mel, einen Bruder von Bernardo, der als erster Schwertwal mit seiner Strandungstechnik bekannt wurde.

Strandung immer möglich

Die Schwertwalfamilie, die sich um die Halbinsel Valdés bewegt, ist in jedem Fall außergewöhnlich: Von den 15 Tieren der Population haben sieben gelernt, absichtlich zu stranden, um so Robben und Seeelefanten außerhalb des Wassers zu fangen. Wie für alle Wale ist diese Landung am Strand natürlich auch für die Orcas lebensgefährlich – und man kennt Tausende Fälle, in denen die Tiere auf diese Weise gestorben sind. Aber für die Schwertwale von Valdés bedeutet es Leben, an den Strand zu gleiten und sich aus dem Wasser zu begeben! Nur einige ihrer Artgenossen bei den Crozet-Inseln beherrschen eine ähnliche Technik, mit der sie Seeelefanten erbeuten, die sich dicht am Strand aufhalten. Doch die wagemutigen und präzisen Strandungen der Schwertwale von Valdés bleiben ein einzigartiges Phänomen.

Eine einzigartige Familie

Juan Carlos und Diana Lopes waren die ersten, die während der 1970er Jahre auf die unglaubliche Jagdtechnik von Schwertwalen hinwiesen – genauer auf die Strandungstechnik von einem großen Männchen, das man Bernardo taufte, und einem kleineren Schwertwal, den man zuerst für ein Weibchen hielt und Melanie nannte, der sich aber später als Bernados Bruder »Mel« entpuppte. Seit 1992 setzt der Wildhüter Roberto Bubas ihre Studien fort. Er kennt die Walfamilie wie kein anderer, denn er hat längere Zeit in ihrer unmittelbaren Nähe verbracht und sich sogar ins Wasser begeben, um mit ihnen zu spielen – mit »Mörderwalen«, die Meeressäugetiere verspeisen, die viel größer als ein Mensch sind. Die anderen Wildhüter, darunter Hector Casin, der uns während unseres Aufenthalts begleitet hat, beobachten die 15 um die Halbinsel Valdés sesshaften Schwertwale jeden Tag. Sie kennen die Tiere inzwischen so gut, dass sie ihnen Namen gegeben haben. Die Wale leben in einzelnen Gruppen, die sich regelmäßig unter der Führung der Weibchen Antu, Maga, Ishtar und Jazmin versammeln, Die vier stammen aus derselben Familie. Das große Männchen Mel, 48 Jahre alt, bleibt meist mit einem Weibchen allein: mit Dona Blanca, die nicht selbst jagt.

Stille Jäger

Jeder Schwertwal nimmt täglich ungefähr drei Prozent seines Körpergewichts an Nahrung zu sich: Fische, kleine Wale und Robben, die sie auf offener See fangen. Wie Schwertwale aus anderen Regionen der Erde spüren sie ihre Beute mit den Augen oder durch Schallsignale auf. Teilweise hat man sogar beobachtet, wie die Tiere ihre Opfer durch Infraschall betäuben. Aber im Frühjahr wird die Jagd auf junge Mähnenrobben *(Otaria flavescens)* eröffnet. Drei Stunden vor und drei Stunden nach der Flut, wenn das Wasser noch ausreichend hoch ist, verfolgen die Schwertwale die Robben bis an den Strand. Allerdings muss die See sehr ruhig sein, denn »die Schwertwale von Valdés sind stille Jäger, die nach Gehör jagen«, wie Roberto Bubas erklärt. In trübem Wasser spüren sie die Robben am Geräusch ihrer Bewegungen auf, das sie jedoch bei starker Brandung nur schwer identifizieren können. Ganz anders ist es, wenn der Wind aus Westen kommt und keine Wellen an den Strand schlagen. Wir konnten viele Male beobachten, wie ein Schwertwal, der eben aufs Meer hinaus schwamm, auf einmal kehrtmachte und an den Strand raste, wo gerade Seelöwen ins Wasser gingen. Da er den Blick auf das offene Meer gerichtet hatte, konnte der Wal sie weder gesehen noch durch Schallsignale aufgespürt haben. Er muss also gehört haben, wie sie am Strand planschten.

Mel verhält sich am geduldigsten, wenn es darum geht, die Beute zu überraschen. Bis zu sechs Minuten kann er unter Wasser auf der Lauer liegen, ohne sich zu bewegen, und vernimmt dabei das leiseste Plätschern. Er nimmt sich genug Zeit, um die Schwimmgeräusche der Seelöwen genau zu lokalisieren und greift erst an, wenn er ihren Standort sicher kennt.

60 Prozent seiner meist frontalen Angriffe sind erfolgreich.
Die Weibchen sind da ungeduldiger. Sie kreuzen oftmals in Gruppen am Strand entlang und stürzen sich auf ihre Beute, sobald sie einen Seelöwen hören. Der Angriff erfolgt meist schräg von hinten, um nicht entdeckt zu werden und den Seelöwen schneller im Blick zu haben. Die Erfolgsquote der Weibchen liegt bei 40 Prozent. Bei günstigen Wetterbedingungen und ausreichend vorhandener Beute greifen die Schwertwale bis zu 15-mal während der Flut an.
Jedes Jahr greifen sie sich etwa 200 junge Seelöwen. Das sind acht Prozent der jährlichen Geburten auf der Halbinsel Valdés. Die lebend gepackten Tiere werden im tiefen Wasser freigelassen, damit die jungen Wale lernen, sie zu fangen. Anschließend wird die Beute im Familienverband geteilt.

Die »Tradition« weitergeben

Nur fünf Weibchen bringen den Kleinsten bei, wie sie sich der Küste nähern, sich auf den Sand gleiten lassen und dann durch eine Drehung zurück ins Wasser finden. Wir haben Unterrichtsstunden beobachten können, die zum Teil sogar stattfanden, wenn keine Robben zugegen waren.
Die Mütter nehmen ihr Junges ab einem Alter von sechs Jahren mit. Selbst wenn die Kleinen noch keine Seelöwen fangen, so begleiten sie doch die jagenden Weibchen bis an den Strand und imitieren ihr Verhalten. Die Zahl der Wale, die in der Lage sind, sich stranden zu lassen, nimmt auf diese Weise regelmäßig zu. Den ersten Beobachtungen zufolge beherrschten anfangs nur Bernardo, Mels 1993 gestorbener älterer Bruder, und Mel selbst die Strandungstechnik. Roberto Bubas erläutert uns, dass die Schwertwale die besondere Fangmethode erst vor circa 60 Jahren entwickelt haben. Der Seelöwenbestand war zu dieser Zeit stark geschrumpft, da er von 1917 bis 1953 durch argentinische Jäger dezimiert wurde, die auf ihr Fett und ihr Fell aus waren. Weil sie auf offener See nicht mehr genug Beute fanden, waren die Wale anscheinend gezwungen, immer weiter in Strandnähe zu jagen.

Bedrohungen

Schwertwale kennen keine Feinde. Sie selbst dagegen sind Feinde fast aller Meerestierarten. Sie fressen kleinere Wale, Delfine, Seeelefanten, Robben, Haie, Schwertfische, Thunfische und auch Heringe und Lachse.
Wie viele Schwertwale es in den Meeren der Erde gibt, weiß man nicht genau. Wahrscheinlich mehrere Zehntausend. Davon leben 31 in Patagonien und 15 rund um die Halbinsel Valdés. Aber kann man sich überhaupt mit globalen Schätzungen zufrieden geben, wenn doch, wie man annimmt, jede Population eine eigene Identität und Kultur hat? Oder muss man nicht wie bei menschlichen Minderheiten jede Population als einzigartig betrachten, als Hüterin eines kulturellen Erbes? Mit dem Verlust eines dominanten Weibchens, das die Strandungstechnik beherrscht, geht das Wissen für die gesamte Familie verloren.
Obwohl die Schwertwalbestände global gesehen nicht gefährdet sind, kann es sich für die einzelnen Populationen doch als verheerend erweisen, wenn immer noch Tiere für Delfinarien gefangen werden oder durch Dynamit und Gewehre sterben müssen, weil sie gelernt haben, von Fischereigeräten zu profitieren.

Oben: Obwohl es gerade noch parallel zum Strand unterwegs war, hat dieses Weibchen abrupt den Kurs geändert, nachdem es das Plätschern der badenden Seelöwen vernahm.

Unten: Ein heranwachsender Schwertwal erlernt das Jagen, indem er den Angriff des Weibchens bis zum Strand begleitet. In diesem Fall wird das Weibchen das Seelöwenjunge erwischen.

Folgende Doppelseite: Das junge Männchen Augustin, Magas Sohn, besitzt noch nicht die Erfahrung seiner Mutter und beendet nur 25 Prozent seiner Angriffe erfolgreich. Diese Attacke jedoch wird erfolgreich verlaufen.

Bei Ebbe wird das Riff an der nördlichen Spitze der Halbinsel Valdés freigelegt. Gut sichtbar sind auch die wenigen schmalen Kanäle, welche die Strandbastion angreifbar machen, denn über diesen Weg erreichen die Schwertwale die Ufer, an denen es sich die Seelöwen bequem machen.

LOGBUCH

Datum: 01.04.08, Zeit: 18.10 Uhr
Ort: Angriffskanal

Breitengrad: 42° 06′ S

Längengrad: 63° 46′ W

Tide: Flut

Meereslage: ruhig

Wind: Ost/5 Knoten

Mond: letztes Viertel

Bewölkung: 10%

Die Halbinsel Valdés ist ein natürlicher Hafen, zu dem Glattwale und Seeelefanten kommen, um sich fortzupflanzen, und an dem Tausende Magellan-Pinguine nisten. Entlang der unermesslich weiten Küste befinden sich Dutzende Kolonien von Mähnenrobben *(Otaria flavescens)*. Die Halbinsel wurde ins Weltnaturerbe der UNESCO aufgenommen und profitiert von Schutzmaßnahmen, durch die nur wenige Zonen für die Öffentlichkeit geöffnet sind. Der Zugang zu den Robbenkolonien ist streng reglementiert, und wir wurden während der Dreharbeiten von dem äußerst erfahrenen Wildhüter Hector Casin begleitet.

Diese verspielten und neugierigen Seelöwen »beschnuppern« Kameramann Thierry Thomas und den Wildhüter Hector Casin, um anschließend in einem der niedrigen »Planschbecken« zu tollen, die von der Ebbe freigelegt werden.

Den Angriff vorausahnen! Die richtige Bildeinstellung suchen und fokussieren, bevor das flüchtige Ereignis überhaupt zu bannen ist. Absolut auf die Kamera konzentriert und bereit zu filmen, wartet Thierry Thomas auf das Kommando von Hector, der versucht, die Robben im Blick zu halten, und auf die leiseste Bewegung an der Oberfläche achtet, mit der sich ein Angriff des Schwertwals ankündigen könnte.

Beim Überfliegen der von der Ebbe freigelegten Küste sieht man das die nördliche Spitze der Halbinsel Valdés umgebende Riff aus versteinerten Muscheln. Zudem erkennt man einige der wenigen Kanäle, die das schützende Riff angreifbar machen: Die Schwertwale nutzen sie, um an den Strand der Seelöwen zu gelangen. Gegenüber von einem dieser »Angriffskanäle«, etwa 20 Meter vom höchsten Punkt der Flut entfernt, platzierte Thierry Thomas seine Kamera, während Martine Todisco ihre Mikrofone in der Nähe der Seelöwenkolonie aufstellte. Jeden Tag begaben wir uns drei Stunden vor der Flut in flache, in den Kies gegrabene Senken, um die Seelöwen, die in den natürlichen Planschbecken des Riffs spielten, nicht zu stören. Das Meer war zu diesem Zeitpunkt noch zu niedrig, als dass die Wale in den Kanal schwimmen konnten oder die Seelöwen ihn überquerten. Die meisten von uns beobachteten Angriffe fanden kurz vor der vollen Flut statt.

»Nur einen Augenblick vorher ist alles ruhig, und dann ist innerhalb weniger Sekunden alles vorbei. Unser Begleiter Hector und ich mussten das rasante Ereignis vorausahnen und möglichst perfekt koordiniert einfangen.«

THIERRY THOMAS,
LEITENDER KAMERAMANN

LOGBUCH

Datum: 23.11.07
Zeit: 14.15 Uhr

Ort: Lodigen

Breitengrad: 68° 24′ 36″ N

Längengrad: 16° 00′ 07″ O

Tide: Flut

Meereslage: wenig bewegt

Wind: Ost/10 Knoten

Mond: Vollmond

Bewölkung: 100 %

Lofoten

In den norwegischen, besonders fischreichen Gewässern sind residente Schwertwalbestände beheimatet. Im Herbst folgen die Tiere Heringsschwärmen, die bis zu den Fjorden der Lofoten ziehen. Dort stoßen wandernde Wale zu ihnen, die aus isländischen Gewässern kommen. Im Wissen um die regelmäßig stattfindende Walreise unternahm das Team von Luc Drion den Versuch, Schwertwale vor dem beeindruckenden Hintergrund schneebedeckter Berge zu filmen. Die Leute um Unterwasserkameramann Mario Cyr hofften, die Schwertwale beim Jagen zu erwischen, wenn sie brutal mitten in einen Heringsschwarm stoßen, um einige der Fische zu betäuben und zu verschlingen. Es war keine geringe Herausforderung, denn wenn sich die Heringe in die Fjorde zurückziehen, herrscht über dem Polarkreis November, und die Sonne steigt nicht mehr besonders hoch. Sie hebt sich knapp über die Berge und erhellt nur einige Stunden am Tag die Gewässer des Fjords. Den Teams bleibt nur ein sehr kleines Zeitfenster … wenn alles gut läuft. Wenn die Wanderung der Tiere nur einige Tage später stattfindet, wird das Filmen unmöglich, denn dann ist die Region in polaren Halbschatten getaucht.

Seit mehreren Jahren aber werden die Wanderungen der Heringe immer unvorhersehbarer, womöglich bedingt durch den Klimawandel. Die Fische bleiben im Tiefseewasser, und mit ihnen die Schwertwale. Das Meer dort ist zu bewegt, als dass man sich ihnen nähern und verwertbares Filmmaterial gewinnen könnte. Als sich die Tiere dann schließlich in die Fjorde zurückziehen, hat die Nacht die Region bereits für Monate in Besitz genommen.

LOGBUCH

Datum: 14.05.08
Ort: Drei-Königs-Inseln

Breitengrad: 34° 08′ S
Längengrad: 172° 07′ O
Tauchgerät: offener Kreislauf
Beginn des Tauchgangs: 9.30 Uhr
Dauer des Tauchgangs: 3 min
Dekostopp: keiner
Maximale Tiefe: 20 m
Sichtweite: 20 m
Oberflächentemperatur: 19 °C
Tiefentemperatur: 19 °C
Meereslage: bewegt
Wind: West/25 Knoten
Mond: erstes Viertel
Bewölkung: 50 %

Drei-Königs-Inseln

Mai, im Norden von Neuseeland. Die Drei-Königs-Inseln sind Treffpunkt einer besonderen Schwertwalfamilie. Sie hat gelernt, sich von Fischen zu ernähren, die sich in den Haken der von Fischerbooten ausgeworfenen Langleinen verfangen. Die Inseln gehören zu den seltenen Orten, an denen man Schwertwale in klarem Wasser antreffen kann. Aber sobald der Winter beginnt, wird es schwierig. Das von René Heuzey geleitete Team kämpft mehrere Wochen mit schlechtem Wetter, bis es sich zu den Walen ins Wasser begeben kann. Die neugierigen Tiere kommen auf Kameramann und Fotograf Pascal Kobeh zu ... Eine seltene, aber zu kurze Gelegenheit.

Grüne Meeresschildkröten und Fregattvögel

Insel Europa,
Kanal von Mosambik

Marsa Abu Dabab,
Ägypten

Lederschildkröten

Halbinsel Cayenne,
Französisch-Guayana

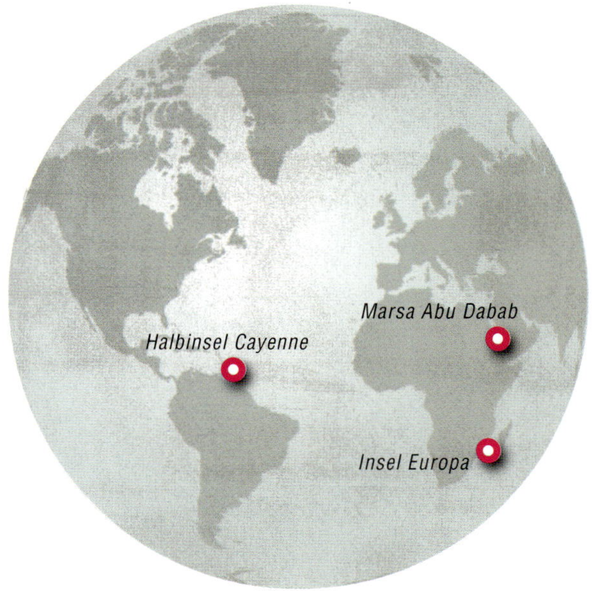

»Genau hier«, sagt er, »wird sich das Drama abspielen.«

Ein traumhaftes Bild erscheint in der leuchtenden Morgendämmerung: Ein weiter, weißer Sandstrand, gesäumt von Kasuarinen. Es ist Ebbe, und das Meer hat sich weit zurückgezogen, noch hinter den Riffkamm. Der Strand liegt einsam da. Nur das dumpfe Brausen der Wellen durchwogt die Stille.

Fabien Jan, unser wissenschaftlicher Begleiter, entdeckt eine kleine Aushöhlung im Sand, die unmerklich einfällt. Der Sand rieselt wie durch einen Trichter. Die Oberfläche bewegt sich. Da steckt ein kleiner Kopf die Nase heraus: Zwei große, glänzend schwarze Augen blinzeln in das anbrechende Tageslicht. Die Schildkrötenbabys schlüpfen. Kaum ist das Kleine aus dem Ei heraus, kriecht es aus dem Loch und krabbelt zielstrebig in Richtung Meer. Hinter ihm taucht noch ein Kopf auf, dann ein dritter, bis der Sand auf einmal verschwindet, als sei er nach unten weggesaugt worden. Stattdessen erscheint ein Gewimmel kleiner Rückenpanzer, die sich in alle Richtungen bewegen, übereinander stolpern und zum Wasser eilen. Das Meer ruft. Das ist purer Lebenswille in aller Unschuld, die Verkörperung von Hoffnung und Entschlossenheit ... Ein rührendes Schauspiel.

Wir sind wie verzaubert und schenken dem sich nähernden, seltsamen Pfeifen keine Aufmerksamkeit. Ein Fregattvogel durchreißt die Luft im Sturzflug. Zu spät. Die im Bruchteil einer Sekunde aus dem Nichts aufgetauchte dunkle Silhouette mit langen, spitzen Flügeln stößt in schwindelerregender Geschwindigkeit hinunter. Knapp vor unseren Füßen schnappt sie sich eine kleine Schildkröte und steigt gleich wieder hinauf, um sie mit einem Mal zu verschlingen. Ihr Beutezug lockt weitere Fregattvögel an, die flügelschlagend aus allen Ecken des Horizonts herbeieilen. Die auf den Strand zustrebende Bewegung beschleunigt sich zu einem infernalischen Reigen: Gedränge, verdrehte Flügel, Kämpfe, Schnabelhiebe. Federn stieben, dunkle Schatten tanzen auf weißem Sand. Die Fregattvögel stürzen unablässig hinab und erbeuten ein Schildkrötenbaby nach dem anderen.

Der Überfall hat nur drei Minuten gedauert, und es ist nichts geblieben. Der Strand liegt wieder verlassen da. Die Vögel haben sich ebenso schnell in alle Richtungen zerstreut, wie sie aufgetaucht sind. Am wolkenlosen Himmel hat die Sonne nun ihren vollen Glanz erreicht. Drei Minuten – so lang wie ein Traum, oder besser: ein Alptraum. Fabien hatte uns gewarnt. Willkommen auf Europa! Der Dreh beginnt.

STECKBRIEF

Chelonia mydas
Grüne Meeresschildkröte
(Suppenschildkröte)

Größe und Gewicht (maximal):
100 bis 140 cm/150 bis 230 kg

Zum Zeitpunkt des Schlüpfens: 5 cm/25 g

Lebensdauer: schätzungsweise 70 Jahre

Geschlechtsreife: 20 Jahre

Fortpflanzung: ovipar, Eiablage alle 2 Jahre

Auf der Insel Europa schlüpft ein Viertel der Schildkrötenbabys unerklärlicherweise am helllichten Tag. Das Szenario ist immer dasselbe: Mit einemmal gräbt sich eine kleine Mulde in den Sand, die erste kleine Schildkröte steckt die Nasenspitze nach draußen ...

Zurückhaltung garantiert

Schildkröten sind äußerst zurückhaltende Tiere. Das Weibchen bringt seine Eier nur bei Anbruch der Nacht an Land. Das Männchen dagegen nähert sich niemals der Küste. Es treibt sich lieber im offenen Meer herum und sucht ein paarungsbereites Weibchen. Wenn der Zeitpunkt der Eiablage gekommen ist, schleppt sich das Weibchen mühselig an genau den Sandstrand, an dem es selbst einmal geschlüpft ist, und gräbt mit seinen Brustflossen eine zwei Meter breite und knapp einen Meter tiefe Mulde. Am Grund der Vertiefung muss es noch einen Brutraum graben, in den es etwa einhundert Eier legt. Nachdem es alles wieder sorgsam zugeschüttet hat, kehrt das Weibchen klammheimlich vor Sonnenaufgang ins Wasser zurück. Das Nest hat die Mutter mit ihren Hinterbeinen zugegraben und so keinen einzigen Blick auf ihre Eier geworfen.

Die Sonne übernimmt das Bebrüten des Nestes. Wie bei zahlreichen anderen Reptilien wird das Geschlecht der Schildkröten von der durchschnittlichen Bruttemperatur bestimmt: Bei über 29 °C sind es überwiegend Weibchen, darunter überwiegend Männchen. Hier gewinnt der Klimawandel an Bedeutung, denn die globale Erwärmung könnte die Geschlechterverteilung beeinflussen und das Gleichgewicht von Reptilienpopulationen auf der ganzen Welt durcheinanderbringen. Wenn es den Tieren nicht gelingt, sich den veränderten Verhältnissen anzupassen, droht ihr Aussterben.

Etwa 50 Tage nach der Eiablage brechen die Eier auf, und sobald die Lufttemperatur unter 29 °C fällt, schlüpfen sämtliche junge Schildkröten. Sie messen kaum zehn Zentimeter, wiegen nur 25 Gramm, aber sie strotzen vor Energie und bewegen sich unmittelbar in Richtung Meer.

Die Seekarte im Kopf

Außerhalb der Legezeit verbringen Meeresschildkröten ihr Leben weit draußen im Ozean, den sie jährlich über Tausende Kilometer durchwandern. Doch zur Eiablage kehren sie unweigerlich zu dem Strand zurück, an dem sie selbst geschlüpft sind. Ihr beeindruckender Orientierungssinn beschäftigt die Wissenschaftler, und man beginnt, seinem Geheimnis auf die Spur zu kommen. Jede Schildkröte soll demnach eine mentale Karte ihres heimischen Ozeans besitzen. Bei großen Entfernungen orientiert sie sich an Magnetfeldern, denn die Schildkröte besitzt die Fähigkeit, diese sehr deutlich wahrnehmen zu können. Bei mittleren und kurzen Entfernungen kommen weitere Informationen hinzu: Geruch, Unterwasserprofil und die klanglichen Merkmale ihrer Insel.

... und sogleich eilen die kleinen Schildkröten in Richtung Meer. Aber auch im Wasser sind sie nicht in Sicherheit, denn dort warten zahlreiche Fische, die es auf sie abgesehen haben.

Es wird zur Jagd geblasen

Ausgewachsene Grüne Meeresschildkröten fürchten so gut wie keine Feinde. Die frisch geschlüpften Babys dagegen wecken die Begierde zahlreicher Fische, Haie und Meeresvögel. Nur eines von eintausend Schildkrötenbabys überlebt das Jungtierstadium und wird älter als 20 Jahre. Auf der Insel Europa enden alle kleinen Schildkröten, die das Pech haben, zu früh am Nachmittag oder zu spät am Morgen zu schlüpfen, in den Rachen der Fregattvögel. Keine von ihnen erreicht das Meer, die Fregattvögel lassen ihnen nicht die geringste Chance. Ihre Effizienz ist beängstigend. Auf Europa werden auf diese Weise 25 Prozent der Brut vernichtet. Vor allem die männlichen Bindenfregattvögel, die leichter und kleiner sind als die Weibchen, haben die Fähigkeit entwickelt, aus dem Flug heraus nach den kleinen, über den Sand kriechenden Schildkröten zu schnappen. Die Geschwindigkeit ihres Auftauchens ist erschreckend: Gerade noch erscheint der Himmel leer, aber dann, auf das erste Signal der Schildraben, sammeln sich die Fregattvögel in wenigen Minuten zu Dutzenden am Horizont. Der erste Vogel, der abtaucht, zieht alle ringsum mit. Die meisten Vögel eilen herbei, ohne zu wissen, was sich eigentlich abspielt. Sie drehen einige Meter über den anderen ihre Kreise und warten, dass die Bahn frei wird und der Wind aus der passenden Richtung weht. Fregattvögel sind derart geschickte Räuber, dass sie eine kleine Schildkröte, die aus einer Mulde mit 20 Zentimeter Durchmesser kriecht, ohne Halt schnappen können!

STECKBRIEF

Fregata minor
Bindenfregattvogel

Spannweite und Gewicht (maximal): 2,30 m/1,5 kg
Lebenserwartung: unbekannt
Geschlechtsreife: 8 bis 10 Jahre
Fortpflanzung: nur alle 2 bis 4 Jahre ein Küken

Überwältigende Piraten

Fregattvögel haben Seeleute schon immer durch ihre außergewöhnlichen Flugkünste beeindruckt. Sie sind die einzigen Gleiter unter den Seevögeln und so leicht, dass sie den schwachen Wärmeaufwind nutzen können, den die Sonne über dem Meer entstehen lässt. Auf diese Weise steigen die Vögel bis in 2000 Meter Höhe und können von dort einen großen Teil des Ozeans überblicken. Nachts lassen sie sich schlummernd vom Passatwind treiben. Allein der Mauersegler ist noch geschickter in der Luft: Er kann sich sogar im Flug paaren.
Fregattvögel haben jedoch einen schlechten Ruf und werden oft als die Piraten der tropischen Inseln bezeichnet. Sie zögern nicht, sich als Beutediebe zu betätigen, und stellen anderen Meeresvögeln wie Tölpeln, Seeschwalben und Weißschwanz-Tropikvögeln hartnäckig nach. Auch vor den Küken der Vögel schrecken sie nicht zurück, und auf ihren Patrouillen entlang der Küste lauern sie den kleinen Schildkröten auf. Doch man sollte nicht annehmen, dass Fregattvögel nur von Raubzügen leben: Ihre unglaubliche Beweglichkeit ermöglicht es ihnen, den Großteil ihrer Nahrung im Meer zu finden. Sie schnappen sich tote Tiere, die an der Oberfläche treiben, oder Fische, die aus dem Wasser springen. Die gelegentlichen Diebereien sind im Grunde nur eine Abwechslung im normalen Alltag.

Die frisch geschlüpften Schildkröten sind eine leichte Beute für die jungen Fregattvögel, die unaufhörlich entlang der Küste patrouillieren. Durch Schildraben aufmerksam gemacht, erfassen sie die leiseste verdächtige Bewegung und versammeln sich sehr schnell in großen, wirbelnden Schwärmen. Sie kreisen über dem Nest, erspüren die Windrichtung und wählen den besten Angriffswinkel, immer dem Wind entgegen. Ein Vogel nach dem anderen sticht herab und schnappt sich mit verblüffender Geschicklichkeit eines der unglücklichen Schildkrötenbabys – ohne einmal aufzusetzen oder etwa seinen Flug zu verlangsamen. Anschließend steigen sie wieder auf, gesellen sich zu ihrer geflügelten Räuberbande und warten, bis sie wieder an der Reihe sind …

Pech für die Schildkröten: Die Fregattvögel erweisen sich als gute Schauspieler und ignorieren die Kamera völlig.

Ferngesteuerte 35-Millimeter-Kamera, Kran, Schienen: Um die geschlüpften Babyschildkröten auf ihrem Weg zum Wasser zu begleiten, werden alle Mittel des großen Kinos aufgefahren.

LOGBUCH

Datum: 10.04.08
Zeit: 5.40 Uhr

Ort: »Grande Plage«, Insel Europa
Breitengrad: 22° 19′ S
Längengrad: 40° 20′ O
Meereslage: ruhig bis leicht bewegt
Tide: Ebbe
Lufttemperatur: 23 °C
Oberflächentemperatur des Wassers: 25 °C
Wind: leichte Brise
Mond: Vollmond
Bewölkung: keine

Europa – Insel der Mücken

Schildkrötennester gibt es überall auf Europa. Zwei- bis dreimal im Jahr kommen insgesamt 2000 bis 11 000 Schildkröten zum etwa 30 Kilometer langen Strand der französischen Insel und legen dort ihre Eier. Jedes der Tiere vergräbt etwa einhundert Eier im Sand. Man kann sich vorstellen, wie viele kleine Schildkröten im Anschluss ins Meer eilen: etwa 700 000 bis 2,4 Millionen! Der Strand ist zwar gespickt mit Nestern, doch er erscheint leer, da die Eier beinahe einen Meter unter der Oberfläche versteckt liegen. Der weitaus größere Teil des Geleges schlüpft ab Einbruch der Nacht. So entkommen die jungen Schildkröten der Fressgier der Fregattvögel, da diese nur bei Tage jagen. Aber die Dunkelheit hindert uns natürlich auch, das Geschehen zu filmen. Nur ein Viertel der Schildkrötenbabys schlüpft früh am Morgen oder spät abends, aber sie werden so erbarmungslos attackiert, dass keines von ihnen das Meer erreicht. Welches Nest ist aber nun gerade an der Reihe? Wo liegt es? Um dieses Rätsel zu lösen, benötigt man den Instinkt der Schildraben, den blitzscharfen Blick der Fregattvögel oder das Gespür unseres wissenschaftlichen Begleiters Fabien Jan. Wenn man die gefiederten Räuber unermüdlich belauert, kommt man ihnen eventuell auf die Schliche. Manchmal.

Aber wir sind weder besonders mobil noch besonders schnell, denn wir schleppen gut eine Tonne Ausrüstung mit uns, und die Kulisse, die Kameramann Laurent Charbonnier ausgesucht hat, der schönste Strand Europas, liegt vier Kilometer von der Basis entfernt! Zum Glück freuten sich die einzigen Bewohner der Insel – 14 Militärangehörige und ein Gendarm, Stellvertreter Frankreichs in dieser entlegenen Region der Erde – über die Abwechslung und erklärten sich voller Elan bereit, uns zu helfen. Es entwickelte sich eine enge Zusammenarbeit. Ihre Hilfe war wertvoll, ja unabdingbar beim Transport des Materials: zehn Meter Schienen, um die über den Sand krabbelnden Schildkröten mit fahrender Kamera zu filmen, und dazu ein Kran, um sich zwischen die Fregattvögel in die Luft zu begeben. Das alles ließ sich meistern. Ein anderes, erhebliches Problem aber blieb: die Mücken. Mit Einbruch der Nacht kommen sie zu Millionen aus ihren Verstecken und stürzen sich ausgehungert auf alles, was sich bewegt. Die einzigartige Mückenplage zwang uns, abends so schnell wie möglich die Sachen zu packen und ins Camp zu flüchten.

Die Strände von Französisch-Guayana gehören zu den wichtigsten Nistplätzen der Welt: Mehrere Tausend Schildkröten kommen jedes Jahr hierher, und manchmal tauchen mehrere Hundert in einer Nacht auf!

STECKBRIEF

Dermochelys coriacea
Lederschildkröte

Größe und Gewicht (maximal): 150 bis 190 cm/340 bis 916 kg

Zum Zeitpunkt des Schlüpfens: 6 cm/45 g

Lebenserwartung: schätzungsweise 70 bis 80 Jahre

Geschlechtsreife: 13 bis 15 Jahre

Fortpflanzung: Innerhalb einer Legesaison geht ein Weibchen durchschnittlich 7-mal an Land. Jedes Mal legt es etwa 100 Eier von 80 g, das heißt 8 kg Eier. Mehrere Tausend Kilometer Reise ohne Nahrung, die Produktion der Eier, das Graben des Nestes und schließlich die Eiablage – die Fortpflanzung ringt den Weibchen eine solche Energie ab, dass sie nur einmal alle 2 bis 7 Jahre stattfindet.

Vorhergehende Doppelseite: Eine ausgewachsene Grüne Meeresschildkröte äst friedlich an Unterwasserpflanzen in der Bucht von Marsa Abu Dabab im Roten Meer. Das Foto ist im Mai 2006 in Marsa Alam an der ägyptischen Küste, während der ersten Dreharbeiten für den Film, entstanden.

Die Lederschildkröten auf der Halbinsel Cayenne

Sie trägt keinen Schuppenpanzer auf dem Rücken wie die anderen Meeresschildkröten – nein, bei ihr ist es eine dichte und kompakte Fettschicht, mit der sie den kalten Temperaturen der Regionen trotzt, die sie im Sommer auf der Suche nach ihrer hauptsächlich aus Quallen bestehenden Nahrung durchstreift.
Im Gegensatz zu ihren Artgenossen im Pazifik, die sehr präzisen Wanderrouten folgen, zerstreuen sich die Lederschildkröten des Atlantiks und besonders die Schildkröten von Französisch-Guayana im gesamten Ozean, von den Tropen bis nach Norwegen. Die Ortung per Satellit zeigt, dass sie sich gerne an Ozeangrenzen aufhalten, denn dort treffen wärmere auf kältere Wassermassen, wodurch nahrungsreiche Regionen entstehen, in denen sich Plankton, Quallen und deren Fressfeinde sammeln. Auch Fischfangflotten ziehen die Lederschildkröten an. Auf ihren Streifzügen durch den Ozean legen die Tiere an die 19 000 Kilometer in weniger als acht Monaten zurück. Sie müssen über eine perfekte Orientierung verfügen, um über so weite Entfernungen den Strand ihrer Geburt wiederfinden zu können. Dabei spielen mehrere Faktoren eine Rolle: Sterne und Sonne, Gerüche und Laute. Doch die Schildkröten bedienen sich vor allem einer verinnerlichten Karte der Magnetfelder ihres Ozeans.
In den vergangenen 20 Jahren haben die Lederschildkröten von der globalen Erwärmung profitiert und konnten ihr Erkundungsgebiet um 400 Kilometer nach Norden verschieben. Inzwischen erreichen sie Island und Norwegen.
Ihre Tauchfähigkeit variiert je nach einzelnem Tier und dem Stadium des Fortpflanzungszyklus, aber auch nach dem Verhalten der Quallen, die sich vertikal im Ozean bewegen: Während des Tages verstecken sie sich in der Tiefe, im Schutze der Nacht steigen sie an die Oberfläche. Lederschildkröten tauchen selten tiefer als 200 Meter, obwohl sie in der Lage sind, Rekordtiefen von 900 bis 1200 Metern zu erreichen. Desgleichen dauern ihre Tauchgänge etwa acht bis zehn Minuten, bei Rekordzeiten von über einer Stunde.

LOGBUCH

Datum: 20.05.08
Zeit: 8.00 Uhr

Ort: Strand von Rémire-Montjoly (Halbinsel Cayenne)

Breitengrad: 04° 53′ N

Längengrad: 52° 15′ W

Meereslage: bewegt

Tide: Flut

Lufttemperatur: 28 °C

Oberflächentemperatur des Wassers: 27 °C

Wind: leichte Brise

Strömung: starke Strömung aus östlicher Richtung

Mond: Vollmond

Bewölkung: stark (Regenzeit, 98 bis 100 % Luftfeuchtigkeit)

Gutmütige Riesen

Früher Morgen, braunes Meer. Die Bleiluft ist mit Feuchtigkeit gesättigt. Sobald die Temperatur nur ein wenig schwankt, regnet es aus Eimern. Es ist Regenzeit in Amazonien.
Diesen Zeitpunkt wählen die Lederschildkröten, um an den Stränden von Französisch-Guayana ihre Eier abzulegen. Seit einer Woche postieren wir uns im Morgengrauen am Strand und warten, stoisch unter unseren Regenponchos hockend, dass die Schildkröten sich doch aus dem Wasser bewegen mögen. Wir erwarten beinahe Unmögliches, das wissen wir ganz genau. Obwohl sie weniger scheu sind als ihre Artgenossen, kommen die Lederschildkröten fast nie bei Tag an den Strand, um ihre Eier abzulegen. Und trotz ihrer imposanten Größe kann man unmöglich vorausahnen, wo und wann sie auftauchen werden. Also warten wir tagelang und zählen die monoton und unaufhörlich an den Strand schlagenden Wellen.
Die Feuchtigkeit durchdringt sämtliche Geräte. Überall hängen Tropfen, und die Linsen beschlagen. Die Schildkröten sind da, ganz nah. Zahlreiche Spuren im Sand zeugen von ihrer Anwesenheit. Der Strand sieht aus wie ein Schlachtfeld, mit tiefen Gräben und Gruben wie Bombentrichter. In der vergangenen Nacht müssen zahlreiche Schildkröten hier gewesen sein, aber sie sind vor dem ersten Sonnenstrahl ins Meer zurückgekehrt.
Die kurzen, kräftigen Wellen brechen voller Gewalt und ziehen sich brutal zurück. Doch dann, als wieder eine der endlosen Wellen zurückströmt, liegt auf einmal eine Schildkröte auf dem feuchten Sand. Die Wellen schlagen auf ihren schimmernden Rücken. Sie hievt sich den Strand hinauf. Nach schier endlosem Warten ist der Moment gekommen, den wir so sehr ersehnt haben. Wir können in aller Ruhe filmen. Wir schleppen unsere einhundert Kilo schwere Ausrüstung in die Nähe der Schildkröte. Wir dürfen sie nicht erschrecken. Am besten kommen wir von der Seite – oder noch besser von hinten. Als sie erst aus dem Wasser ist und den Strand erklimmt, hält sie nichts mehr auf und sie ignoriert unsere Kamera. Während unseres kurzen Aufenthalts sind die Lederschildkröten wohl ein Dutzend Mal bei Tageslicht an den Strand gekommen. Fachleute meinen, wir hatten enormes Glück!

Tropische Nächte

Die Luft ist lau und mild. Insekten zirpen, und hinter der Düne quaken die Frösche. Fledermäuse flattern im Mondschein. Traumhafte tropische Nacht. Der Vollmond spielt hinter den kleinen Wolken Versteck. Es ist Ebbe, das Meer hat sich beruhigt, und die Wellen rollen leise an den Strand. Im Schutze der Dunkelheit kommen die Lederschildkröten zu Dutzenden aus dem Wasser und setzen zum Sturm auf den Strand an. Sie graben tiefe Furchen und mühen sich schnaufend mit ihren ungewöhnlich massigen Rückenpanzern. Sie bekommen schwer Luft. Über seine Mikrofone hört unser Tonmeister sie röcheln, aufstoßen, hecheln, grunzen und seufzen. Uns zerreißt es fast das Herz, doch die Schildkröten bleiben vollkommen gleichgültig.

Plankton

Weltmeere

Kompass-quallen

Monterey Bay, Kalifornien

Oben: Pazifische Kompassquallen *(Chrysaora fuscescens)* haben die Gewässer der Monterey Bay erobert.

Rechte Seite: Ein Salpenkolonie *(Salpa democratica)*. Salpen sind Planktontiere, die allein oder in Kolonien leben (Foto). Das einzelne Tier hat einen tonnenförmigen, etwa zehn Zentimeter langen Körper, der von Muskelbändern umgeben ist. Durch die Mundöffnung strömt Wasser in den Kiemendarm. Plankton-Mikroorganismen und Sauerstoff werden ausgefiltert, das Wasser am hinteren Ende des Körpers ausgetrieben. Das Außergewöhnliche an Salpen ist jedoch, dass sie ein »Rückenmark« besitzen – also die Anlage zu einer Wirbelsäule. Das macht sie zu unseren nächsten Verwandten unter den wirbellosen Tieren.

In der Tiefe der Meere entstehen die unglaublichsten Formen und unwahrscheinlichsten Arten. Welcher Schöpfer könnte sich nur die Qualle ausgedacht haben? 98 Prozent Wasser, ein paar Farbtupfer, und das Flüssige nimmt Gestalt an. Ist die Qualle schon ein Lebewesen? Oder ist sie nicht eher eine Form des Wassers? Die Schwimmglocke vibriert, die rhythmischen Zuckungen verstärken sich. Leben, das wie ein Herz schlägt.

Als unheimliche Verbindung von Licht und Meer kann die Qualle nur mit Vorsicht zu genießen sein. Sie ist tödlich. Ihre Tentakel sind mit giftigen Harpunen bewaffnet, die bei der leisesten Berührung losschießen. Die Spitzen dringen durch Panzer und die härtesten Schuppen und lassen ein Gift frei, das die Haut absterben lässt und das Nervensystem paralysiert.

Ein kleiner Fisch nähert sich und wird auf der Stelle niedergestreckt. Wilde Bewegungen. Ein letztes Zucken. Der Fangarm zieht sich zurück in Richtung der als Mund dienenden Öffnung. Dann strecken sich die Tentakel auf der Suche nach einem weiteren Opfer von Neuem aus. Und es werden nur kleine Fische gemordet? Bei Weiten nicht! *Chironex fleckeri*, die »Mordende Hand«, tötet jedes Jahr auch leichtsinnige Schwimmer.

Hunderte Tentakelschirme mit sich überkreuzenden und ineinander verwickelten Fäden fallen eben in die kalten Gewässer Kaliforniens ein. Das Team, das eigentlich losgezogen war, um Meerotter zu filmen, sieht sich überwältigt von dem beeindruckenden, aber gefährlichen Quallenballett. Was sollen wir tun? Wieder abziehen und warten, bis die unschuldigen Meerotter ihr Revier wieder eingenommen haben? Aber die schillernden Blüten hypnotisieren uns. Mit unseren schützenden Taucheranzügen begeben wir uns mitten unter die leuchtenden Wesen, die im smaragdgrünen Wasser flackern wie zu Beginn der Zeit.

Linke innenliegende Seite des Faltblatts: Feuerwalzen *(Pyrosoma atlanticum)* bilden bis zu einen Meter lange Kolonien in Form eines gallertartigen Zylinders, der aus mehreren Tausend Einzeltieren bestehen kann. Jedes einzelne Tier kann durch Biolumineszenz Licht hervorbringen – daher auch der Name Pyrosoma, nach griechisch *pyr* (Feuer).

Linke innenliegende Doppelseite des Faltblatts: Chrysaora colorata. Diese Qualle ist eine Verwandte der Kompassqualle und der *Pelagia noctiluca*, von denen es regelmäßig an Frankreichs Küsten wimmelt.

Letzte Seite des Faltblatts: Die in allen Meeren der Welt häufig vorkommende *Aurelia aurita* gehört wie die *Pelagia* und die *Chrysaora* zu den Scyphomedusen, die sich durch vier unter dem Schirm hängende, große Tentakel auszeichnen. Diese Medusen leben auf zwei verschiedene Weisen: freischwimmend im Plankton oder festsitzend am Grund. Die Eier, die durch die geschlechtliche Fortpflanzung der freischwimmenden Quallen entstehen, verwandeln sich in Larven und schließlich in Polypen, die sich am Grund festsetzen. Der Polyp erinnert tatsächlich an eine festsitzende Qualle mit nach oben gerichteten Tentakeln. Er pflanzt sich ungeschlechtlich fort und bringt Dutzende winziger Medusenlarven hervor, die aufeinanderliegen wie ein Stapel Teller. Die kleinen Quallen lösen sich ab und schwimmen anschließend frei im Plankton.

STECKBRIEF

Plankton

Der Begriff *planktos* stammt aus dem Griechischen und bedeutet »das Umherirrende«. Plankton umfasst alle Organismen, die frei im Wasser treiben und von der Meeresströmung fortbewegt werden – ohne dass ein Unterschied zwischen Größe und Arten gemacht würde.
So gehören sowohl die kreiselförmigen Peridinaceen von einigen Mikrometern als auch die 250 Kilogramm schwere Echizen-Riesenqualle zum Plankton. Die kleine Seestachelbeere verspeist Eier und Larven des Roten Thunfischs, der ausgewachsen zum Herrscher über die Meere wird.

Oben: Larve einer Sägegarnele *(Palaemon serratus)*. Die etwa einen Millimeter lange Larve wird ihr Planktondasein bald aufgeben. Nach ihrer Metamorphose steigt sie zum schlammigen oder sandigen Grund ab. Der große Schwanzteil erleichtert das Gleiten im Wasser.

Einmal Plankton, immer Plankton?

Zahlreiche pflanzliche und tierische Geschöpfe gehören ihr Leben lang dem Plankton an, doch die Mehrzahl der großen Meeresorganismen, mit Ausnahme der Säugetiere und einiger Fische, haben Eier oder Larven, die nur vorübergehend dem Plankton zuzurechnen sind und dann zum Meeresgrund absinken. Die Planktonetappe ihres Lebens ist kritisch, da die Tiere besonders verletzbar sind. Bevor sie zu gefürchteten Räubern werden, sind die Larven von großen Fischen der zarten Meduse, winzigen Ruderfußkrebsen und kleinen Sardinen ausgeliefert.

Nur nicht untergehen!

Die größte Herausforderung für jedes Planktonlebewesen lautet: Nicht untergehen! Um dies zu erreichen, ist jedes Mittel recht: luft- oder fetthaltige Schwimmer, die ungewöhnlichsten Körperausweitungen zur Vergrößerung der tragenden Oberfläche und natürlich eine Fortbewegungsweise, die so wenig Energie wie möglich verbraucht.

Oben, rechte Innenseite und rechte innenliegende Doppelseite des Faltblatts: Nemopilema nomurai, japanisch *Echizen kurage*, nach der japanischen Provinz Echizen, die jedes Jahr von den riesigen Quallen überschwemmt wird. Die Nomura-Quallen gehören mit zwei Metern Durchmesser und 220 Kilo Gewicht zu den größten bekannten Quallenarten. Ihr Stich ist für die meisten Meeresorganismen tödlich. Durch ihre Schleimschicht geschützt, lösen jedoch bestimmte Jungfische die Nesselzellen nicht aus und können deshalb zwischen den Tentakeln vor Verfolgern Schutz suchen.

Plankton: Quelle des Lebens

Plankton ist überall! Auf hoher See und an Küsten, in Polarregionen und tropischen Gewässern. Sogar in der Tiefe des Pazifischen Ozeans, wo man kein Leben zu finden glaubte, sind Bakterien des Ultraplanktons (< 5 Mikrometer) vorhanden, die so winzig sind, dass die Wissenschaftler sie erst vor Kurzem entdeckt haben. Pflanzliches Plankton ist seit Beginn der Zeit Nahrungs- und Sauerstoffquelle für alle. Einige der winzigen, aber unzählbaren Organismen sind wertvolle »Kohlenstoffspeicher«: Sie wirken dem Treibhauseffekt entgegen, da sie bei der Ausbildung ihrer »Gehäuse« Kohlendioxid binden. Meeresplankton ist unabdingbar für das Leben auf unserem Planeten. Wir sind von ihm abhängig!

Empfindliche Lebewesen

Doch die Planktonlebewesen sind extrem anfällig. Im Gegensatz zu Wirbeltieren besitzen sie keine Epidermis, die sie von ihrer Umgebung abschirmt. Im Gegenteil, manche Lebewesen leben in Osmose mit ihrem Milieu. Aus diesem Grund reagieren sie sehr sensibel auf die kleinsten Veränderungen ihrer Umwelt: Die geringste Erwärmung oder der kleinste Anstieg des Salzgehalts bringt sie entweder in Lebensgefahr oder führt im Gegenteil dazu, dass sie sich extrem vermehren. Wir haben bisher keine Vorstellung, wie sich chemische Verschmutzung, eine geringere Durchflussmenge der Flüsse und die Erwärmung des Oberflächenwassers auf das Gleichgewicht des Planktons auswirken. Denn manche Planktonorganismen sind für andere Meereslebewesen toxisch. Wenn diese sich nun auf Kosten jener Planktonarten vermehren, die Krebstieren und Kleinstfischen als Nahrung dienen, wird das gesamte Ökosystem gekippt, und auch die großen Fischarten, die zum menschlichen Konsum genutzt werden, verschwinden – ohne dass wir die tieferen Gründe für diesen Dominoeffekt erfassen könnten.

Über die Kontrollbildschirme betrachtet das Team Pluteuslarven des Seeigels. *Von links nach rechts:* Marc Sérayet reguliert die Beleuchtung des Mikroskops, Jacques Cluzaud leitet die Aufnahmen, Philippe Ros kümmert sich um den Bildausschnitt, Mathieu Lamand um die Blende, Christophe Cheysson um den Zoom und Cyrille Liberman um die Einstellungen.

Um Bilder wie diese zu bekommen, hat Galatée Films auf Rat von Ulrich Kohlhaas, Ingenieur bei Carl Zeiss MicroImaging, das Mikroskop V20 mit einem besonders leistungsstarken Zoom erworben. Anschließend haben Hervé Theys und Olivier Garcia unter der Leitung von Dimitri Billecocq und Philippe Ros einen Aufbau entwickelt, mit dem ganz einzigartige Aufnahmen gelingen: Das Mikroskop mit der darüber montierten Digitalkamera Sony F23 wurde mit einem Bedienungssystem ausgestattet, das über Drehrädchen alle möglichen Bewegungen erlaubt: Zooms, Verfolgungen in die Länge und die Breite und verschiedene Drehungen. Die Apparatur ermöglichte den Wissenschaftlern, einige Mikrometer kleinen Tieren in ihren Bewegungen zu folgen, und dies mit einer nie da gewesenen Flüssigkeit und Klarheit. Dank der hervorragenden Kontrastkurve der Kamera bei extrem starker Beleuchtung konnten bisher unentdeckte Details beobachtet werden.

Rechte Seite, oben: Veligerlarven der Pantoffelschnecke *(Crepidula)*. Pantoffelschnecken sind an der Atlantikküste sehr häufig vertreten. Die Larven (500 Mikrometer klein) stehen am Ende ihrer Entwicklung und werden bald zum Grund absinken. Man erkennt deutlich das Gehäuse in Form einer Phrygischen Mütze, das dunkle Auge und den mit Zilien bedeckten Mantel, der aussieht wie ein kleines Elefantenohr.

Rechte Seite, unten: Pluteuslarven des Seeigels. Schwer vorstellbar, dass sich diese weniger als 500 Mikrometer kleinen Pyramiden in Seeigel verwandeln werden. Das grüne Kügelchen inmitten der Larve ist ihr mit grünen Dunaliella-Algen (5 Mikrometer) angefüllter Magen.

Eine Reise in einen Tropfen Meerwasser

Unter der Anleitung von Jacques Cluzaud feilt Fotograf Philippe Ros am Bildrahmen, indem er an zwei Rädchen dreht, mit denen er den Objekttisch unter dem Mikroskop nach vorn und hinten und von links nach rechts bewegen kann. Christophe Cheysson lässt das Objekt kreisen und betätigt dabei den Zoom, mit dessen Hilfe er im Wassertropfen navigieren kann. Mathieu Lamand achtet auf die Blende, während Cyrille Liberman die Einstellung vornimmt – keine einfache Aufgabe, wenn das Tier gerade einmal 500 Mikrometer misst und der Schärfebereich nicht größer als 20 Mikrometer ist! Marc Sérayet experimentiert mit Lichteffekten, um Bildtiefe und Kontraste zu erhöhen. Ein ganzes Filmteam also arbeitet an den Aufnahmen von Mikroorganismen des Planktons und umkreist die Lebewesen wie ein Kamerataucher einen Walhai! Wir bewegen uns zwischen Pluteuslarven des Seeigels, wir treffen auf Trochophoren von Ringelwürmern und lassen uns vom Strudel der Flimmerhärchen erfassen, mit denen sich die Veligerlarven der Pantoffelschnecke fortbewegen – der Biologe Pierre Mollo fischt uns jeden Morgen neue Überraschungen aus dem Aquarium in der Océanopolis von Brest.

Vom Kristall zum Leben

Das Universum, das wir auf diese Weise entdecken, ist nicht mehr auf Meeresorganismen begrenzt. Es ist ein neuer Raum, genauso unendlich wie der Nachthimmel mit seinen Kometen, Sternen und Meteoriten. Unter dem Mikroskop wird aus dem Ei eines Hummers ein gigantischer roter Planet mit Kratern und Gräben, in dessen Umlaufbahn Seeigellarven kreisen. In dieser Welt tritt das biologische Gesetz hinter die Poesie der Formen. Mineralisches und Lebendes vermischen sich, und die Architektur und Transparenz der Larven ähnelt der geometrischen Perfektion von Kristallen – Kristallen, die leicht pulsieren, als würden sie dem Leben entgegenstreben.

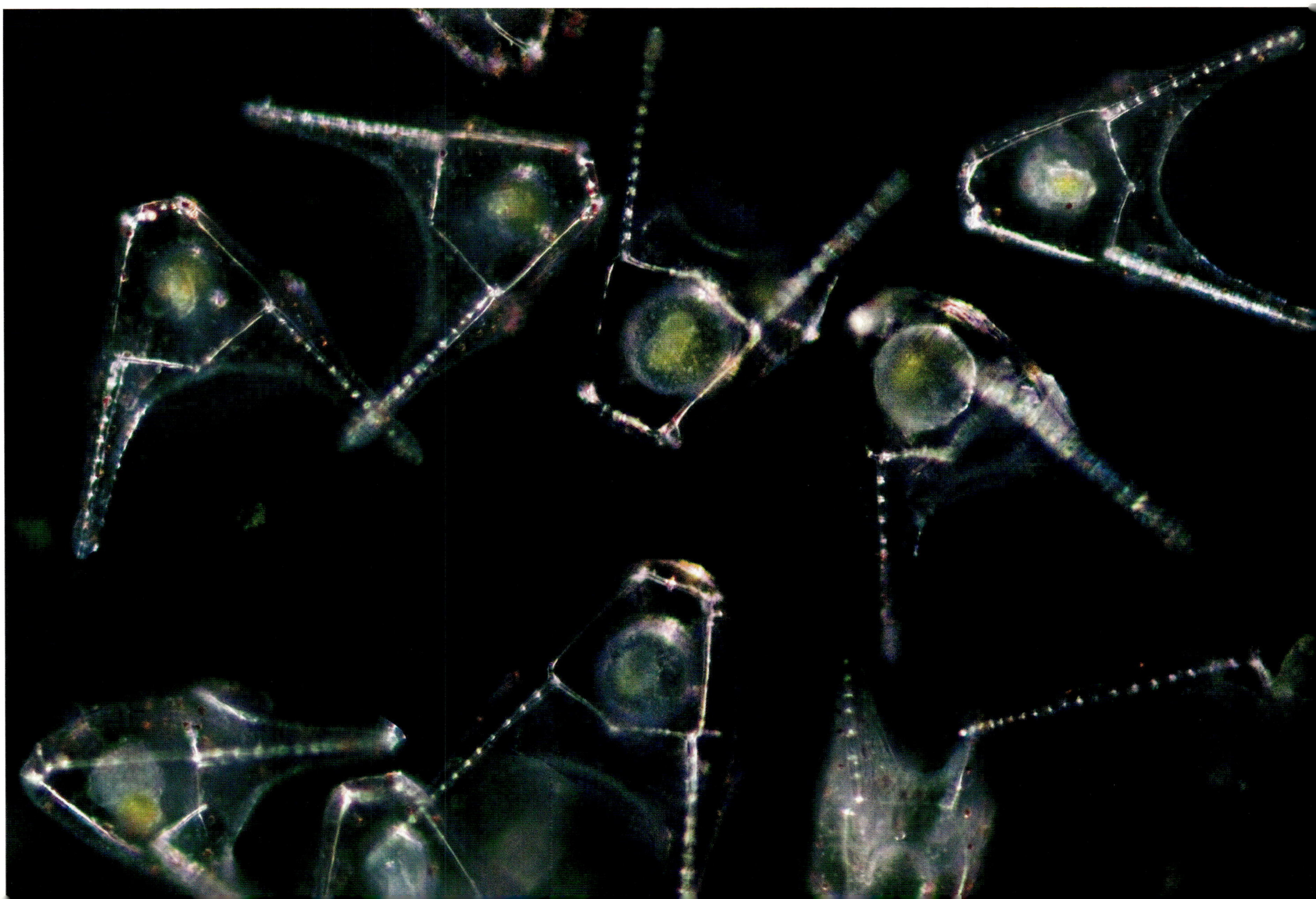

Mantarochen

Socorro, Mexiko

Walhai

Los Roques, Venezuela

Riesenhai

Cornwall, Nordatlantik

Mondfisch

San-Diego-Bucht,
Kalifornien

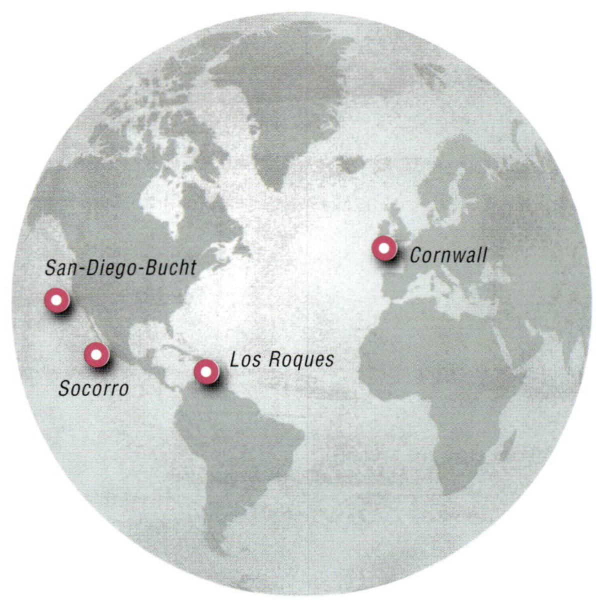

Große Rochen sind Schiffe, an die sich Kohorten von Schiffshaltern mit ihren Saugplatten anheften. Zudem ziehen sie einen Tross Stachelmakrelen mit, die sich auf diese Weise ihrer Beute unbemerkt nähern können.

Der Mantarochen

Eine Tonne, fünf Meter Spannweite. Ein Mantarochen besitzt die Anmut eines Albatros, das Geschick einer Schwalbe und die Majestät eines Steinadlers. Er schwebt über dem Riff, ohne mit seinen riesigen »Flügelflossen« zu schlagen. Das Wasser, das uns bremst, scheint ihn anzutreiben. Kein Fisch verdeutlicht auf schönere Art den faszinierenden Zustand der Schwerelosigkeit. Uns gegenüber gleitet er mit weit aufgerissenem Maul dahin und verschlingt das Meer. Nichts scheint ihm zu entkommen: nicht die kleinen Krebstiere, nicht die Salpen und Quallen, nicht einmal der Schwarm kleiner Fische, auf den er plötzlich mit erstaunlicher Beschleunigung zueilt. Nachdem er die Beute verschlungen hat, schwebt der Rochen weiter. Das ist kein Fisch, eher ein riesiger Flugdrache, der sich nun auf die Seite dreht und den Kameras von David Reichert und Yasushi Okumura seinen hellen Bauch zeigt. Er kippt über den Rücken nach hinten und schlägt eine Reihe langsamer Purzelbäume vor dem blauen Hintergrund des Ozeans.

STECKBRIEF

Manta birostris
Mantarochen

Größe und Gewicht (maximal): 6 m/1400 kg

Lebenserwartung: 20 Jahre und mehr

Geschlechtsreife: 5 Jahre (etwa 4 m)

Fortpflanzung: Ovovivipar. Nach der Paarung beginnt die 13-monatige Tragzeit. Es kommen 1 oder 2 Mantarochen von 1,2 Meter zur Welt, deren Größe sich im Laufe des Jahres verdoppeln wird!

Ausgerüstet mit einem Rebreather-Tauchgerät können sich Kameramann Yasushi Okumura und sein Assistent den Rochen geräuschlos nähern. Der Mantarochen ist ein Meister im »Rückwärtssalto« … Er vollführt die Figur aber nicht, weil es so schön aussieht, sondern wahrscheinlich, weil er Plankton bündeln möchte, wenn es nicht besonders dicht gestreut ist.

Rochenschwärme

Unsere Teams haben Mantarochen in fast allen tropischen Meeren angetroffen: von der Küste Venezuelas bis zur Insel Socorro im Pazifik über Mayotte und Madagaskar im Indischen Ozean. Die Tiere bevorzugen planktonreiches Oberflächenwasser und lassen sich selten in

Tiefen unterhalb von 200 Metern sehen. Mantarochen leben in Gruppen und können, wenn viel Nahrung vorhanden ist, besonders zahlreich vorkommen. In Costa Rica konnten wir Mobularochen in dichten Schwärmen beobachten. Sie unterscheiden sich von Mantarochen durch ihr näher am Bauch liegendes Mundloch und ihre geringere Größe. Die Mobularochen jagten kleine Fische, die voller Plankton steckten, welches sich aufgrund der Nährsalze entwickelt, die durch kalte Strömungen aus der Tiefe *(upwelling)* aufsteigen.
Während der Paarungszeit verfolgen oft mehrere Männchen ein Weibchen, bis es einem von ihnen gelingt, sich fortzupflanzen.

LOGBUCH

Datum: 20.05.08
Ort: Shallow Bay, Westküste der Insel Socorro

Breitengrad: 18° 46′ 06″ N
Längengrad: 111° 02′ 41″ W
Tauchgerät: Rebreather, offener Kreislauf
Beginn des Tauchgangs: 13.30 Uhr
Dauer des Tauchgangs: 150 min
Maximale Tiefe: 15 m
Sichtweite: 9 m
Oberflächentemperatur: 24 °C
Tiefentemperatur: 24 °C
Meereslage: 1,5 m hohe Wellen
Wind: windstill
Mond: Vollmond
Bewölkung: mittel

Der Walhai

STECKBRIEF

Rhincodon typus
Walhai

Größe und Gewicht (maximal): 13 m/10 t
Lebenserwartung: 60 Jahre
Geschlechtsreife: 20 bis 30 Jahre (etwa 9 m)
Fortpflanzung: Ovovivipar. Über die Fortpflanzung der Walhaie werden viele Vermutungen angestellt, denn man hat weder Informationen zu Ort und Zeit der Paarung noch zur Länge der Tragzeit. Die jungen Walhaie sind bei der Geburt 40 bis 60 cm groß.

Der Riese unter den Fischen ist ein Rätsel. Man glaubte, der Walhai sei Planktonfresser, dann entdeckte man ihn als Sardellenliebhaber. Man kannte ihn als Wanderer an der Oberfläche, aber er stößt in große Tiefen vor, in denen er anscheinend einen Teil des Jahres verbringt, wenn er sich nicht vom Oberflächenplankton ernährt. Mit Sendern ausgestattete Walhaie haben sich in einem Umkreis von 700 Metern aufgehalten. Einige Studien versichern, die Tiere würden regelmäßig in dieselben Nahrungsreviere zurückkehren, wieder andere erklären, sie würden transozeanische Wanderungen von mehreren Jahren unternehmen!
Der Walhai kennt keine Feinde und kann sehr alt werden. Wie alle Fische nimmt er sein ganzes Leben hindurch an Gewicht und Größe zu. Seeleute berichten von 18 Meter langen Walhaien – was nicht unwahrscheinlich ist, selbst wenn die größten Exemplare, auf die wir heute treffen, selten zwölf Meter Länge übersteigen. Durch Fischfang werden alte und große Exemplare schnell eliminiert, da diese nur in kleiner Zahl vorhanden sind, und Jungtiere werden dezimiert, bevor sie alt werden und Rekordgrößen erreichen können. Zudem ist es schwierig, sich heute ohne zuverlässige schriftliche Quellen ein Bild von der Zahl und der Größe der Riesenfische zu machen, die einst den Ozean regierten.
Obwohl der Walhai auf der Roten Liste der bedrohten Tierarten verzeichnet ist und der Handel mit den Tieren durch das Washingtoner Artenschutz-Übereinkommen streng reglementiert ist, brechen die Bestände überall in der Welt ein. Der Preis für eine Rückenflosse des Riesen erreicht auf dem asiatischen Markt Spitzensummen von 20 000 Euro und befördert illegalen Fang und Handel.

In einer Sardellenwolke

Nachdem sie sich bei aufgewühltem Meer 20 Tage in Geduld üben mussten und die Wellenkämme vergebens nach Vogelschwärmen absuchten, die auf die Anwesenheit von Fischen deuten könnten, haben Fotograf Pascal Kobeh und Kameramann David Reichert doch noch Walhaie angetroffen.
Sportliches Eintauchen im Tumult der Wellen, dann, unter der Decke des Ozeans, Stille. Und der Titan: ein riesiger, eckiger Kopf, der von rechts nach links schwenkt, winzige Augen am Rand des großen, weit aufgerissenen Mauls. Schiffshalter kommen und gehen durch die Kiemenspalten, als sei der Hai ihre Wohnung. Und dann der riesige graue Rücken, stromlinienförmig und mit weißen Punkten gespickt, der Ewigkeiten vorbeizieht, bis schließlich die kolossale Rückenflosse auftaucht. Ein Sardellenschwarm holt den im Schneckentempo dahingleitenden Riesenhai ein und umgibt ihn wie eine Wolke. Zusammen bilden sie ein schreckliches Monster, dem sich Makrelen und Gelb-

Der von einer Wolke Sardellen umhüllte Riese bleibt unbeeindruckt von Kameramann David Reichert und den brodelnden Blasen, die aus dessen Tauchgerät aufsteigen.

flossen-Thunfische nicht zu nähern wagen ... Aber irgendwann hat der Hai keine Lust mehr, den schillernden Fischschleier mit sich zu ziehen, und taucht in die Tiefe ab. Die Raubfische stürzen sich auf den Schwarm. Sie lassen den Sardellen keine Chance. Und auch ihr ehemaliger Beschützer stößt senkrecht nach oben und vertilgt sie mit weit aufgerissenem Maul.

LOGBUCH

Datum: 26.01.08
Ort: auf offenem Meer vor Los Roques

Breitengrad: 11° 54′ 34″ N
Längengrad: 67° 04′ 34″ W
Tauchgerät: offener Kreislauf
Beginn des Tauchgangs: 10.45 Uhr
Dauer des Tauchgangs: 75 min
Maximale Tiefe: 50 m
Sichtweite: 25 m

Oberflächentemperatur: 28° C
Tiefentemperatur: 26° C
Meereslage: bewegt
Wind: 20 Knoten
Mond: letztes Viertel
Bewölkung: klarer Himmel

Der Riesenhai

STECKBRIEF

Cetorhinus maximus
Riesenhai

Größe und Gewicht (maximal): 10 m/5 t

Lebenserwartung: 50 Jahre

Geschlechtsreife:
Männchen: 14 Jahre (etwa 5,5 m)
Weibchen: 18 Jahre

Fortpflanzung: Der Riesenhai ist ovovivipar. Die ungewöhnlich lange Tragzeit beträgt 3 Jahre! Das Junge ist bei der Geburt 1,6 Meter groß.

Der Riesenhai ernährt sich hauptsächlich von Plankton und kleinen Fischen und nimmt in den gemäßigten Gewässern der Erde eine ähnliche ökologische Nische ein wie der Walhai in warmen Gefilden. Nach seinem die Tropen bevorzugenden Vetter ist er der größte Fisch der Meere. Er unterscheidet sich vom Walhai vor allem durch seine spitze Schnauze, der er auch seinen lateinischen Namen *Cetorhinus* verdankt. Auch kann er sein Maul viel weiter öffnen. In der Vorwärtsbewegung schluckt er Meerwasser, das anschließend durch seine besonders großen Kiemenspalten nach außen dringt. Das Plankton bleibt in den Reusen hängen, die an den Kiemenbögen sitzen. Der Hai kann so bis zu 1500 Kubikmeter Wasser pro Stunde filtern.

Über die Wanderungen des Riesenhais, die ihn 3400 Kilometer entlang der europäischen Kontinentalplatte führen, ist wenig bekannt. Man trifft die Tiere im Sommer an, wenn sie sich vom Plankton des Oberflächenwassers ernähren, aber sie können sich auch in extremen Tiefen bewegen. Ein mit einem Sender ausgestattetes Exemplar beispielsweise ist in 850 Meter Tiefe geortet worden.

LOGBUCH

Datum: 29.08.08
Ort: Sennen Cove, Cornwall

Breitengrad: 50° 05′ 27″ N
Längengrad: 5° 41′ 31″ W
Tauchgerät: offener Kreislauf
Beginn des Tauchgangs: 16.15 Uhr
Dauer des Tauchgangs: 230 min
Maximale Tiefe: 8 m
Sichtweite: 10 m
Oberflächentemperatur: 15,2 °C
Tiefentemperatur: 15 °C
Meereslage: starker Seegang aus Südwest
Wind: windstill
Mond: Neumond

»Seeleoparden im Antarktischen Ozean, Schwertwale bei den Crozet-Inseln … Ich habe einiges gesehen, in allen Ecken unseres Planeten, aber mir ist wirklich das Herz stehen geblieben, als ich zum ersten Mal das unglaubliche Maul des Riesenhais erblickt habe.«

JEAN-FRANÇOIS BARTHOD, KAMERAMANN

Begegnung in britischen Gewässern

Wochen des Suchens und Wartens. Das Team von Kameramann Jean-François Barthod musste drei Versuche unternehmen, bis es ihm gelang, Riesenhaie anzutreffen, die während des Sommers in britischen Gewässern zwischen der Spitze Cornwalls und der Isle of Man jagen. Eines Tages durchschnitt endlich eine hohe, einen Meter große Rückenflosse die Oberfläche, der nach vier Metern die gewaltige Schwanzflosse folgte – als würden dort zwei Haie schwimmen! Jean-François und Pascal Kobeh, der Fotograf, lassen sich ins kalte grüne Wasser gleiten. Nichts! Der Hai scheint im Planktonnebel verschwunden zu sein. Und dann auf einmal bewegt sich ein riesiger weißer Trichter auf die beiden zu: das weit aufgerissene Maul des Hais. Ein Gigant von mehr als neun Metern! Der träge Fisch gleitet so nah an den beiden Tauchern vorbei, dass sie die Kiemenspalten in seinem Rachen zählen können und sogar das Plankton erkennen, das zwischen den Kiemenreusen hängt.

STECKBRIEF

Mola mola
Mondfisch

Größe und Gewicht (maximal):
3,3 m Höhe/2,2 t
Lebenserwartung: mehrere Jahrzehnte

»Unnahbare Kreaturen, die extrem schwer zu begleiten und zu filmen sind.«
DAVID REICHERT, KAMERAMANN

LOGBUCH

Datum: 14.07.06
Ort: Coronado Canyon
Breitengrad: 32° 35′ N
Längengrad: 117° 20′ W
Tauchgerät: offener Kreislauf
Beginn des Tauchgangs: 11.00 Uhr
Dauer des Tauchgangs: 15 min
Maximale Tiefe: 20 m
Sichtweite: 20 m
Oberflächentemperatur: 19° C
Tiefentemperatur: 19° C
Meereslage: ruhig
Wind: Südwest/5 Knoten
Mond: erstes Viertel
Bewölkung: keine

Der Mondfisch

Es gibt mehrere Arten von Mondfischen, die in tropischen bis gemäßigten Meeren leben. Wenn sie sich an der Oberfläche aufhalten, trifft man die Fische an der Küste und auf hoher See an. Über ihr Leben in der Tiefe, wo sie die meiste Zeit verbringen, weiß man jedoch nichts. Mondfische sind die schwersten Knochenfische der Welt. Und sie legen die meisten Eier. Wissenschaftler, die sich an der Zahl der Ovozyten orientieren, vermuten, dass der Mondfisch mehrere Zehnmillionen Eier pro Jahr legen könnte. Aber es ist nicht bekannt, ob diese Ovozyten ausreifen und wirklich gelegt werden. Die winzigen Larven ähneln jenen ihrer Vettern, der Kugelfische und Igelfische des Korallenriffs. Der Mondfisch ernährt sich hauptsächlich von Quallen, Salpen, allen möglichen Planktonorganismen und sogar kleinen Fischen, wenn diese nicht zu flink sind, um von ihm gefangen zu werden.
Elektronische Sender an Mondfischen sollen Antworten zu ihren Bewegungen, ihrer Lebensweise und Fortpflanzung in den Meerestiefen geben. Man hat zum Beispiel herausgefunden, dass der Fisch trotz seiner wenig hydrodynamischen Gestalt weite Strecken zurücklegt. Ein mit einem Sender ausgestattetes Exemplar ist in 130 Tagen 3000 Kilometer geschwommen – von Nova Scotia bis zum Golf von Mexiko. Seine jährliche Reise unternimmt der Mondfisch in einem Bereich zwischen 800 Meter Tiefe und der Oberfläche, wobei er an letzterer nur ein Viertel der Zeit verbringt.

Schwimmunterricht

Eine hohe, dreieckige Rückenflosse durchsticht die spiegelglatte See. Sie gehört einem Mondfisch, der unbeweglich im Wasser liegt und zu schlummern scheint. Mit abgeschaltetem Motor nähern wir uns der seltsamen Kreatur. David lässt sich lautlos ins Wasser gleiten. Aber bevor wir ihm noch die Kamera reichen können, hat sich der Fisch unauffällig verzogen. Wir haben keine Chance. Als alle wieder an Bord sind, geht die Suche weiter. Eine halbe Meile weiter taucht erneut eine Rückenflosse auf. Ein neuer Versuch … und wieder kein Glück. Erst beim fünften Anlauf duldet der Mondfisch David und auch Richard Hermann, unseren Fotografen. Unser Gegenüber hat nichts Schönes an sich: Glupschaugen treten aus einem knochigen, grob geschnittenen Kopf. Der unverhältnismäßig kleine Mund offenbart vier zusammengewachsene Zähne in Schnabelform. Die Rückenflosse wirkt zu groß, die Afterflosse zu schlaff, die Brustflossen zu kurz … Im Vergleich zum Thunfisch und Schwertfisch ist der vertikal zusammengedrückte, verkürzte Körper ohne Rückenflosse so weit von den Regeln der Hydrodynamik entfernt, dass man sich fragt, wie der Mondfisch überhaupt schwimmen kann.
Aber als David die Aufnahmen gerade beenden will, gibt uns der »Mühlstein« eine Schwimmstunde: Er legt sich flach auf die Seite und gleitet, angetrieben von seinen zu Flügeln gewordenen Rücken- und Bauchflossen, durch den Ozean.

Der Blauwal

San-Diego-Bucht, Kalifornien

Golf von Kalifornien, Mexiko

David Reichert begibt sich in einen Krillschwarm und spielt anschließend mit einem jungen Wal.

Ein Schwarm rosiger Krevetten schwirrt durch das Blau des Ozeans und zieht sich dann auf einmal zusammen wie eine Kumuluswolke, die so dicht ist, dass man verloren geht, wenn man sich hineinbegibt. Inmitten des lebendigen Wirbelsturms herrscht Dunkelheit. Die Krebstiere prasseln gegen Gesicht und Hände wie ein Hagelschauer. Kein Gesetz scheint die erratischen Bewegungen der durch ihren Überlebensinstinkt verbundenen Tiere zu lenken. Die einzige Losung lautet: In der Masse verschwinden, um dem Feind zu entkommen. Aber welchem Feind? Etwa den paar Sardinen, die sich abmühen, mal hier und mal dort zu stochern? Oder dem Blauhai, der in einiger Entfernung vorbeizieht? Nein, die Bedrohung hat andere Ausmaße. Sie ist nicht vorstellbar! Im ersten Moment realisieren wir nicht, was hier vor sich geht: Die riesige Krillwolke, in der wir noch einige Minuten zuvor umherirrten, verschwindet in einem das Meer verschlingenden Maul.

Jetzt erst wird uns klar, dass der riesige, immense Blauwal unser gesamtes Blickfeld einnahm. Im Strudel der Luftblasen erkennen wir den extrem dicken Kehlsack und die graublaue Haut, unter der sich die Muskeln des Giganten in weiten Wellen zusammenziehen. Der Wal zieht unendlich lange vorbei. Sind es 25 Meter? 30 Meter? Schließlich verjüngt sich der Körper und kündigt die kolossale, fünf Meter breite Rückenflosse an, auf der wir kurz »landen«, bis sie sich mit einem Schlag in die Ferne katapultiert und uns »verwaist« inmitten des Ozeans zurücklässt.

Uns gegenüber zeichnet sich erneut eine monströse zweigliedrige Gestalt ab: Eine Mutter, die ihr Junges schützend an der Seite hält. Nach und nach teilt sich der Umriss. Der kleine Wal kommt auf uns zu. Seine helle, narbenlose Haut verrät sein junges Alter: sieben Monate etwa, aber bereits 14 Meter lang! Das neugierige und lebhafte Junge spielt mit Kameramann David. Es dreht sich um sich selbst, »begrüßt« ihn und setzt dann seine Reise gen Norden fort.

Eine unverhoffte Begegnung im klaren Wasser der San-Diego-Bucht, nachdem David sein Glück wochenlang vergebens im trüben Golf von Kalifornien versucht hatte. Unser Zusammentreffen hat nur eine Handvoll Sekunden gedauert, eine Handvoll Ewigkeit …

Zu Beginn des Sommers gibt es zwischen den Islas Coronado und der San-Diego-Bucht reichlich Krill. Die Wale kommen während ihrer Reise nach Norden hierher, um sich satt zu fressen. Dieser Blauwal mit aufgeblähtem Kehlsack wird die Krillwolke, die er soeben verspeist hat, nun durch seine Barten filtern.

Rechte Seite: Ende Februar. Diese beiden Blauwale verlassen den Golf von Kalifornien, in dem sie den Winter verbracht haben. Sie füllen sich mit Krill voll, der in den kalten Gewässern im Überfluss vorhanden ist.

STECKBRIEF

Balaenoptera musculus
Blauwal

Größe und Gewicht (maximal): 33 m/130 t (der absolute Rekord liegt bei 190 t)

Lebenserwartung: 80 Jahre, eventuell mehr

Geschlechtsreife:
Männchen: 6 bis 10 Jahre (etwa 23 m)
Weibchen: 6 bis 10 Jahre (24 m)

Fortpflanzung: Die Paarung findet im Winter statt. Die Tragzeit beträgt 12 Monate. Das Neugeborene misst 7 m und wiegt 3 t. Es wird 1- bis 2-mal am Tag gesäugt und nimmt dabei an die 300 l sehr fettreiche Milch zu sich. Es nimmt 90 kg pro Tag zu (also fast 4 kg pro Stunde) und wächst 1 m pro Monat. 90% der Nahrung werden verdaut. Die Mutter säugt ihr Junges 7 Monate, bis es die respektable Größe von 16 m (bei 20 t) erreicht hat.

Einzelgänger, die über den Ozean hinweg kommunizieren

Blauwale sind Einzelgänger. Man trifft sie zuweilen in Mutter-Kind-Paaren, aber nur sehr selten in Gruppen an, und wenn dies der Fall ist, sind diese Ansammlungen eher dem Angebot an Nahrung als dem sozialen Zusammenhalt geschuldet. Dies konnten wir beobachten, als wir in den Gewässern vor San Diego zum Teil mehr als 20 Blauwale um uns hatten, die sich unabhängig voneinander an den Krillschwärmen sättigten. Es ist keine gemeinsame Versorgungsstrategie bekannt, die jener der Buckelwale ähneln würde.
Doch Blauwale kommunizieren eifrig, und zwar durch Töne in sehr tiefen Frequenzen (unter 30 Hertz), die für Menschen kaum wahrnehmbar sind. Ihre Gesänge sind so charakteristisch, dass sich eindeutig neun regionale Ausdrucksweisen unterscheiden lassen. Die Ultraschallwellen verteilen sich sehr gut im Wasser und ermöglichen den Walen, sich schon aus Hunderten Kilometern Entfernung zu erkennen zu geben.

Das weite Meer: Garten der Wale

Auf Blauwale trifft man in allen Ozeanen der Erde, von der Arktis bis zur Antarktis. Doch man weiß nur wenig über die Bewegungen des größten Lebewesens unseres Planeten. Walforscher haben zwar einzelne Tiere mit Sendern versehen, konnten jedoch das Geheimnis ihrer Wanderungen nicht lüften. Blauwale sind sehr zurückhaltend, und es ist nicht bekannt, wo sie ihre Jungen zur Welt bringen. Man weiß jedoch, dass sie sich im Winter zur Paarung und Aufzucht des Nachwuchses in tropische Gewässer zurückziehen und sich auf der Suche nach Krill in kältere Gefilde begeben. Nahezu alle Wale der südlichen Halbkugel versammeln sich von November bis März in antarktischen Gewässern. Auf der nördlichen Halbkugel dagegen ziehen nur die Blauwale des Atlantiks bis zur Arktis. Die Wale des Pazifiks finden ihre Nahrung an der kalifornischen Küste.

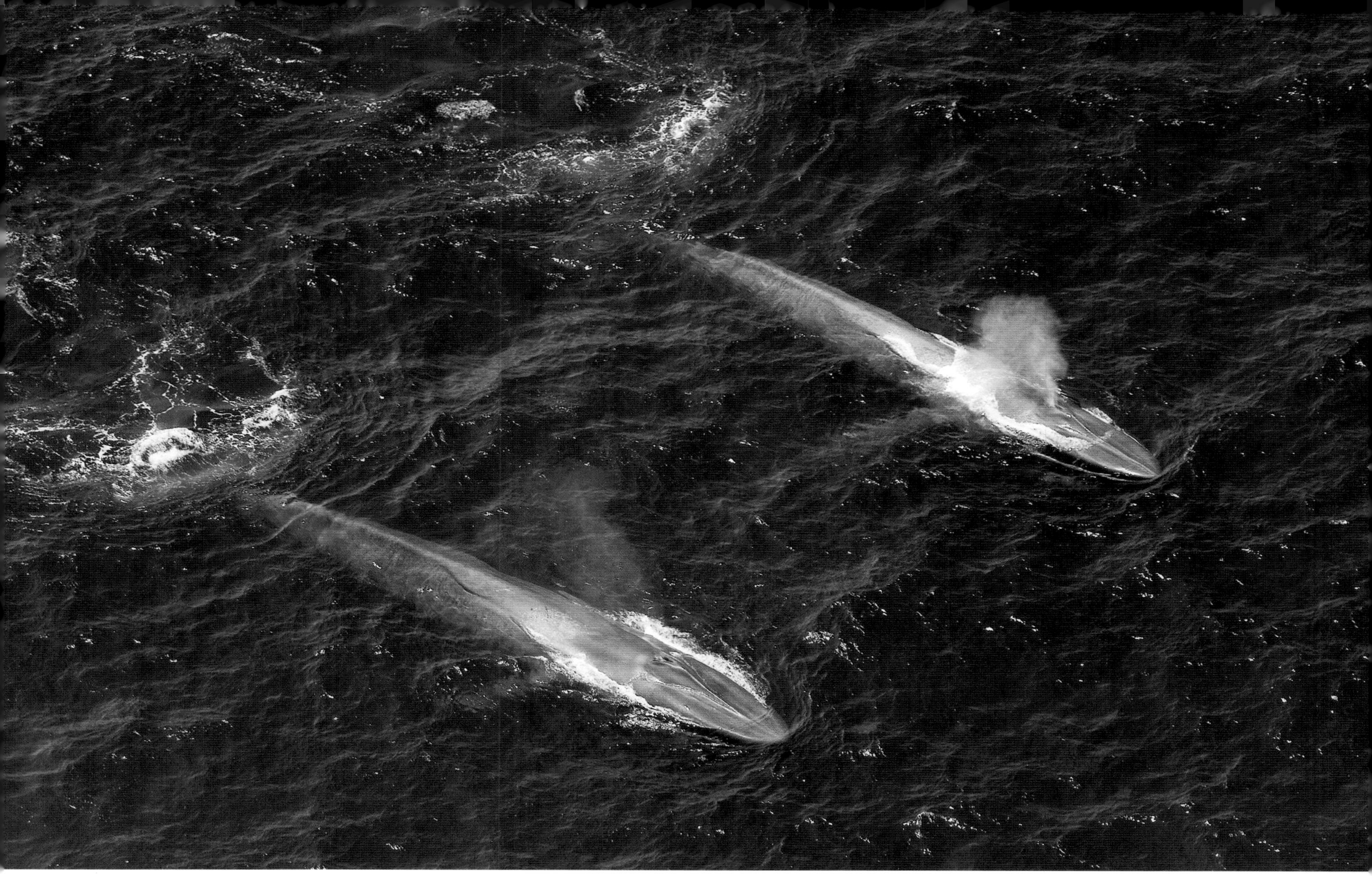

Auf der Speisekarte steht Krill

Im Gegensatz zu anderen Bartenwalen ernährt sich der Blauwal ausschließlich von verschiedenen Arten kleiner Plankton-Krustentiere (*Euphausiacea* und *Copepoda*), die unter der Bezeichnung »Krill« zusammengefasst werden. Wir konnten sogar beobachten, dass Blauwale Krillschwärme meiden, an denen Sardinen hängen. Obwohl er bis zu 500 Meter tief tauchen kann, ernährt sich der Blauwal an der Oberfläche und selten unterhalb von 100 Metern. Seine Tauchgänge von etwa 15 Minuten werden durch etwa ein Dutzend Atmungen unterbrochen.
Ein Blauwal verschlingt pro Tag vier Tonnen Krill – das entspricht etwa 40 Millionen Krebstierchen. Um solche Mengen einfangen zu können, sucht sich der Blauwal große Krillschwärme, die er mit einem gigantischen Schluck verschlingt. Sein mit Wasser gefüllter Kehlsack erreicht darauf einen Durchmesser von acht Metern, also ein Drittel der Körpergröße! Mit geschlossenem Maul drückt der Wal das Wasser mit der Zunge durch die Barten nach außen. Durch diese gefiederten Hornplatten, die anstelle von Zähnen im Oberkiefer des Wales sitzen, wird der Krill wie von einem Filter zurückgehalten.

Überlebende des Massakers

Blauwale kennen im Grunde keine Feinde. Schwertwale, die zwar alle anderen Walarten jagen, trauen sich nicht an den kräftigen und schnellen Bartenwal heran, der sich mit 20 Stundenkilometern fortbewegt, aber auch 50 Stundenkilometer erreichen kann, wenn er sich bedroht fühlt. Selbst Blauwaljunge sind bereits derartige Giganten, dass sie niemand zu attackieren wagt.
Sogar der Mensch musste warten, bis Kanonenharpunen und Walfangschiffe so weit entwickelt waren, dass man Blauwale angreifen konnte. Das Massaker an den Walen fiel umso schrecklicher aus. Allein 1937 haben Walfänger 35 000 Tiere erlegt – das Fünffache des heutigen Bestands! Man schätzt, dass es vormals 200 000 bis 300 000 Blauwale gab. Wenn die internationale Walfangkommission 1982 das Blutbad nicht beendet hätte, stünde der Blauwal neben seinen Vettern, dem Chinesischen Flussdelfin und Stellers Seekuh, auf der Liste der vom Menschen ausgerotteten Tierarten.
Auch heute wird der Blauwal von der Weltnaturschutzunion IUCN als gefährdet eingestuft und ist als unmittelbar bedrohte Art in Anhang I des Washingtoner Artenschutz-Übereinkommens aufgelistet. Man schätzt den aktuellen Bestand auf einige Tausend Exemplare: Auf der nördlichen Halbkugel lebt der *Balaenoptera musculus musculus* mit 1400 Exemplaren im Nordatlantik und 3500 Exemplaren im Nordpazifik. Im Süden ziehen etwa 3000 *Balaenoptera musculus intermedia* durch die Gewässer des Südpazifiks, neben 5000 Zwergblauwalen (*Balaenoptera musculus brevicauda*), die immerhin 24 Meter messen. Schließlich durchwandern etwa 2000 *Balaenoptera musculus indica* den Indischen Ozean.
Das Team des Walforschers John Calambokidis, der uns während der Dreharbeiten beratend zur Seite stand, schätzt, dass sich während des Sommers 2134 Wale an der kalifornischen Küste aufhalten. Im August 2007 wurden zum ersten Mal seit langer Zeit Blauwale vor Vancouver gesichtet – dies lässt hoffen, dass sich die Tiere Territorien zurückerobern, die sie vor dem industriellen Walfang innehatten.

Krillfang: Bedrohung für den Wal?

Der Krillfang hat in den 1980er Jahren einen erheblichen Aufschwung erlebt. Fangflottillen der UdSSR durchstreiften den südlichen Ozean, und einige Wissenschaftler träumten davon, die Menschheit mit dem »roten Gold der Südmeere« zu ernähren. 1982 wurden Fangmengen von 520 000 Tonnen erreicht. Schwierigkeiten bei der Konservierung und Kommerzialisierung haben zum Rückgang der Fangquoten geführt, die heute im Bereich von 100 000 Tonnen stagnieren. Doch der steigende Bedarf an Fischmehl und Fischöl für die Aquakultur hat die industrielle Nutzung der Krebstiere erneut aufleben lassen – und das nicht nur auf der südlichen Halbkugel, sondern auch im Nordatlantik. Seit kurzem kommen neuartige Fangschiffe zum Einsatz, die Schleppnetze mit Saugpumpen verwenden und bis zu 120 000 Tonnen Krill in einer Saison fangen können. Doch Krill ist das zentrale Glied des antarktischen Ökosystems und zugleich auch für andere Ökosysteme von Bedeutung. Eine großflächige wirtschaftliche Nutzung des Krills könnte zum Einbruch der Bauwalpopulationen und zur Dezimierung vieler anderer großer Meerestiere führen, die von ihm abhängen.

Februar, Golf von Kalifornien: Die Schwanzflosse eines Wales dient als Erkennungsmerkmal. Ihre Form und die vernarbten Kerben sind verlässliche Merkmale, anhand derer man jedes Tier identifizieren kann. Mithilfe von Datensammlungen, in denen Fotos der Blauwale zusammengestellt sind, können Wissenschaftler ihre Wanderrouten nachvollziehen und ihr ungefähres Alter bestimmen. Hierzu werden Fotos aus den verschiedenen, von den Blauwalen durchquerten Regionen von einem Jahr auf das andere verglichen.

LOGBUCH

Datum: 10.07.07
Ort: San-Diego-Bucht

Breitengrad: 32° 31′ N
Längengrad: 117° 21′ W
Tauchgerät: offener Kreislauf
Beginn des Tauchgangs: 10.00 Uhr
Dauer des Tauchgangs: 30 min
Maximale Tiefe: 15 m
Sichtweite: 20 m
Oberflächentemperatur: 19 °C
Meereslage: Seegang aus westlicher Richtung, 1,5 m
Wind: Südwest/5 Knoten
Mond: letztes Viertel
Bewölkung: 70 %

»Eindrucksvoll, unvergesslich … Aber wie soll man ›das‹ mit einer Brennweite von 240 Millimetern wiedergeben? Gigantisch! Die Ausmaße eines Blauwals kennen keine Steigerung. Alles ist extrem an ihm: seine Größe, sein Alter, seine Beziehung zum Menschen.«

LUC DRION, LEITENDER KAMERAMANN

Hinter den Kulissen der Dreharbeiten

Nicht weniger als sechs Expeditionen und eine Ortung aus der Luft waren notwendig, um an Bilder von Blauwalen zu gelangen. Die Giganten sind nicht nur selten, sie sind auch schwer zu erwischen. Ohne die Unterstützung der Wissenschaftler Richard Sears und John Calambokidis und ihrer Assistentin Erin wäre es unendlich schwierig geworden, sie zu finden. Dennoch scheiterten manche Expeditionen, wie jene im April 2006 zur kanadischen Halbinsel Gaspésie, an deren Küsten sich sonst zahlreiche Wale aufhalten. Und als das Team, das den Walen auf ihrer Wanderung nach Norden folgte, im Mai 2007 vor den Azoren landete, traf es nur auf Pottwale!

Oben: Der von Fréderic Jacquemin und Christophe Pottier gesteuerte Mini-Helikopter *Birdy*, ausgerüstet mit einer 35-Millimeter-Kamera, folgt dem Wal möglichst unauffällig.

Unten: Kameramann David Reichert wartet auf den geeigneten Moment, um sich ins Wasser gleiten zu lassen. Es ist bereits zu spät, um den Wal zu filmen, der links vom Boot zu sehen ist (mittleres Foto).

Die an einem Kran befestigte Kamera *Thetys* mit einem den Horizont fixierenden Stabilisierungssystem wird dicht über der Wasseroberfläche geführt, um den Wal aus nächster Nähe zu filmen, ohne ihn bei seinen Ruhepausen an der Oberfläche zu stören. Sobald der Wal abtaucht, wird der Kran angehoben.

Versteckt im Planktonnebel

Doch selbst wenn man die Tiere endlich ausfindig gemacht hat, ist noch nicht alles gewonnen. Als die Leute von Galatée im Februar 2007 im Golf von Kalifornien, nahe des Dorfes Loreto, auf Blauwale trafen, konnte das Unterwasserteam aufgrund des stark getrübten Wassers keine einzige Aufnahme machen. Und trotzdem waren dort Blauwale, gleich neben ihnen, so nah, dass David manchmal von ihrem Kielwasser erfasst wurde. Aber das an Plankton überreiche Wasser war eine einzige erbsengrüne Brühe. Mit dem Helikopter jedoch konnte Jacques Cluzaud den Riesen mühelos folgen. Und Luc Drion gelang es, sich einem Wal mit Jungen vom Boot aus zu nähern. Eines der Tiere schwamm sogar so knapp unter dem Boot entlang, dass es mit der Rückenflosse anstieß ... eine harmlose Kleinigkeit für den Giganten, doch das Team wurde ordentlich durchgeschüttelt.

Auf der Suche nach Blauwalen? Findet Krill!

Erst im Juli 2006 und 2007 konnte David vor San Diego in ausreichend klarer Sicht an Unterwasserbilder gelangen, die das Tier in all seiner beeindruckenden Größe zeigen. Die Teams hatten fast 50 Tage im Schlauchboot verbracht, den Horizont nach Atemfontänen und vor allem nach roten Krillschwärmen abgesucht und sich unendlich geduldet – in der Hoffnung, dass der Gigant bald angeschwommen käme, um sich den Bauch vollzuschlagen.

Seelöwen, Seehunde und Seeelefanten

Galapagosinseln, Ecuador

Insel Guadalupe, Mexiko

San Clemente Island, Kalifornien

Monterey Bay, Kalifornien

Halbinsel Valdés, Argentinien

Robben sind Tauchern gegenüber oft sehr neugierig, denn im Wasser haben sie vom Menschen nichts zu befürchten. An Land dagegen werden sie fast überall seit Jahrhunderten abgeschlachtet, da man auf ihr Fleisch, Fett oder Fell aus ist. Doch unsere Vorfreude auf die Galapagosinseln sollte dies nicht trüben. Wir sollten die traumhafte Gelegenheit bekommen, vor Ort zu erleben, wovon uns Taucher schon so lange voller Begeisterung erzählt hatten.

An den zerklüfteten Küsten der einsamen Vulkaninsel Fernandina, ganz im Westen des Archipels, leben zwei Arten von Ohrenrobben nebeneinander: der Galapagos-Seelöwe, ein Verwandter des Kalifornischen Seelöwen, und der endemische Galapagos-Seebär, die kleinste Art der Südlichen Seebären. Bepackt mit unserer Kameraausrüstung begeben wir uns mitten in die Gruppe hinein. Die Tiere haben sich, zwischen schwarzen Basaltblöcken liegend, ausgestreckt. Sie ignorieren uns vollständig – das heißt, eigentlich mustern sie uns neugierig. Die einen sonnen sich, die anderen spielen. Ein Weibchen säugt ihr Junges, ein Männchen stellt sich auf, die Jungtiere spielen Fangen und zanken sich. Ein Robbenbaby sucht zwischen uns nach seiner Mutter und inspiziert mit Interesse unsere Ausrüstung. Diese Nähe ohne jedes Misstrauen und die gegenseitige Neugier sind vielleicht das schönste Geschenk, das uns die letzten wild lebenden Arten bereiten können. Für den Tierfilmer ist es eine ganz andere Welt. Keine vorsichtige Annäherung, kein Lauern im Hintergrund, kein endloses Warten. Man kann ganz anders arbeiten. Die Aufnahmen werden nicht abgetrotzt, die Beleuchtung ist ausgefeilt, die Bildeinstellungen sorgsam komponiert, die Bewegungen der Kamera geprobt. Jetzt fehlen nur noch die Allüren der Stars …

Oben: Kaum aus dem Wasser, hat sich dieser Galapagos-Seelöwe *(Zalophus californianus wollebaeki)* am einzigen weißen Strand der Inselgruppe genüsslich im Sand gerollt.

Unten: Ein junger Nördlicher Seeelefant *(Mirounga angustirostris)* an einem kalifornischen Strand

Vorhergehende Doppelseite: Am Rand der großen Seetangwälder vor der Küste Kaliforniens spielen junge Kalifornische Seelöwen *(Zalophus californianus californianus)* vor Pascal Kobehs Objektiv.

Das dominante Männchen des Galapagos-Seelöwen, erkennbar an seiner hohen, gewölbten Stirn, versucht, unseren Fotografen einzuschüchtern, indem es mit offenem Maul auf ihn zuschießt.

Kalifornischer Seelöwe *(Zalophus californianus californianus)*, Monterey Bay

Innenliegende Doppelseite: Drei junge Südliche Seeelefanten *(Mirounga leonina)* raufen am Strand der argentinischen Halbinsel Valdés. Ihre Schnauze tritt noch nicht so deutlich hervor wie bei den ausgewachsenen dominanten Männchen.

Junger Nördlicher Seeelefant *(Mirounga angustirostris)* in den Gewässern der Insel Guadalupe westlich von Mexiko

Innenliegende Doppelseite: Kalifornische Seelöwen *(Zalophus californianus californianus)*, Monterey Bay

Zwei junge Galapagos-Seebären *(Arctocephalus galapagoensis)*, eine endemische Art der Galapagosinseln, spielen auf den Felsen am Strand. An ihren großen Augen erkennt man, dass die Tiere besonders nachtaktiv sind. Galapagos-Seebären sind die kleinste Art der Südlichen Seebären und wären durch die unkontrollierte Robbenjagd beinahe ausgerottet worden.

Seehunde (hier die Unterart *Phoca vitulina richardii*) liegen gerne auf flach aus dem Wasser ragenden Felsen und genießen die Sonne.

Seehund oder Seelöwe?

Seehunde und Seelöwen sind verschiedene Robbenarten. Die Vorfahren der fleischfressenden Säugetiere sind vor 30 bis 40 Millionen Jahren ins Wasser zurückgekehrt. Es gibt zahlreiche morphologische und ethologische Merkmale, anhand derer man die beiden Arten unterscheidet, aber oft sind sie nicht leicht zu erkennen.

Auf den ersten Blick unterscheidet sich ein Seelöwe von einem Seehund durch die sichtbaren Ohrmuscheln. Die Ohren der Seehunde dagegen sind innenliegende Organe, von außen sieht man nur eine kleine Öffnung.

An Land bewegen sich Seelöwen auf allen vieren. Ihr Becken kann nach vorne kippen, und die Tiere legen die Hinterflossen unter den Körper, um sich abzustützen. Seehunde dagegen sind dazu nicht in der Lage und »robben«, indem sie sich mehr schlecht als recht mithilfe ihrer Vorderflossen vorwärts ziehen – ein wenig wie große Raupen. Unter Wasser erlaubt ihr bewegliches Becken den Seelöwen alle möglichen Pirouetten. Sie schnellen voran, indem sie mit ihren langen Brustflossen schlagen. Seehunde wedeln wie Fische mit ihren maximal gespreizten Hinterflossen von links nach rechts.

Und es gibt weitere Unterschiede, die jedoch genaues Hinschauen erfordern: Die Weibchen der Seelöwen haben vier Zitzen, und die Testikel der Männchen liegen außen.

Seelöwen kommen nicht in polare Eisregionen. Wenn einige seltene Seelöwenarten die Beringstraße hinaufwandern oder die antarktische Halbinsel bevölkern, dann nur zur schönen Jahreszeit, wenn das Eis verschwunden ist. Seehunde aber sind an beiden Polen zahlreich vorhanden, und nur zwei Seehundarten, nämlich die Hawaii- und Mittelmeer-Mönchsrobben, leben in warmen Gewässern. Der einzige Ort der Erde, an dem man an ein und derselben Küste auf Seehunde und Seelöwen treffen kann, ist die Pazifikküste Nordamerikas.

Der letzte große Unterschied der beiden Robbenarten betrifft ihr Verhalten: Seelöwen sind extreme Herdentiere und leben ausschließlich in Gemeinschaft, während zahlreiche Seehunde einzeln unterwegs sind. Männliche Seelöwen bilden einen heftig umkämpften Harem, und der Größenunterschied zwischen den Geschlechtern ist sehr ausgeprägt. Die Männchen sind viel größer und schwerer als die Weibchen. Bestimmte Arten entwickeln sogar eine Mähne, die der Robbenart auch ihren Namen eingebracht hat. Bei den Seehunden gibt es nichts von alledem – mit Ausnahme von zwei speziellen Arten, die eher einen Sonderfall darstellen: den Nördlichen und den Südlichen Seeelefanten.

Ostpazifischer Delfin

Drake Bay, Costa Rica

Dolphin Reef, Ägypten

Gemeiner Delfin

Transkei, Südafrika

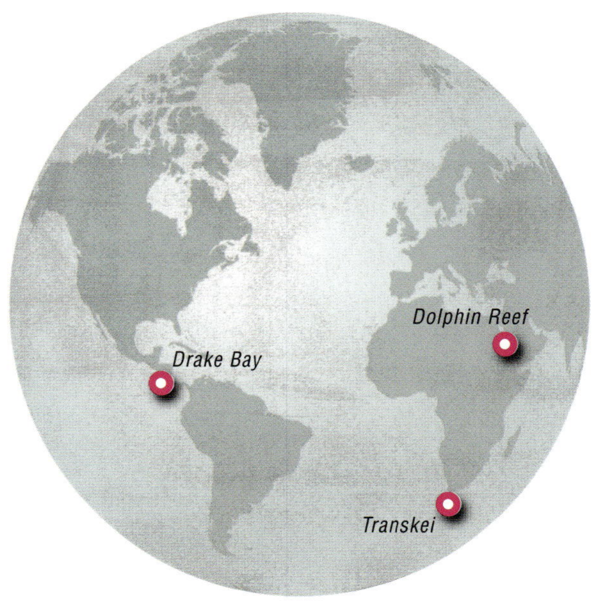

Der Ozean liegt spiegelglatt da, unendlich ruhig und hoffnungslos leer. Seit Stunden schon suchen die Filmteams von Galatée erfolglos den Horizont ab. Da ist der Zodiac von Bernard Deguy mit Luc Drion an der *Thetys*, das Taucherteam um David Reichert und das Boot von Alex Poulichot, der an den Einstellungen der Unterwasserkamera *Jonas* feilt – eine ganze Armada und ein gutes Dutzend Ferngläser unter bleiernem Himmel. Man sieht zwar Schildkröten, deren Rückenpanzer den Vögeln als Sitzplatz dienen, und Segelfische, deren Flossen die Wasseroberfläche durchschneiden. Man hört das Prusten der Schnabelwale und Grindwale, aber von denen, die wir suchen, fehlt jede Spur!

Shawn, unser Berater, entdeckt als Erster hinten, fern am Horizont, weiße Fontänen über einem Schwarm von Tölpeln und Fregattvögeln. Endlich! Delfine! Es sind Hunderte, die sich zum Festmahl versammelt haben. Die Rücken, schnabelförmigen Schnauzen und Flossen der Luft holenden Delfine bedecken das Meer ... Aber das ist noch gar nichts. Als Alain Benoist die *Polecam* ins Wasser lässt, sehen wir auf dem Kontrollbildschirm, dass unter Wasser noch zehnmal mehr Tiere sind! Die Wale verspeisen kleine Fische aus der Tiefe, die am Tageslicht vollkommen desorientiert sind. Der Trubel kennt keine Grenzen. Die Beute wird mit Gelbflossen-Thunfischen und Mobularochen geteilt, die mit offenem Maul durch den Fischschwarm gleiten.

Der Festschmaus geht dem Ende zu, nun beginnt der Tanz: Ein Delfin schwingt sich wie ein Kreisel in den Himmel. Er dreht sich so schnell um sich selbst, dass ihn das spritzende Wasser umgibt wie ein Ballkleid. Ein anderer Delfin springt seitlich hoch, »fliegt« auf dem Rücken, vollführt eine atemberaubende Spirale und lässt sich zum krönenden Abschluss in den Schaum fallen. Es ist, als würde er weitere akrobatische Delfine auf den Plan rufen. Saltos, Loopings, Wirbel aus silbernen Tröpfchen – das Meer brodelt. Bis zum Abend übertreffen sich die Delfine in schnellen Drehungen und Kapriolen und springen den rötlichen Wolken entgegen.

Und dann, auf einmal, rührt sich nichts mehr.

Aber nun, als wolle er, dass der ausgelassene Tanz kein Ende hat, erhebt sich einer von ihnen erneut in das Licht der Dämmerung, und einige Sekunden lang wirft der zum Vogel gewordene Delfin seinen Schatten auf das goldglänzende Meer.

Unvergleichliche Akrobaten

Der auch »Spinner« genannte Ostpazifische Delfin unterscheidet sich von allen anderen Delfinarten durch seine kunstvollen Luftsprünge. Er springt nicht nur sehr hoch aus dem Wasser, sondern dreht sich vor dem Eintauchen auch noch mehrere Male um sich selbst. Zu den in allen tropischen Meeren verbreiteten Ostpazifischen Delfinen zählen vier Unterarten, die sich durch ihre Gestalt und ihr Verhalten unterscheiden. Die Population, mit der wir auf offenem Meer vor Costa Rica getaucht sind, ist bei Weitem die lebhafteste. Wenn man auch nicht jedes einzelne Tier einfach identifizieren kann, so kann man doch ohne Schwierigkeiten Weibchen von Männchen unterscheiden, denn deren Rückenflosse ist merkwürdig nach vorn anstatt nach hinten gekrümmt.

Freie Liebe und mütterliche Bindung

Ostpazifische Delfine sind Herdentiere und schließen sich zu Gruppen zusammen, die zuweilen mehrere Hundert Individuen umfassen. Die Bindung ist jedoch sehr schwach. Die Gruppen sammeln und trennen sich je nach Nahrungsvorkommen. Paarungen finden das ganze Jahr über statt, wobei die Partner sich nicht treu sind. Weibchen können an einem Tag mehrere Geschlechtspartner haben. Die einzig wirklich starke Bindung wird zwischen einer Mutter und ihrem Jungen geknüpft und dauert an, bis dieses nicht mehr gesäugt wird.

STECKBRIEF

Stenella longirostris centroamericana
Ostpazifischer Delfin

Größe und Gewicht (maximal):
Männchen: 2,7 m/75 kg
Weibchen: 2,1 m/65 kg

Lebenserwartung: 20 Jahre

Geschlechtsreife:
Männchen: 7 Jahre
Weibchen: 5 Jahre

Fortpflanzung: Nach der Paarung beginnt die 11-monatige Tragzeit. Das Weibchen bringt ein Junges von 80 cm zur Welt, das es 1 bis 2 Jahre säugt.

Oben: Dass dieser Delfin am Bug des Thunfischerschiffes tollen kann, verdankt er den Schutzmaßnahmen, die seit 1990 für den Thunfischfang gelten. Da Thunfische und Delfine dieselbe Beute jagen, orientieren sich die Fischer an den Delfinen und umgeben sie mit Ringwadennetzen. Auf diese Weise können sie sichergehen, dass sie auch die Thunfische erwischen, die sie zwar nicht sehen können, auf deren Anwesenheit aber die Delfine deuten. Die mitgefangenen Delfine starben zu Dutzenden. Man schätzt, dass der Delfinbestand im Östlichen Pazifik durch diese Fangmethode um die Hälfte dezimiert wurde – bis auf ca. 600 000 Exemplare. Durch den Druck von Naturschutzorganisationen haben sich die Fischer verpflichtet, die Delfine freizulassen, bevor sie die Netze mit den Thunfischen endgültig einholen.

Rechte Seite: Wenn man sich die Rückenflossen dieser Delfine anschaut, meint man auf den ersten Blick, die Gruppe würde sich nach links bewegen. Wenn man aber genauer hinsieht, erkennt man, dass die Delfine in die andere Richtung schwimmen! Die Rückenflosse der *Stenella longirostris centroamericana* ist seltsamerweise genau anders herum ausgerichtet als bei allen anderen Delfinarten.
Man kann kaum abschätzen, wie viele Delfine sich in einer Ansammlung befinden, wenn man nur die Tiere zählt, die nach oben kommen, um zu atmen. Denn auf jeden Delfin, der an der Oberfläche zu sehen ist, kommen fünf bis sieben Exemplare unter Wasser.

Am liebsten Fische aus der Tiefe

Ostpazifische Delfine ernähren sich von kleinen Fischen, die sich tagsüber in mehr als 200 Meter Tiefe innerhalb der sogenannten mesopelagischen Zone aufhalten. Die Delfine können jedoch nicht so weit nach unten vordringen. Aber nachts steigen die Fische an die Oberfläche auf, um Plankton zu fressen, das dort reichlich vorhanden ist ... Die Delfine profitieren von diesem Ortswechsel, fressen sich satt und halten die Fische bis zum Morgen an der Oberfläche. So konnten wir im Tageslicht filmen, wie sich die Delfine an einem riesigen Schwarm Laternenfische gütlich taten, die vollkommen desorientiert und unfähig waren, wieder in die rettende Dunkelheit der Tiefe abzutauchen. An dem üppigen Festschmaus labten sich zudem Gemeine Pinguine, Hunderte Sturmvögel, Tölpel und Fregattvögel, Hunderte Mobularochen und Segelfische, aber auch Gelbflossen-Thunfische – allesamt angezogen durch die Überfülle an Nahrung, die das Zusammenspiel der Delfine für alle erreichbar gemacht hatte.

»Mit voller Geschwindigkeit inmitten der voranpreschenden Delfine zu schwimmen – dieser Herausforderung stellten wir uns seit Beginn der Dreharbeiten. Wir wollten die Bewegung einfangen und spürbar machen … Wir haben Monate damit verbracht, neuartige Gerätschaften zu entwickeln, zu testen und nach jedem Misserfolg wieder von vorne anzufangen. Schließlich versuchten wir es mit der Polecam. *Der Blick auf den Kontrollbildschirm brachte dann die Offenbarung: Wir waren inmitten der mit mehr als 15 Knoten schwimmenden Delfine, mit gleicher Schwingung und gleichem Impuls – als wären wir zeitweilig selbst Delfine gewesen.«*

DIMITRI BILLECOCQ, REGIEASSISTENT

Die *Polecam*, eine Kamera, die mit einer mobilen vertikalen Achse seitlich am Boot montiert ist, taucht zwei Meter tief ab. Samuel Malnati dirigiert die Kamera nach den Anweisungen von Alexandre Poulichot, der die Aufnahmen aus dem Kontrollraum im Innern des Bootes überwacht. Neben ihm sein Assistent Mathieu Lamand und Dimitri Billecocq, der an der Entwicklung neuer Gerätschaften wie der *Polecam* mitgewirkt hat.

LOGBUCH

Datum: 15.04.08
Zeit: 10.30 bis 18.30 Uhr

Ort: auf See vor der Drake Bay
Breitengrad: 8° 37′ N
Längengrad: 84° 11′ W
Meereslage: ruhig
Wind: Ost/10 Knoten
Mond: erstes Viertel
Bewölkung: 50 %

»Tausende sesshafte Delfine, die dürfte man doch problemlos ausfindig machen!« Aber als Didier Noirot und Pascal Kobeh im April 2007 vor Ort waren, fanden sie keinen einzigen Delfin und brachten nur ein paar Bilder von Grindwalen mit zurück. Waren die Tiere weiter draußen? El Niño war schuld: eine Anomalie der Meeresoberflächentemperatur im Südpazifik, die warmes Meereswasser aus Australien nach Südamerika bringt und damit sämtliche Meeresströmungen bis in die nördliche Hemisphäre verändert.
Und inwiefern betrifft dies die Delfine? Nun, sie finden keine Nahrung! Keine kalte Strömung aus der Tiefe heißt keine Mineralsalze für die Meeresalgen, heißt keine Krebstierchen und keine Kleinfische …
Im April 2008 dagegen war die nährstoffreiche Strömung aus der Tiefe sehr stark, und als sie auf die Kontinentalplatte von Costa Rica stieß, sorgte sie an der Wasseroberfläche der Drake Bay für einen mehrere Hundert Meter breiten und kilometerlangen Wirbel.
»Achtet auf die Vögel«, lautete der Rat unseres wissenschaftlichen Begleiters Shawn Larkin Strunz. Wenn man erst einmal Tölpel oder Fregattvögel erblickt hat, trifft man unter ihnen mit aller Wahrscheinlichkeit Delfine an. Alle Augen waren also auf den Horizont gerichtet, bis auf einmal der fröhliche Ruf ertönte: »Spinner! Geradeaus!« Die Unterwasserkamera *Jonas* wurde ins Wasser gelassen, David schnallte sich das Rebreather-Tauchgerät um, und Luc hielt unter Anweisung von Bernard Deguy seine Kamera *Thetys* dicht über die Wellen, um die Pirouetten der springenden Delfine von Beginn an einzufangen.

Der Gemeine Delfin am südafrikanischen Kap, Transkei

Frühmorgens, zehn Meter Tiefe. Das Wasser ist lauwarm, aufgewühlt und grün. Unzählige Sardinen flitzen unter der Oberfläche entlang. Ein silbrig schimmernder Schwarm, der in den Reflexionen des Wassers verschwindet. Plötzlich ändern die Fische die Richtung. Sie fliehen vor einem unsichtbaren Feind und drängen sich zusammen, bis sie einen einzigen, großen und kompakten Körper bilden, der abwechselnd matt oder glanzlos erscheint – je nachdem, wie eng der Schwarm beieinander schwimmt.

Mit einemmal ertönt hinter uns eine Art heftiges, dumpfes Gebell, das im nächsten Augenblick von schrillen Pfiffen überdeckt wird: Die Delfine greifen an! Ihre biegsamen und flinken Körper – erst vier, dann zehn – stoßen in den Sardinenschwarm, der darauf in schimmernde Pailletten zerfällt, um sich hinter den Feinden erneut zu formieren. Die Delfine scheinen sich einzurollen, bevor sie von ihren schnell schlagenden Schwänzen angetrieben nach vorn schießen. Sie picken sich ihre Portion aus der Masse heraus, schnappen sich eine Sardine nach der anderen – wilde Genießer im Durcheinander der panischen Fischleiber und fliehenden Schuppen. Bronzehaie stoßen zum Festschmaus. Das Meer ist in Aufruhr.

Die entkommenen Sardinen drängen sich an die Oberfläche ... Ein fataler Fehler! Im selben Moment wird die Ozeandecke von Dutzenden Tölpeln durchstoßen. Es ist ein ohrenbetäubendes Bombardement. Die Vögel schießen wie Pfeile herunter und graben eine Spur aus Blasen in das Wasser. Die ersten Sardinen werden auf der Stelle aufgespießt.

Grünliches, sprudelndes Wasser, gesprenkelt mit Schuppenpailletten. Flügel rudern, Zähne schnappen zu, eine Schnauze prescht voran, ein kalter Blick findet ein Opfer, Flossen krümmen sich ... Wir stecken mitten drin im tragischen Kampf. Sardinen flüchten in unsere Gerätschaften, Delfine flitzen knapp an uns vorbei, Vögel tauchen zwischen uns ab, Haie drängen uns beiseite. Die flinkeren Delfine stehlen ihnen die Beute. Die Vögel verfolgen flügelschlagend nach unten flüchtende Sardinen und tauchen dabei bedeutend tiefer als die Haie.

Wenn Himmel und Meer sich zu einer primitiven und wilden Orgie zusammentun, gibt es keine Gnade.

Oben: Es sieht aus, als würde der vor Port Elizabeth in den Wellen schaukelnde Zodiac mit der stabilisierten *Thetys*-Kamera vom Angriff der Kaptölpel überflutet. Der am Motor stehende Edgard Raclos scheint über das Wasser zu laufen, während Jacques Cluzaud, Luc Drion, Stéphane Aupetit und Bernard Deguy in der Gischt verschwinden. Das Team in dem kleinen Boot war einige Male wirklich in Gefahr, denn das Meer an der Südostküste Südafrikas schwillt oft unvermittelt an.

Linke Seite, oben: Ein großer Bronzehai, der sich eben noch reichlich an den Sardinen bedient hat, nähert sich Didier Noirot. Der Kameramann verwendet eine 35-Millimeter-Kamera, um in Zeitlupe filmen zu können.

Der *sardine run* offenbart die Fülle der Meere

Sardinen *(Sardinops ocellatus)* bevorzugen das kalte Wasser des Benguelastroms, der aus antarktischen Gewässern gespeist wird und um den Süden Afrikas fließt. In ihm finden die Sardinen große Mengen an Plankton, das ihnen als Nahrung dient.

Während des Sommers auf der südlichen Hemisphäre (Dezember bis Februar) versammeln sich die ausgewachsenen Sardinen zur Fortpflanzung auf der Agulhas Bank südlich des Kaps. Anschließend ziehen sie in kalte, planktonreiche Gewässer, die westlich in Richtung Namibia und entlang der Küste von Transkei und KwaZulu-Natal liegen.

Und so treten entlang der Küste zwischen Port Elizabeth und Durban jedes Jahr ab Juni Sardinenschwärme an die Oberfläche, die Tausende von Räubern anziehen, darunter 350 000 Kaptölpel *(Sula capensis)*, 5000 Große Tümmler *(Tursiops truncatus)*, Zehntausende Bronzehaie *(Carcharhinus brachyurus)* und sogar Edenwale *(Balaenoptera edeni)* und Südafrikanische Seebären *(Arctocephalus pusillus)*.

Doch es gäbe keinen *sardine run*, wenn nicht zwei Phänomene aufeinandertreffen würden: Die normalerweise in 100 Meter Tiefe fließende kalte Strömung steigt entlang der Küste auf knapp 40 Meter unter der Oberfläche, und es finden sich 20 000 Gemeine Delfine ein, welche die Sardinenschwärme ganz nach oben treiben. In gemeinschaftlicher Aktion trennen die Delfine den sich in 30 bis 40 Meter Tiefe bewegenden Sardinenstrom und drängen kleine, von ihnen isolierte Sardinengruppen an die Oberfläche, oberhalb der Sprungschicht. Die Fische haben keinerlei Fluchtmöglichkeit und bilden in zehn bis 15 Meter Tiefe dichte »Bälle«, sogenannte *bait balls*. Diese Sardinenbälle befinden sich in Reichweite der Vögel – die abtauchen und flügelschlagend bis in 15 Meter Tiefe schwimmen können …

Unter der Leitung von Didier Noirot, der den *sardine run* schon unzählige Male gefilmt hat, haben wir uns in die trüben Gewässer in der Umgebung von Port St. Johns begeben, um dort das große Gelage zu erwarten. Währenddessen verfolgte ein wenig weiter südlich Jacques Cluzaud mit den Außenteams *Thetys* und *Mini-Helico* die von Port Elizabeth herannahende Kavallerie der Delfine und Wale.

LOGBUCH

Datum: 02.07.05
Ort: Port St. Johns

Breitengrad: 31° 35′ S
Längengrad: 29° 40′ O
Tauchgerät: offener Kreislauf
Beginn des Tauchgangs: 8.15 Uhr
Dauer des Tauchgangs: 55 min
Maximale Tiefe: 15 m
Sichtweite: 10 m
Oberflächentemperatur: 21 °C
Tiefentemperatur: 18 °C (in 34 m)
Meereslage: starker Wellengang
Wind: Südwest/25 Knoten
Mond: letztes Viertel
Bewölkung: mittel

LOGBUCH

Datum: 20.06.06
Ort: Dolphin Reef

Breitengrad: 25° 04′ 10″ N
Längengrad: 34° 56′ 08″ O
Tauchgerät: Rebreather
Maximale Tiefe: 20 m – **Sichtweite:** 20 m
Oberflächentemperatur: 24° C
Meereslage: ruhig – **Wind:** Nordost/15 Knoten
Mond: letztes Viertel – **Bewölkung:** keine

Der Ostpazifische Delfin, Ägypten

Die im Roten Meer vorkommenden Ostpazifischen Delfine unterschieden sich morphologisch eindeutig von ihren Brüdern bei Costa Rica, gehören aber zur selben Art der Fleckendelfine. Sie sind weniger verspielt und fallen nicht durch akrobatische Luftakte auf. Wenn sie nicht gerade auf offenem Meer jagen, suchen sie mit ihren Jungen ruhige, wellengeschützte Gegenden auf. Unter der Leitung von Jacques Cluzaud haben sich die Kameraleute René Heuzey und Didier Noirot zu einem Trupp *Stenellae longirostris* begeben, der sich regelmäßig in das Dolphin Reef zurückzieht, ein Riff vor Marsa Alam an der ägyptischen Rotmeerküste. Die Delfine tollen im klaren Wasser. Ihr Tag ist mit Streicheleinheiten und Paarungsspielchen ausgefüllt.

Nördlicher Glattdelfin und Rundkopfdelfin, Monterey Bay

Der Nördliche Glattdelfin *(Lissodelphis borealis)* unterscheidet sich von allen anderen Delfinarten durch das völlige Fehlen der Rückenflosse (Foto oben). Die Tiere leben in Gruppen und sind in den gemäßigten bis kalten Gewässern des nordpazifischen Ozeans zu finden. Als Nahrung dienen ihnen Meeresorganismen, Fische, Garnelen und Tintenfische, die nachts aus großer Tiefe an die Oberfläche steigen. Dieses Foto (unten) von einem Rundkopfdelfin »im Flug« ist sehr außergewöhnlich, denn die in allen gemäßigten Meeren anzutreffenden Tiere sind vorsichtig und scheu. Im Juli 2007 beispielsweise sahen wir mehrere Dutzend Rundkopfdelfine an der Wasseroberfläche spielen. Wir begaben uns zu ihnen ins Wasser. Trotz unserer Zurückhaltung blieben die Delfine auf respektvoller Distanz. Wir konnten uns ihnen nie auf weniger als fünf Meter nähern. Dennoch setzten sie ihr Spiel um uns herum fort.

Walrosse, Eisbären, Weißwale und Narwale

Navy Board Inlet,
Coburg-Insel, Inuvik,
Kanadische Arktis

Wir irren seit drei Stunden umher, mitten durch gebrochenes Packeis. Drei Stunden, in denen wir unsichtbare Weißwale in der durch Treibeis versperrten Lady-Ann-Straße suchen. Drei Stunden, in denen wir zwischen den aneinanderstoßenden Blöcken lavieren und unser Boot immer wieder in die Zange genommen zu werden droht. Die Navigation ist beschwerlich: Man muss ständig die Bewegungen des Eises vorausahnen, damit man nicht vom Packeis eingeschlossen wird.

Immer noch nichts. Es regt sich nichts. Die Erkundungen aus der Luft hatten doch ergeben, dass die Coburg-Insel ein Refugium für Wale ist. Aber hier auf dem Wasser entdecken wir nicht eine Schwanzflosse eines Belugas. Wir vernehmen zwar das Schnauben der Walrosse, das über das Eis hallt, aber auch sie bleiben unsichtbar. Irgendwo sind sie – aber wo? Zum Glück ist der Himmel strahlend blau. Aber wie lange noch?

Am Rand eines kleinen Eisbergs ruhen sich ein Walrossweibchen und ihr Junges in der Sonne aus. Wir schalten den Motor aus, und das Schlauchboot gleitet sanft weiter. Das verängstigte Weibchen zieht das Kleine mit sich ins Wasser. David, der Kameramann, taucht lautlos ins Eismeer und schwimmt in ihre Richtung. Die Mutter hält das Junge zwischen den Vorderflossen und dreht der Kamera beharrlich den Rücken zu. Aber sie entfernt sich nicht, und nach und nach kann David sie beruhigen. Eingezwängt in seinen wasserdichten Taucheranzug und bepackt mit der schweren Kamerakiste ist er unbeweglich und ungefährlich. Das kleine Walross betrachtet neugierig dieses seltsame schwarze Tier mit Schwimmfüßen, das durch einen Schnorchel atmet und sein riesiges glänzendes Auge mit gestreckten Armen von sich hält. Die Beobachtungshaltung des Weibchens entspannt sich. Das Junge umschwimmt es und schnauft vergnügt durch den dichten Borstenbart. Es taucht unter und stößt gegen die Milchdrüsen seiner Mutter. Sie lässt es gewähren. Das kleine Walross schwimmt hin und her wie ein Korken und erschrickt beim kleinsten Ereignis, bei jedem Ausatmen von David und jeder etwas plötzlichen Bewegung. Allmählich entfernt sich die Mutter und zieht ihr Junges mit sich. David kann ihnen nicht mehr lange folgen. Die beiden Walrosse hängen ihn mühelos ab und verschwinden bald hinter einem Eisblock. Die Entspannungspause ist vorüber. Es ist Zeit zurückzukehren.

Pagophile Riesen

STECKBRIEF

Odobenus rosmarus
Walross

Größe und Gewicht (maximal):
Männchen: 3,6 m/1,9 t
Weibchen: 3 m/1,2 t

Lebenserwartung: 30 bis 40 Jahre

Geschlechtsreife:
Männchen: 7 bis 10 Jahre
Weibchen: 5 bis 7 Jahre

Fortpflanzung: 15-monatige Tragzeit. Alle 3 Jahre, im April bis Juni, werfen die Weibchen auf dem treibenden Packeis. Das Junge wird 1 bis 3 Jahre gesäugt und bleibt die ersten Jahre bei der Gruppe der Weibchen.

Die Morphologie des Walrosses rückt es in die Nähe der Ohrenrobben, zumindest in ihrer Beweglichkeit: Das Tier kann sich auf seine Vorderflossen stützen und die hinteren Gliedmaßen unter den Körper schieben. So sind Walrosse in der Lage, richtig zu laufen – im Gegensatz zu Seehunden, die sich mit Kriechen begnügen. Aber die Tiere sind zu schwer, um sich ausreichend zu erheben. Sie entfernen sich nie zu weit vom Wasser und liegen lieber auf Felsen oder bevorzugt auf dem Eis. Sie sind pagophil – das heißt, sie lieben Eis. Um aus dem Wasser zu steigen, haben sie eine originelle Technik entwickelt: Sie stützen sich auf ihre Stoßzähne wie auf Eispickel. Daher rührt auch ihr lateinischer Name *Odobenus*, das wörtlich »auf den Zähnen laufend« bedeutet. Alle Walrosse besitzen elfenbeinerne Stoßzähne, die bei großen Männchen eine Länge von einem Meter erreichen können. Es handelt sich um die oberen Eckzähne, deren Wachstum ein Leben lang andauert. Ab einem Alter von zwei Jahren zeigen sie sich aus der Schnauze heraus. Die Stoßzähne haben mehrere Funktionen: Sie dienen als Eispickel beim Verlassen des Wassers, als Waffe gegen unerwünschte Eindringlinge und als Mittel der visuellen Kommunikation. Während der Fortpflanzungszeit setzen die Männchen ihre Hauer ohne Bedenken zu harten Attacken ein, wodurch zuweilen tiefe Wunden entstehen.

Ein Walross kommt schon faltig und runzelig zur Welt. Seine Haut kann eine Dicke von vier bis sechs Zentimetern erreichen und bedeckt bei den größten Männchen eine Fettschicht von bis zu 15 Zentimetern. Die Haut ist von einem feinen blonden Haarkleid bedeckt, das mit dem Alter dünner wird. Die Hautfarbe variiert je nach Blutzufuhr zwischen rosig und braun. Wenn es kalt ist, wird die Haut schwach durchblutet und erscheint dunkel; wenn es warm ist, wird sie stark durchblutet, um die überflüssige Wärme abzugeben, und wirkt daher stark rosig.

Der Muschelsauger

Die Schnauze der Walrosse ist mit 450 bis 700 starren, dichten, innervierten und erektilen Tasthaaren ausgestattet, die sie benutzen, um den sandigen Grund zu sondieren und Muscheln aufzuspüren, die ihnen als Nahrung dienen. Seltsamerweise setzen die Walrosse nicht unbedingt ihre Stoßzähne ein, um das Sediment aufzuwühlen. Sie schwimmen vielmehr mit gesenktem Kopf und lassen ihre Hauer flach über den Grund streifen, um besser mit der Schnauze wühlen zu können. Durch starke Bewegungen der Lippen erzeugen sie einen Sogeffekt, der die Muscheln, ihre Hauptnahrung, direkt zwischen ihre wie Mahlsteine abgeflachten Zähne treibt. Beobachtungen zeigen, dass das Walross neun Muscheln pro Minute verspeist: Somit bleiben weniger als sieben Sekunden, um eine Muschel zu finden, sie einzusaugen, die Schale zu knacken, den weichen Körper herunterzuschlucken und die Schalenteile auszuspucken. Ein ausgewachsenes Walross verspeist so mehrere Dutzend Kilo Muscheln am Tag. Die Tiere suchen ihre Nahrung meist in geringer Tiefe, nahe der Küste, denn dort sind Muscheln in Hülle und Fülle vorhanden. Aber diese Gebiete sind nur während einer kurzen Zeitspanne im Jahr zugänglich, wenn sich das Packeis lockert. Den Rest des Jahres lässt das Eis die Muschelfelder unerreichbar werden und verdrängt die Walrosse von der Küste. Die Tiere sind gezwungen, auf Nahrung zu verzichten. Gelegentlich fressen Walrosse auch Meeresvögel oder Robben. Die Inuit erkennen dies an den gelb gefärbten Stoßzähnen.

Unterwasservorstellung

Im Winter sammeln sich die Walrosse in Eisöffnungen, die durch das Zusammenspiel der Meeresströmungen freigehalten werden. Diese eisfreien Zonen heißen auch *Polynjas*. Die männlichen Tiere profitieren von dem engen Zusammenschluss und setzen sich vor den Weibchen in Szene. In ihrer Unterwasservorstellung lassen sie Bläschen tanzen, sie brüllen, bellen, klicken und pfeifen. Und produzieren mit ihren sonst als Luftkissen dienenden Luftsäcken seltsame Glockentöne, die kilometerweit zu hören sind. Die Walrossbullen drängeln, schubsen und kämpfen, um sich im besten Licht darzustellen. Walrosse sind die einzige Robbenart, bei der das Weibchen das Privileg hat, sich seinen Partner aussuchen zu dürfen …

Außerhalb der Fortpflanzungszeit trennen sich die Walrosse in nach Alter und Geschlecht unterteilte Gruppen. Sie vergessen die Revierverteidigung und liegen gerne dicht beieinander, um sich aufzuwärmen. Die Weibchen setzen sich ab, um auf dem Treibeis ihre Jungen zur Welt zu bringen. Die Mütter verhalten sich extrem beschützend und schrecken nicht davor zurück, einen Eindringling unter Einsatz der Stoßzähne zu vertreiben. Die Bindung zu ihren Kleinen ist sehr stark und bleibt dies fast drei Jahre lang, bis zur nächsten Geburt.

»Wenn man die afrikanische Fauna gut kennt, ist man erstaunt, dass eine auf einer Eisscholle faulenzende Gruppe Walrosse die gleichen Geräusche von sich gibt wie eine Herde junger Flusspferde, die sich in einem Schlammloch wälzen. Vielleicht ist es eine Frage der Größe …«

PHILIPPE BARBEAU, TONINGENIEUR

Noch mehr als das weiße Fell beeindruckte die ersten Entdecker der Polarregion die herausragende Fähigkeit des Tieres, über lange Strecken zu schwimmen. Aus diesem Grund nannten sie es auch *ursus maritimus*. Der Eisbär wird noch immer zu den Meeressäugetieren gezählt, genau wie Meerotter, Robben und Walfische. Er scheint sich laufend genauso leicht fortzubewegen wie im Wasser. Diese Begabung entwickeln junge Eisbären sehr früh, damit sie ihrer Mutter in jeder Lage folgen können.

Der Eiswanderer

Er ist der größte der Bären, das größte an Land lebende Raubtier der Erde, aber auch ein ausgesprochenes Wassertier. Seine mit Schwimmhäuten versehenen Pranken machen ihn zu einem ausgezeichneten Schwimmer, der nicht zögert, ins eiskalte Wasser zu springen, um von einem Eisberg zum anderen zu gelangen oder einen Dutzende Kilometer breiten Meeresarm zu überqueren.
Der Eisbär verbringt einen wesentlichen Teil seines Lebens damit, über das Packeis zu wandern und seine bevorzugte Beute aufzuspüren: fettgefressene junge Robben. Er hört und riecht die in einem Eisloch verschwundenen Tiere schon von Weitem. Der Eisbär ist extrem geduldig und harrt manchmal stundenlang reglos vor einem kleinen Eisloch aus, bis eine Robbe zum Atmen auftaucht. Auch ein junges Walross, einen im Packeis eingeschlossenen Weißwal oder Narwal, verschiedene Meeresvögel, einen Karibu oder die Überreste eines gestrandeten Wals verschmäht er nicht. Doch außerhalb der Zeit, in der die jungen Robben geboren werden und der Eisbär sich vollfrisst, kann er mehrere Monate in Folge ohne Nahrung bleiben – besonders im Sommer, wenn das Packeis bricht. Die Robben sind dann auf Eisschollen verteilt, und der Eisbär kann sie nur noch schwer aufspüren, erreichen und überwältigen. Die trächtigen Weibchen können sogar bis zu acht Monate hungern, denn nach der Paarung im Frühjahr müssen sie in der Nähe der Höhlen bleiben, in denen sie im Winter Zuflucht suchen und ihre Jungen zur Welt bringen. Diese Höhlen graben die Weibchen für gewöhnlich in eine dichte Schneeschicht, die sich durch Windeinfluss am Rand eines Hügels angesammelt hat. Nur die trächtigen Weibchen überwintern auf diese Weise. Jedes Weibchen besitzt eine eigene Höhle, der es ihr ganzes Leben hindurch treu bleibt. In Kanada kennt man Höhlengebiete, die seit fast 200 Jahren genutzt werden. Die im Frühjahr befruchteten Eizellen nisten sich erst in der Gebärmutter ein, wenn sich das Weibchen in seinen Unterschlupf begeben hat. Die Eisbärenjungen kommen nur zwei Monate später zur Welt: Sie wiegen knapp 600 Gramm und sind so groß wie ein Meerschweinchen. Erst im kommenden Frühjahr, wenn sie zwischen zehn bis 15 Kilo wiegen, verlassen sie die Höhle. Dann folgen sie der Mutter bei ihren langen Wanderungen über das Packeis, beobachten sie bei der Jagd und begleiten sie auf diese Weise zwei bis drei Jahre lang.

Rückwärts auf dem Laufband

Der Eisbär ist ein nimmermüder Wanderer. Forscher haben entdeckt, dass er sich, um schnell und lange über das auseinanderdriftende Treibeis laufen zu können, eine besondere Technik aneignet, die er erst als ausgewachsenes Tier perfekt beherrscht. Zudem läuft der Eisbär für gewöhnlich gegen die Strömung, um nicht von einem abdriftenden Eisblock davongetragen zu werden und möglichst inmitten seines riesigen Jagdreviers zu bleiben.

STECKBRIEF

Ursus maritimus
Eisbär, Polarbär

Größe und Gewicht (maximal):
Männchen: 2,5 m/400 bis 600 kg
Weibchen: 2 m/200 bis 350 kg

Lebenserwartung: 20 bis 30 Jahre

Geschlechtsreife:
Männchen: 8 Jahre
Weibchen: 5 Jahre

Fortpflanzung: Die Paarung findet im April bis Mai statt. Alle 3 Jahre, im November/Dezember, werden in einer in den Schnee gegrabenen Höhle und selten auch auf dem Eis oder auf Permafrostboden 1 bis 3 Junge geboren. Im März/April verlassen die kleinen Bären die Höhle, werden aber erst im Alter von 2 bis 3 Jahren selbstständig.

Rechts: Anstatt auf Weißwale treffen Johann Mousseau, unser einheimischer Führer Dan, Stéphane Aupetit, Luc Drion und Edgar Raclot auf Walrosse – wie dieses Weibchen und ihr Junges mitten im Treibeis-Labyrinth.

Unten: Zum x-ten Mal hat David sich längs des Schlauchboots ins Eiswasser gleiten lassen, um sich ganz behutsam einem Weibchen und seinem Jungen zu nähern. Nun klappt es. Die Mutter hält ihr Kleines zwischen ihre Flossen geschmiegt vor der Brust. David nähert sich langsam. Auf dem Boot halten alle den Atem an.

LOGBUCH

Datum: 22.05.08
Ort: auf offenem Meer vor der Coburg-Insel (Nirjutiqavvik)

Breitengrad: 75° 51′ N

Längengrad: 79° 34′ W

Tauchgerät: Schnorchel

Beginn des Tauchgangs: 9.29 Uhr

Dauer des Tauchgangs: 19 min

Dekostopp: keiner

Maximale Tiefe: 0 bis 2 m

Sichtweite: mittelmäßig

Meereslage: ruhig

Coburg-Insel: Mission auf den letzten Drücker

Mai 2008: Coburg, ein kleines kanadisches Eiland gegenüber der mythischen Insel Thule im Norden von Grönland. Coburg ist eine verlassene und von der Welt abgeschiedene Insel, auf der in Hunderten Kilometern Umkreis keine Menschenseele zu finden ist.
An einem Kiesstrand, zwischen dem von Packeis bedeckten Meer und dem steilen Abhang eines fast 2000 Meter hohen Gipfels, errichten wir ein Camp, in dem etwa 30 Personen unterkommen sollen. Der Strand ist 30 Meter breit und wird von zwei Gletschern gerahmt, die sich vom Berg hinunter bis zum Meer ziehen. Die vier Drehteams werden sich hier zwei Monate lang abwechseln, um Weißwale und Narwale zu filmen. Wir haben die Sache groß aufgezogen und kommen mit einem DC3-Flugzeug, vier Twin-Otter-Flugzeugen, einem Dutzend Skidoo-Schneeschlitten, vier Zodiacs, zwei Gleitbooten, drei Tonnen Filmausrüstung, zehn Tonnen Material für den Aufbau des Camps, fünf Tonnen Treibstoff. Acht Inuit begleiten uns als Führer. Am Kieselstrand mit Blick auf die unendliche Weiße des Packeises entsteht ein kleines Dorf.

Es ist die dritte Mission innerhalb von zwei Jahren, und es ist unsere letzte Chance. Im vorangegangenen Jahr hat sich das Packeis zu spät gelöst, als dass wir die Narwale in ausreichend klarem Wasser hätten filmen können. Und in diesem Jahr weisen uns die Inuit schon bei der Ankunft darauf hin, dass der zu Ende gehende Winter der kälteste, längste und schneereichste Winter seit 60 Jahren gewesen ist ... Ist das etwa der Klimawandel? Ist die Sache so verzwickt? Schöne Aussichten sind das! Aber die Erkundungen aus der Luft stimmen optimistisch: In den Eisöffnungen rund um die Insel Coburg haben wir Wale gesichtet.
Den auf dem Treibeis liegenden Walrossen kann man sich bei ausreichender Vorsicht relativ einfach nähern, aber die Narwale und Weißwale machen sich beim ersten Motorengeräusch davon. Wir ändern unsere Strategie und beschließen, am Rande des Packeises auf sie zu warten, an dem sie zuweilen sehr nah vorbeiziehen. Es funktioniert! Aber unter Wasser ist die Sicht genauso schlecht wie im Jahr vorher. Die Sichtweite ist abhängig von der Strömung, der Eisschmelze, der Mischung von

Links: Standbild aus dem von David gedrehten Film

Rechts: Hinter David, der gerade aus dem Eisloch steigt, versuchen die Weißwale vergeblich, ihr Luftloch freizuhalten. Sie haben leider keine Chance. Jedes Jahr werden einige zu spät kommende Tiere vom Packeis eingeschlossen. Die Inuit sprechen vom Friedhof der Weißwale. In einigen Küstenabschnitten bedecken ihre Knochen den Meeresgrund.

Süß- und Salzwasser und dem Wachstum von Phytoplankton. Als sich die Sicht bessert, sind die Tiere verschwunden. Doch zum Glück sammeln wir immer mehr Aufnahmen von Walrossen und Eisbären. Walrosse sind wirklich imposante Wesen, aber mit unserem acht Meter langen Zodiac können auch wir Eindruck schinden. Bis auf den Tag, an dem ein junges Walross ein Einschüchterungsmanöver unternahm. Während seine Artgenossen sich entfernten, tauchte es unter und erschien mit einem Mal direkt vor unserem Bug. Es pflanzte seine Stoßzähne in den Rand des Schlauchboots, das sich daraufhin wie ein Luftballon entleerte. Wir bekamen es mit der Angst zu tun. Johann, der Hauptregisseur, der den Dreh organisiert hatte und das Boot steuerte, drehte den Motor voll auf, um das Tier abzuhängen und zur Basis zurückzukehren. Wir kamen mit einem großen Schrecken und zwei dicken Flicken für den Zodiac davon. Eines Nachts zerstörte auch noch ein Bär unsere aufs Packeis gezogenen Schlauchboote und bearbeitete sie mit Zähnen und Klauen. Vielleicht gehört so etwas im Hohen Norden zum Programm.

Inuvik: Gefangen im Packeis

November 2007. Wir fahren nach Inuvik, einer kleinen kanadischen Stadt am Ende einer nicht enden wollenden Straße. Dort, an der Mündung des Mackenzie, der die riesigen Gebiete des Nordwestens speist, haben jagende Inuit eine Gruppe Weißwale gesichtet, die im Packeis eingeschlossen sind. Ein Gewirr unzähliger Flussarme mündet in den arktischen Ozean. Die Tiere konnten das offene Meer nicht mehr rechtzeitig erreichen.
Tags ist es nur fünf Stunden hell, und es herrschen Durchschnittstemperaturen von –17 °C mit Tiefstwerten von –27 °C (–35 °C, wenn man den Wind berücksichtigt). Ringsum ist alles weiß, und dazu mischt sich ein Schneesturm. Wie sollen wir hier nur die Eisöffnungen finden, die von den Weißwalen offen gehalten werden, damit sie nacheinander Luft holen können? Wir holen den Helikopter zu Hilfe. Er findet sie, als wir schon kurz davor sind, aufzugeben. David Reichert versucht einen Tauchgang. Die Sicht ist schlecht, aber man muss dranbleiben, denn das kann sich von einem Moment auf den anderen ändern. Erst nach einigen Tagen bekommen wir die nötigen Genehmigungen.

Währenddessen neigt sich die Sonne dem Horizont zu, und man hat eine Sturmwarnung herausgegeben. Wir haben nur eine Chance. Der Hubschrauber kann nicht landen, das Eis ist noch zu dünn. Operation Kommando. David taucht durch ein kleines Eisloch, das wir mit dem Handbohrer neben der Walgruppe geschlagen haben. Das Wasser ist jetzt klarer. Er sieht, wie die Weißwale knapp vor ihm zum Luftholen aufsteigen – wie bleiche Phantome in einer seltsamen grünen Welt. Nur ein Tauchgang, eine Stunde im Wasser neben den eingeschlossenen Tieren. Und schon müssen wir zurückkehren, denn ein Blick auf den Himmel verheißt nichts Gutes …

Im Frühjahr schwimmen die Weißwale Flussmündungen hinauf, um sich zu häuten, den Rücken am Geröll zu reiben und sich im Süßwasser zu reinigen. Auf einem so großen Gebiet wie der kanadischen Arktis ist die Drehortsuche per Flugzeug entscheidend. Damit können schnell große Strecken zurückgelegt werden, und man kann die Wale bestens orten. Diese Gruppe Weißwale hat Christophe Cheysson, unser erster Regieassistent, bei der Drehortsuche weiter westlich, in der Nähe der Insel Somerset fotografiert. Die Bedingungen scheinen ideal: Es sind sehr viele Tiere, das Wasser wirkt klar und nicht so tief, das Wetter hält sich. Aber während wir das Drehteam verfrachteten, änderte sich die Situation schlagartig. Wir konnten keine einzige Aufnahme machen.

Navy Board Inlet: Erste Frustrationen

Juni 2007. Navy Board Inlet, ganz im Norden von Baffin Island. Wir kennen die Gegend, weil wir hier für *Nomaden der Lüfte* Vögel gefilmt haben. Aber damals dachte niemand daran, den Kopf unter Wasser zu tauchen. Vielleicht hätten wir es trotzdem tun sollen, in weiser Voraussicht. Wir drehen die ersten Unterwassersequenzen in der Arktis und erleben schon die ersten Misserfolge. Das warme Wetter hält sich. Endlich beginnt der langersehnte Eisgang. Ein erster Riss teilt das Packeis in zwei Teile und zieht sich bis zum Ende des Fjords. Ein langer Streifen aus schwarzem Wasser. Die Narwale schieben sich in Gruppen hindurch. Das auf dem Eis stehende Team sieht sie in wenigen Metern Entfernung vorbeiziehen. Die Taucher mit Kamera schwimmen so nah heran, dass sie die Wale fast berühren können. Trotzdem kommt kein einziges Bild zustande. Die Sicht war so schlecht, dass die Taucher zwar gespürt haben, wie die Tiere sie zutraulich streiften, sie aber nicht erkennen konnten …

»Die Arktis ist eine Region, in der sich Dreharbeiten nur unter höchstem Stress organisieren lassen«, räumt Regisseur Johann Mousseau ein. »Dieser Film hat mich gefordert wie kaum ein anderer meiner Karriere. Man fühlt sich vollkommen machtlos, man ist einer unberechenbaren Natur ausgeliefert. Es vergehen keine fünf Minuten, ohne dass nicht ein neues Problem auftaucht. Man ist so fern von allem, die vier Teams sind überall auf dem Packeis verstreut, und der kleinste Zwischenfall kann sehr schnell zum Drama werden. Man hat nichts im Griff, es herrscht totale Unsicherheit. Selbst die Inuit, die uns begleiteten, standen zuweilen ratlos da. Wir haben diese Tiere zwei Jahre lang verfolgt, um sie filmen zu können. Wir haben nach Orten gesucht, die für das Team erreichbar waren und an denen wir ein Basislager errichten konnten. Zudem musste eine ausreichende Sicht unter Wasser gewährleistet sein, und es mussten sich genug Tiere dort aufhalten, die dann auch noch die

Annäherung eines Kameramanns duldeten. Nie gab es eine Patentlösung. Den idealen Drehort in der Arktis gibt es nicht, zumindest nicht längerfristig. Man muss einfach hoffen, dass man Glück hat, sich gedulden und immer bereit sein, sehr schnell den Ort zu wechseln, wenn sich spontan eine Möglichkeit bietet, die keine zwei Tage andauert. Während dieser zwei Jahre haben wir an unzähligen Orten recherchiert und gedreht: Am Navy Board Inlet, in Resolute, Somerset, Igloolik, auf der Coburg-Insel, in Inuvik und auf den Philpots-Inseln. Manchmal hatten wir Glück. Zum Beispiel mit den Walrossen und Eisbären. Bei den Weißwalen sind wir ein wenig zu spät gekommen. Und bei den Narwalen waren höhere Mächte gegen uns. Wir haben keine Mittel gescheut, wir haben so viel Energie und Zeit eingesetzt, wir haben uns trotz extremer und unvorhersehbarer Wetterbedingungen so lange geduldet. Da entsteht einfach große Enttäuschung … Dennoch: Wie schön diese Welt ist!«

Zum Glück haben uns Inuit begleitet. Sie können den Zustand des Eises perfekt einschätzen und sehen vorher wie er sich entwickeln wird. Sie wissen, wo man sich zu Fuß, mit dem Schneeschlitten oder dem Boot fortbewegen kann. Sie wissen, dass Eisbären in der Nähe sind, wenn man selbst sich vollkommen sicher wähnt. Dieses über lange Zeit angeeignete Wissen schätzen die Inuit untereinander sehr, denn bei solch extremen Bedingungen hängt das Leben oft an einem seidenen Faden. Die einheimischen Führer waren von unserem Filmprojekt schnell eingenommen, denn sie bekamen eine neue Sicht auf ihre alltägliche Umgebung. Gern schauten sie einmal durch die Kamera oder lauschten den Seehundgesängen, die unser Toningenieur unter dem Packeis aufnahm. Sie fanden unser Bemühen niemals merkwürdig, sondern schätzten die zusätzlichen Informationen über ihren Lebensraum.

Diese Luftaufnahme von Narwalen illustriert sehr gut, welche Grenzen die Drehortsuche aus der Luft für Unterwasserfilme hat. Gegen allen Anschein ist die Sicht unter Wasser äußerst schlecht, und ein Taucher würde die Walfische nicht einmal in zwei Meter Entfernung sehen können. Die Sicht unter Wasser lässt sich aus der Luft schwer bestimmen. Die Narwalmännchen, aber auch einige Weibchen entwickeln einen langen, gewundenen Stoßzahn. Wissenschaftler rätseln seit langem, was es mit ihm auf sich hat. Dient er als Waffe? Zum Fischfang? Als Kommunikationsmittel? Vielleicht erfüllt der Stoßzahn aber auch gar keinen Zweck, denn schließlich ist die übermäßige Ausbildung von Zähnen eine relativ häufige Mutation bei Säugetieren.

Rote Thunfische

Insel Kos, Griechenland

Segelfische

Isla Mujeres, Mexiko

Schwertfische

San Pietro, Sardinien

Weiße Thunfische

Azoren

Eine wilde Horde, ein Schwarm ohne Anfang und Ende.

Ein riesiges Tier aus kobaltblauem Rücken, stahlgrauen Flanken und grob geschnittenen Flossen. Die großen Roten Thunfische, eine dichte, kräftige Masse, ziehen weiter. Es sind Tausende, die zielstrebig vorbeistreifen. Das Wasser bremst sie nicht, nein, sie selbst sind das Wasser. Es gleitet an ihren wie Granaten geformten Körpern entlang. Kein Strudel, kein Aufwirbeln. Fließende Bewegungen, die reinste Hydrodynamik. Jedes Tier fügt sich sichelförmig hinter seinem Vordermann in den Schwimmkörper ein. In dem gleißenden Strom erkennt man keine einzelnen Fische mehr, nur die goldenen Rückenflossen und die anthrazitfarbenen Augen stechen durch das Leuchten. Die Bewegungen sind überwältigend. Die Riesen ziehen an uns vorbei und weichen kaum aus. Sie umschließen uns wie die Flut den Felsen. Das ist reine Kraft. Nichts scheint sie aufhalten zu können.

Aber dann ändern die Tiere abrupt den Kurs. Einige machen sogar eine Kehrtwendung und kippen die wunderbare Ordnung, die den Schwarm bis hierher gebracht hat. Ein dunkles Netz zerschneidet das tiefblaue Meer und blockiert die Route der Thunfische. Die zurückströmenden Fische drängen uns zur Seite. Einige fliehen an die Oberfläche, andere versuchen, nach unten zu entkommen. Die großen Tiere stoßen senkrecht in die Tiefe und werden immer schneller. Da gerät der erste Thunfisch in die engen Maschen des Netzes. Es gibt kein Entkommen. Die Falle ist zugeschnappt.

Der ganze Ozean scheint in einem endlosen Netz gefangen.

Die gelben Zacken am Schwanz des Thunfischs verringern Turbulenzen. Zusammen mit dem horizontalen Kiel am Ansatz der Schwanzflosse ermöglichen sie eine besonders effiziente Fortbewegung. Beim Zurücklegen größerer Distanzen kann der Thunfisch seine vorderen Rückenflossen in einer Vertiefung verschwinden lassen. Um die Hydrodynamik zu verbessern, kann er zudem seine Brustflossen in die Flanken drücken (rechte Seite).

Ruhelose Schwimmer

Die beiden großen Populationen Roter Thunfische leben im Atlantik und im Pazifik. Die Tiere sind hervorragende Schwimmer, die auf dem Weg von ihren Nahrungsgebieten zu den Fortpflanzungsgebieten den gesamten Ozean durchqueren. Auf seinen Reisen schwimmt der Rote Thunfisch 80 Kilometer am Tag, bei einer Durchschnittsgeschwindigkeit von sechs Kilometern pro Stunde. Beeindruckend sind die Kraft und vor allem die extreme Stromlinienförmigkeit der Fische, deren Rücken- und Brustflossen eingezogen werden können, damit keine Turbulenzen entstehen. Ein Roter Thunfisch aus dem Pazifik hat in 13 Monaten 84 000 Kilometer zurückgelegt, indem er den Pazifik zwischen Kalifornien und Japan dreimal durchquerte!

Im Atlantik teilt sich die Population in den europäischen und den amerikanischen Bestand. Der westliche Bestand laicht im Golf von Mexiko und sucht im Norden bis Island, aber auch in den Gewässern vor Brasilien nach Nahrung. Der östliche Bestand laicht im Mittelmeer und geht bis zum Nordkap, aber auch an den Kapverdischen Inseln auf Nahrungssuche. Die Markierung von Thunfischen durch Dr. Barbara Block, eine Spezialistin auf diesem Gebiet, hat ergeben, dass regelmäßig einzelne Fische den Golfstrom nutzen und zu einer anderen Gruppe wechseln. Diese Mischung der Populationen erfordert im Grunde eine neue Fischereipolitik mit einheitlichen Fangquoten.

Warmblüter

Im Gegensatz zu den meisten Fischarten, deren Körpertemperatur der Temperatur des sie umgebenden Wassers entspricht, ist die Temperatur des Roten Thunfischs höher als jene des Meeres. Der Thunfisch bewegt sich in 24 °C warmem Oberflächenwasser und kann bis zu 1000 Meter tief tauchen, um in 5 °C kaltem Wasser nach Nahrung zu suchen. Die erhöhte Körpertemperatur beschleunigt den Stoffwechsel und ermöglicht dem Tier, sehr schnell und sehr lange zu schwimmen. Dies ist ein wichtiger Vorteil für den Fänger von Sardinen, Sardellen, Heringen oder Tintenfischen.

STECKBRIEF

Thunnus thynnus

Roter Thunfisch

Größe und Gewicht (maximal): 4,5 m/680 kg

Lebenserwartung: 30 bis 40 Jahre

Geschlechtsreife: 5 Jahre (ca. 1,4 m/25 kg)

Fortpflanzung: Der große Rote Thunfisch kehrt jedes Jahr zu seinen Laichrevieren im Mittelmeer in der Umgebung der Balearen und in der Meerenge von Sizilien zurück. Die Ablage von Tausenden Eiern findet im Juli bei einer Wassertemperatur zwischen 22 und 24 °C statt.

Rechte Seite: Mit Hilfe von François Sarano hat Marc Thurlow erneut den Rebreather angelegt und macht sich zum Tauchen bereit. In dem riesigen Käfig sind mehrere Hundert Rote Thunfische eingeschlossen, die für eine Thunfischfarm bestimmt sind. Der Käfig wird von einem zwei Knoten fahrenden Schlepper Hunderte Kilometer weit gezogen, bis er seinen Bestimmungsort erreicht. Die Fischer haben uns ausnahmsweise genehmigt, die gefangenen Tiere zu filmen. David Reichert und Marc machen Aufnahmen von den unzähligen Roten Thunfischen, die ohne Pause in der riesigen Reuse ihre Kreise drehen.

Das Ende der Riesen?

Besonders Japaner schätzen das rohe Fleisch des Roten Thunfischs, und sein Preis auf dem Weltmarkt ist rasant angestiegen. 2009 sind für ein besonderes Exemplar von 180 Kilogramm 175 000 Dollar gezahlt worden … Die Profite sind derart hoch, dass die internationale Organisation zur Regelung des Fischfangs unerlaubtes Fischen und das systematische Überschreiten der Fangquoten nicht mehr kontrollieren kann. Der Rote Thunfisch im Atlantik ist kurz davor auszusterben.

Thunfische von mehr als 100 Kilo sind heute selten, denn die ausgewachsenen Tiere sind durch den industriellen Fischfang in ihren Fortpflanzungsgebieten dezimiert worden. Der intensive Fang lässt den Fischen keine Zeit zum Altern und damit zum Erreichen ihrer vollen Größe. Heute durchstreifen etwa 90 Prozent weniger erwachsene Tiere die Meere als vor der Industrialisierung.

Die Populationen Roter Thunfische sind überall im Rückgang. Die atlantische Population mit Fortpflanzungsrevieren im Mittelmeer steht kurz vor dem Aussterben. Obwohl Wissenschaftler seit Jahren raten, nicht mehr als 24 000 Tonnen pro Jahr zu fangen, landen fast 70 000 Tonnen in den Netzen der Fischer. Da es kaum noch ausgewachsene Tiere gibt, schrecken Fischräuber nicht davor zurück, junge Fische von drei bis vier Kilo zu fangen. So zerstören sie jede Hoffnung auf eine Erneuerung der Population. Droht dem Roten Thunfisch des Mittelmeeres das gleiche Schicksal wie dem Kabeljau vor Neufundland, dessen Population immer weiter einbrach, bis 1992 ein Fangstopp beschlossen wurde?

LOGBUCH

Datum: 24.06.07
Ort: Kos (Dodekanes)

Breitengrad: 36° 33′ N
Längengrad: 27° 27′ O
Tauchgerät: offener Kreislauf
Beginn des Tauchgangs: 14.30 Uhr
Dauer des Tauchgangs: 35 min
Dekostopp: 5 min
Maximale Tiefe: 30 m
Sichtweite: 20 m
Oberflächentemperatur: 21 °C
Tiefentemperatur: 20 °C
Meereslage: bewegt
Wind: Nordwest/20 Knoten
Mond: erstes Viertel
Bewölkung: keine

Der Segelfisch

STECKBRIEF

Istiophorus platypterus

Segelfisch/Indopazifischer Fächerfisch

Größe und Gewicht (maximal): 3 m/120 kg
Lebenserwartung: 13 Jahre
Geschlechtsreife: 165 cm (Weibchen)
Fortpflanzung: Das ganze Jahr über. Ein Weibchen legt 200 000 bis 500 000 Eier.

LOGBUCH

Datum: 10.02.07
Ort: Harrowhead Bank, Isla Mujeres

Breitengrad: 21° 16′ N
Längengrad: 86° 45′ W
Tauchgerät: Rebreather
Maximale Tiefe: 15 m
Sichtweite: 10 m
Meereslage: ruhig
Wind: windstill
Mond: zunehmender Halbmond
Bewölkung: bedeckt

Es ist nur selten möglich, sich auf einem Tauchgang Segelfischen zu nähern. Trotzdem konnten wir ihr Jagdverhalten bei zwei Gelegenheiten beobachten und filmen: in den Gewässern der Isla Mujeres im Golf von Mexiko und während des Auftriebs von Tiefenwasser an der Drake Bay an der pazifischen Küste von Costa Rica.

Spitzengeschwindigkeiten von 110 Stundenkilometern

Die gefürchteten Jäger durchstreifen hauptsächlich die Küstengewässer tropischer Breiten. Sie bewegen sich nur selten unterhalb der Thermoklin. Diese trennt zwei Wasserschichten, deren Temperaturen so unterschiedlich sind, dass sie sich nicht vermischen und so eine echte Barriere für Meerestiere darstellen. Segelfische bewegen sich auf der Suche nach Fischen, Tintenfischen und pelagischen Krustentieren meist kurz unter der Oberfläche. Bei schönem Wetter sieht man zuweilen ihre Rückenflossen zwischen Himmel und Meer dahinflitzen. Als Herdentiere sammeln sich die Segelfische um Sardellen- und Sardinenschwärme. Die Jagd wirkt unkoordiniert, jedes Tier agiert für sich.

Die kleinen Fische haben jedoch kaum Chancen, ihren Verfolgern zu entkommen. Diese gelten schließlich als die schnellsten Fische der Welt, mit Spitzengeschwindigkeiten von 110 Stundenkilometern! Mit gesenkter Rückenflosse, aber gestreckten Brust- und Bauchflossen umkreisen die Segelfische nonchalant die Sardinenbänke. Die goldgestreiften Silberklingen ihrer langen und biegsamen Körper umzingeln den verstörten Fischschwarm. Von ihrem Kreistanz wird einem schwindelig. Plötzlich verlässt einer der Schwertkämpfer die Reihen. Sein Leuchten verblasst, die Hautfarbe schlägt ins Dunkle um. Seine riesige Rückenflosse stellt sich auf und verleiht dem Räuber eine überdimensionierte Gestalt. Dann geht alles blitzschnell. Begleitet von einer jähen Kopfbewegung stößt der Fisch plötzlich voran. Sein Sporn durchbricht den Schwarm und vereinzelt eines der Opfer. Der Räuber schnappt es sich, als sei nichts gewesen.
Es werden immer mehr Segelfische. Etwa 15 umzingeln den Kameramann Didier Noirot und die überlebenden kleinen Fische. Ein beeindruckendes Schauspiel. Einer der Segelfische prescht sogar vor und streift die Kamera ...

»Ich bin begeistert von diesem eleganten Sprinter, dem Musketier der Meere, der so rasch und ungreifbar vorbeizieht wie eine Sternschnuppe.«

JEAN-FRANÇOIS BARTHOD, KAMERAMANN

STECKBRIEF

Xiphias gladius
Schwertfisch

Größe und Gewicht (maximal): 4,5 m/650 kg
Lebenserwartung: mind. 9 Jahre
Geschlechtsreife: 5 bis 6 Jahre
Fortpflanzung: Der Schwertfisch laicht im Juli/August, wenn das Wasser des Mittelmeeres mindestens 22 °C warm ist. Er legt Hunderttausende Eier ab. Die Larven entwickeln sich im Plankton. Wenn sie eine Größe von 1,2 Millimeter erreicht haben, tragen sie bereits einen Sporn, können aber nicht einmal Ruderfußkrebsen Furcht einjagen. Im Gegenteil, der zukünftige »König der Meere« ist erst einmal wochenlang so bedeutungslosen Verfolgern wie Salpen und Quallen ausgeliefert.

Der Schwertfisch

Glänzend wie Metall durchsticht ein großer Fisch das blaue Wasser des Mittelmeeres. Ohne zu zögern rast er auf uns zu. Er hat einen seltsamen Schwimmstil, ein wenig mechanisch und ungelenk. Nur ein Fisch bewegt sich auf diese Weise fort: der große Schwertfisch, *Xiphias gladius*! Der furchtlose Einzelgänger umkreist uns. Von vorn ist der Anblick des bewaffneten Ritters noch eindrucksvoller: Seine riesigen, runden und schwarzen Augen scheinen aus einem Bronzehelm hervorzulugen, der statt mit einer Feder mit seiner Rückenflosse geschmückt ist. Auch als wir uns nähern, ergreift der Schwertfisch nicht die Flucht. Er beobachtet. Als er schließlich nichts findet, womit er seinen Appetit stillen könnte, dreht er ab und setzt seine einsame Jagd fort.

LOGBUCH

Datum: 13.05.08
Ort: Isola Piana
Breitengrad: 39° 11′ N
Längengrad: 8° 17′ O
Tauchgerät: offener Kreislauf und Rebreather
Beginn des Tauchgangs: 11.00 Uhr
Dauer des Tauchgangs: 50 min
Maximale Tiefe: 40 m
Sichtweite: 8 m
Oberflächentemperatur: 17 °C
Tiefentemperatur: 13 °C
Meereslage: ruhig
Wind: 10 Knoten
Mond: erstes Viertel
Bewölkung: 50 %

Der Weiße Thunfisch

STECKBRIEF

Thunnus alalunga
Weißer Thunfisch

Größe und Gewicht (maximal): 1,3 m/40 kg
Lebenserwartung: 10 Jahre
Geschlechtsreife: 5 Jahre (etwa 95 cm und 17 kg)
Fortpflanzung: Die Eiablage findet von April bis September im Nordatlantik bis hinauf zur Sargassosee statt.

In der Weite ist das Meer ruhig und glatt. Aber direkt vor uns ist es in regem Aufruhr! Dutzende Sturmtaucher kreisen am Himmel und tauchen immer wieder ins Wasser, das an dieser Stelle wie in einem Kochtopf zu brodeln scheint. Unter dem spritzenden Wasser wütet ein Wirbelsturm aus Schuppen und Flossen … Tausende Stöcker versuchen panisch, in der wirbelartigen Meeresströmung zu verschwinden, die sich von der Oberfläche bis in 20 Meter Tiefe zieht. Sie müssen den Weißen Thunfischen entwischen, die ununterbrochen in Wellen angreifen. Am Rand des Wirbelsturms reißen die Räuber ihre Beute, als würden sie ein Feld abernten. Die Stöcker fliehen vor ihren Angreifern an die Oberfläche, wo sie im selben Augenblick den Attacken der Vögel ausgesetzt sind. Die Sturmtaucher begnügen sich nicht damit, die Fische mit einem Kopfsprung zu schnappen, sie folgen ihnen mit beeindruckender Leichtigkeit und kraftvollem Flügelschlag bis in 15 Meter Tiefe. Die Vögel können sich erstaunlich gut unter Wasser bewegen und lange tauchen. Sie haben es nicht eilig, wieder an die Luft zu kommen, nachdem sie ihre Beute gierig verschlungen haben, sondern lassen sich mit ausgebreiteten Flügeln langsam wieder nach oben steigen, wie Gekreuzigte … ein Anblick, der ein wenig apokalyptisch wirkt! Besonders für die aus der Luft und im Wasser attackierten Stöcker.

Einige von ihnen retten sich zu unserem Kameramann David Reichert, dem sich die Thunfische nicht zu nähern wagen. Bald darauf entschwindet eine ganze Girlande kleiner Fische aus der großen Gruppe und vergrößert den Schwarm, hinter dem David inzwischen kaum noch zu sehen ist. Weiße Thunfische sind Herdentiere, die warme und gemäßigte Gewässer bevorzugen. Die Jungtiere bleiben im 16 bis 20 °C warmen Oberflächenwasser, die ausgewachsenen Thunfische dagegen können bis zu 500 Meter tief absteigen, um Plankton-Krustentierchen, Tintenfische und natürlich Sardinen, Sardellen, Makrelen und Stöcker zu jagen.

Der Pottwal

Guadeloupe

Dominikanische Republik

Azoren

Anfangs ist es nur ein unbestimmtes knackendes Geräusch. Dann kristallisieren sich Töne heraus: ein regelmäßiges, lauter werdendes Klicken, ähnlich wie ein Zungenschnalzen. Die Pottwale jagen genau unter unserem Boot, in nachtdunkler Tiefe von 800 Metern. Es sind vier – ein ausgewachsenes Weibchen und zwei Jungtiere, in deren »Klicken« sich von Zeit zu Zeit die schwächeren Laute eines kleinen Wales mischen, der in 100 bis 200 Meter Tiefe auf sie warten wird. Jetzt werden die Abstände zwischen den knackenden Tönen kürzer: Die Wale bestimmen Größe, Form und Position der von ihnen aufgespürten Tintenfische. Aus einiger Entfernung ertönen dumpfe, kräftige Glockenschläge: ein großes Männchen, das aus dem Hohen Norden zurückkehrt, um sich in den warmen Gewässern von Guadaloupe zu paaren. Dort unten in der Tiefe, weit unter der spiegelglatten Meeresoberfläche, fern von allen Blicken, muss sich eine Menge abspielen.

Das Klicken erfolgt nun in längeren Abständen. Die Pottwale steigen auf. Zuerst sind es nur Schatten. Dann nähern sich die kolossalen Kreaturen der Oberfläche. Ein eckiger Kopf mit einer enormen gewölbten Stirn. Eine feine weiße Linie in U-Form markiert den Kiefer. Das große Männchen zieht so nah an uns vorbei, dass wir nur noch seine faltige Haut, seine breiten Narben und seine kräftige Schwanzflosse vor Augen haben.

Der Gigant schöpft Luft. Kurze Verschnaufpause nach einem beeindruckenden Aufenthalt in der Tiefe. Unsere Anwesenheit beunruhigt ihn. Er kommt direkt auf uns zu, schwenkt langsam den Kopf von links nach rechts und bombardiert uns mit Klicklauten. Wir werden erst einmal »gescannt«. Aber das reicht noch nicht: Der Koloss dreht sich mit leicht geöffnetem Maul auf den Rücken und vollendet sein »Ultraschallbild«. Beruhigt kehrt er zu der Gruppe zurück. Die anderen umringen bereits den kleinen Pottwal. Die Kolosse drängen sich zusammen, berühren sich mit den Schnauzen, reiben sich aneinander, liebkosen sich. Ihre Körper rollen übereinander, als wollten sie die einsamen Stunden in der Tiefe wieder gutmachen.

Unsere Kameras zeichnen die erstaunliche Zärtlichkeit auf, lassen uns aber mit unseren Fragen allein: Was drücken diese Liebkosungen aus? Etwas, das über die Verständigung per Klicklauten hinausgeht? Allem Anschein nach sind sie den Ozeanriesen jedenfalls unentbehrlich.

Dieser Pottwal ist wahrscheinlich von einem Schwertwal angegriffen worden, der ihm die Enden seiner Schwanzflosse zerfetzt hat. Die Form der Fluke und ihre Narben sind charakteristische Merkmale zur Identifizierung jedes einzelnen Tieres. Wissenschaftler aus aller Welt verwenden eine gemeinsame Datensammlung, um die Tiere in den verschiedenen von ihnen durchwanderten Regionen zu identifizieren und auf diese Weise mehr über ihre Wanderungen und ihr Sozialverhalten zu erfahren.

Der Pottwal holt nach einem langen Tauchgang endlich Luft und öffnet sein einziges (unpaares) Blasloch. Man erkennt einen Pottwal mühelos von Weitem an der nach vorne links gerichteten Atemfontäne.

STECKBRIEF

Physeter macrocephalus

Pottwal

Größe und Gewicht (maximal):
Männchen: 18 m/55 t
Weibchen: 11 m/24 t

Lebenserwartung: 70 Jahre

Geschlechtsreife:
Männchen: 18 Jahre (etwa 13 m)
Weibchen: 10 Jahre (etwa 10 m)

Fortpflanzung: Nach der Paarung beginnt eine Tragzeit von 14 Monaten. Das Junge ist bei der Geburt 4 m groß und wiegt 1 t. Es wird mindestens 2 Jahre gesäugt.

Der König der Taucher

Der Pottwal ist absoluter Meister im Tiefseetauchen. Er kann 90 Minuten unter Wasser verweilen und erreicht Tiefen von bis zu 2000 Meter. Wie schafft er es, so lange ohne Luft zu bleiben und wie hält er den enormen Druck aus, der in dieser Tiefe 200-mal größer ist als an der Oberfläche?

Pottwale erneuern ihren Sauerstoff effizienter als jedes andere Tier: Mit jedem Atemzug tauschen sie 90 Prozent des Lungeninhalts – bei an Land lebenden Säugetieren sind es nur 15 Prozent. Sie speichern mehr Sauerstoff, da sie ein größeres Blutvolumen besitzen und die roten Blutkörperchen zahlreicher und größer sind. Zudem sind ihre Muskeln reich an Myoglobin, wodurch noch mehr Sauerstoff gebunden wird.

Darüber hinaus nimmt während des Tauchgangs die Herzfrequenz ab, und die Körpertemperatur sinkt. Nur Gehirn, Rückenmark und Herz sind durchblutet. Die Muskeln arbeiten mit dem im Myoglobin gespeicherten Sauerstoff und besitzen dank eines anaeroben Atemprozesses die unglaubliche Fähigkeit, auch ohne Sauerstoff zu funktionieren. Im Gegensatz zu anderen Säugetieren, bei denen die Muskeln bei Sauerstoffmangel verkrampfen, weil sich durch die Kontraktionen Milchsäure bildet, neutralisieren die Muskeln des Pottwals das heimtückische Abfallprodukt. Um die Milchsäure zu oxidieren, muss der Pottwal an der Oberfläche jedoch stark ventilieren und atmet über zehn Minuten lang alle 15 Sekunden.

Den Tintenfisch hat ein großer Pottwal vor den Azoren wieder von sich gegeben. Indem er den Mageninhalt der Riesen untersuchte, ist Prinz Albert I. von Monaco Anfang des 20. Jahrhunderts als einem der Ersten eine Bestandsaufnahme der Tiefenfauna gelungen. So konnte er neue Tintenfischarten entdecken und genau klären, wovon sich Pottwale ernähren: von großen und kleinen Tintenfischen und sogar Riesenkraken, die wahrscheinlich nur ihn zum Feind haben. Aber der Pottwal verspeist auch gerne Fische und sogar bestimmte Haiarten der Tiefsee.

Leere Lungen zum Schutz vor enormem Druck

Ein weiteres Problem, dem sich der Pottwal stellen muss, ist der unglaubliche Druck, mit dem Brustkorb und mit Luft gefüllte Lungen zusammengequetscht werden. Um dies zu vermeiden, taucht er einfach mit fast leeren Lungen! Die unglaubliche Leistung gelingt ihm, weil seine mit einem fetten Schleim überzogenen Lungenbläschen nicht aneinanderpappen. Zudem verleiht das stark durchblutete Lungengewebe dem seinerseits sehr flexiblen und widerstandsfähigen Brustkorb eine inkompressible Gestalt. Eine geringe Menge Restluft wird in die durch Knorpel verstärkte Luftröhre zurückgedrängt.

Tauchen mit leeren Lungen hat noch einen Vorteil: In den Lungenbläschen findet kein Gasaustausch mit dem Blutkreislauf statt, also kann sich auch kein Stickstoff im Blut lösen. Denn genau dieser gelöste Stickstoff ist Ursache für die tödliche Gasembolie bei zu schnellem Auftauchen an die Oberfläche. Das Volumen der Gasbläschen nimmt zu, sobald sich der Druck verringert – auf diese Weise drohen die Blutgefäße zu verstopfen. Tiefseetaucher müssen deshalb langsam auftauchen und Dekompressionsstopps einlegen, um den gebundenen Stickstoff abzuatmen. Der Pottwal dagegen kann aus größten Tiefen in einem Zug aufsteigen.

Ballast für die Tiefe

Pottwale besitzen hinter ihrer Stirn ein in der Tierwelt einzigartiges Organ: das Spermaceti-Organ. Es handelt sich um eine Höhle, die bis zu 2,5 Tonnen Walrat enthält. Diese wachsähnliche Substanz ist bei 30 °C flüssig, bei sinkenden Temperaturen kristallisiert sie und nimmt an Dichte zu. Wissenschaftler nehmen an, dass der Pottwal seinen Auf- und Abtrieb steuert, indem er die Kristallisation oder Schmelze des Spermaceti herbeiführt. Hierzu lässt er kaltes Wasser durch seinen Nasengang einströmen. Dieser umgibt das Spermaceti, ist aber als Sackgasse nicht mit den Lungen verbunden. Es dauert drei Minuten, die 2,5 Tonnen Walrat erkalten zu lassen. Durch seine anschließend höhere Dichte zieht es den Wal nach unten. Um wieder aufzutauchen, wird das Wasser ausgestoßen und das Spermaceti durch die umgebenden dichten Blutgefäße erwärmt. Der Walrat verflüssigt sich, wird leichter und hebt den Pottwal an die Oberfläche.

»Pottwale werden oft als wilde Kreaturen angesehen. Aber alle Pottwale, denen ich begegnet bin, waren von Natur aus scheu und empfindlich. Wenn die Tiere in 1000 Metern auf Nahrungssuche gehen, ist die Tiefe dort der friedlichste Ort auf Erden, zu dem selbst Schwertwale nicht gelangen können, um sie zu jagen. Ganz gleich, wie vorsichtig man sich ins Wasser gleiten lässt: Die Pottwale verschwanden, sobald sie unsere Anwesenheit bemerkten. Wie bei den Menschen hat auch jeder Pottwal seinen eigenen Charakter. Einige sind sehr neugierig – wie der junge Pottwal, der mich vor Guadeloupe begutachtet hat. Er kam mir so nahe, dass ich mit aller Kraft zurückweichen musste, um ihn noch ordentlich zentrieren zu können … ansonsten hätte man auf den Aufnahmen nur seine Nasenspitze sehen können!
In diesem Augenblick wurde mir bewusst, wie unbedeutend und klein doch der Mensch ist, der sich allen anderen Arten überlegen glaubt. Dank des Pottwals positioniere ich mich in der Rangordnung der Natur und finde zu neuer Bescheidenheit. Als ich das kleine Auge dieses Pottwals filmte, spürte ich, dass er mir nichts Böses wollte. Er hat mich mit seinem Echolokalisierungssystem ›gescannt‹, er hat mich beobachtet und ist dann zufrieden abgezogen.«

YASUSHI OKUMURA, KAMERAMANN

Pottwale reiben sich gerne aneinander, wenn sie nach ihren langen Tauchgängen in der Tiefe wieder zusammenkommen.

Sehen in nachtschwarzer Tiefe

Wie gelingt es dem Pottwal, in dunkler Tiefe Beute aufzuspüren? Er sendet ein »Klicken« aus – Geräusche von Millisekunden in Frequenzen von 25 bis 250 Hertz, die auch für Menschen wahrnehmbar sind. Die Töne werden in den unter dem Blasloch sitzenden Nasennebenhöhlen produziert und vom Spermaceti-Organ auf das Hindernis gelenkt, das es zu identifizieren gilt. Das zurückprallende Echo der »Klicks« kommt zum Pottwal zurück und wird im Unterkiefer aufgefangen, der die Schwingung an das Innenohr weitergibt. Ähnlich wie bei einem Ultraschallbild bekommt der Pottwal auf diese Weise ein »akustisches« Bild seiner Umgebung und erkennt Hindernisse und potenzielle Beute. Zudem kann er anscheinend seine Beute durch den Ausstoß von Ultraschallwellen betäuben. Verschiedene Klickgeräusche dienen zur Kommunikation der Wale untereinander. In regelmäßigen Reihenfolgen ausgesendete Klicks sind charakteristisch für ein bestimmtes Tier, wodurch sich jeder Pottwal zu erkennen geben kann.

Streicheleinheiten ohne Ende

Pottwale bilden enge und stabile Verbände um ausgewachsene Weibchen. Die Gruppen aus Weibchen und Jungtieren bleiben das ganze Jahr über in tropischen Gewässern. Die gegenseitige Fürsorge ist ausgeprägt: So kann es vorkommen, dass ein Weibchen ein Junges säugt, das nicht ihr eigenes ist. Wann immer ein Mitglied der Gruppe in Gefahr ist, eilen die anderen zu Hilfe. Im Falle eines Angriffs gruppieren sich die Pottwale um das schwächste Tier, wobei die Köpfe nach innen und die bedrohlichen Fluken nach außen zeigen. Diese besondere Formation wird auch als Margeritenblüte bezeichnet. Wissenschaftler haben beobachtet, wie ein Trupp Pottwale ein Jungtier rettete, das von Schwertwalen – den einzigen Feinden, die es mit den Pottwalen aufnehmen – bedrängt worden war.

Jeden Tag versammeln sich die ansonsten beim Jagen verstreuten Pottwale zu einer gemeinschaftlichen Pause. Sie verweilen oft stundenlang an der Oberfläche und liegen dort mit zwei Meter Abstand nebeneinander. Manchmal aber rücken sie auch näher zusammen, streifen sich zart und rollen unendlich behutsam aneinander.

Das Männchen: ein einsamer Wanderer

Mit sechs Jahren (bei eine Körperlänge von etwa acht Metern) verlassen die Männchen den Familienverband. Die Jungtiere bilden Gruppen und ziehen durch gemäßigte Gewässer. Die ausgewachsenen Männchen sind dann allein unterwegs, und zwar in allen Weltmeeren von der Arktis bis zur Antarktis. Ihnen ist gleich, ob das Wasser kalt oder warm ist – Hauptsache, sie treffen in der Tiefe auf ausreichend Tintenfische. Zu den Weibchen kehren sie nur zurück, um sich zu paaren.

Das war's! Der Pottwal steigt senkrecht in die Tiefe ab. In einigen Minuten wird er sich in Tiefen bewegen, die für Kameramann David Reichert vollkommen unerreichbar sind.

LOGBUCH

Datum: 05.03.08
Ort: Guadeloupe

Breitengrad: 16° 07′ N
Längengrad: 61° 48′ W
Tauchgerät: offener Kreislauf
Beginn des Tauchgangs: 11.15 Uhr
Dauer des Tauchgangs: 10 min
Maximale Tiefe: 15 m
Sichtweite: 25 m
Oberflächentemperatur: 25 °C
Tiefentemperatur: 18 °C (in 34 m)
Meereslage: spiegelglatte See
Wind: Nord/5 Knoten
Mond: Neumond
Bewölkung: 20 %

Eine Frage der Puste

Der Pottwal ist äußerst schwierig zu filmen. Er ist ausgesprochen schüchtern und nur selten an der Oberfläche zu sehen: Auf eine Stunde am Grund kommen nur zehn Minuten an der Oberfläche!

Zudem muss man ihn erst einmal ausfindig machen. Will man sich seiner Anwesenheit versichern, achtet man am besten auf seine Klickgeräusche. Aber der Kameramann hat nichts davon, wenn er weiß, dass der Wal in 1000 Meter Tiefe jagt, in die er ihm nie folgen kann. Also gilt es, auf seine erste und stärkste Atemfontäne nach dem Aufstieg zu achten. Bei schönem Wetter ist das keine Schwierigkeit, aber sobald Wind aufkommt, ist die kurze und schräge Fontäne in der Gischt nicht zu erkennen. Der Pottwal ruht sich etwa zehn Minuten an der Oberfläche aus, bis er wieder abtaucht, um nach Beute zu suchen. Das ist meist der richtige Zeitpunkt, sich ihm zu nähern. Man erlebt ein atemberaubendes Schauspiel: Die gewaltige Schwanzflosse sticht ein, ein neuer Tauchgang beginnt, der Wal lässt erneut eine Stunde auf sich warten! Wenn man mit dem Pottwal unter Wasser ist, bleibt er auf Distanz, ohne sich etwas anmerken zu lassen. Und dann, nach einem kleinen Flossenschlag, ist er auf einmal 20 Meter entfernt. Wie soll man sich einem so scheuen Wesen nähern? Legt man vor allem Wert darauf, dass man sich schnell ins Wasser begibt und taucht nur mit einem kleinen oder ganz ohne Atemgerät? Oder benutzt man im Gegenteil einen leisen, aber schweren Rebreather? Die Kameraleute Didier Noirot, David Reichert, René Heuzey und Yasushi Okumura haben alles probiert. Wenn man eine Erkenntnis aus all den gescheiterten Versuchen ziehen möchte, so lautet sie, wieder einmal: Die Tiere entscheiden selbst, wo und wann sie uns begegnen wollen. Um den scheuen Giganten überzeugende Bilder abzuringen, mussten fünf Expeditionen unternommen werden: eine in die Gewässer der griechischen Insel Zakynthos, zwei zu den Azoren und eine in die Dominikanische Republik. Mit Unterstützung von Caroline und Renato Rinaldi, die seit 15 Jahren das Verhalten der Tiere studieren, gelang es den Teams schließlich im März und April 2008, in den Gewässern vor Guadeloupe Pottwale vor die Kamera zu bekommen.

Korallengärten

Hienghene,
Neukaledonien

Great Barrier Reef,
Australien

Flower Garden Bank,
Golf von Mexiko

Elphinstone,
Rotes Meer

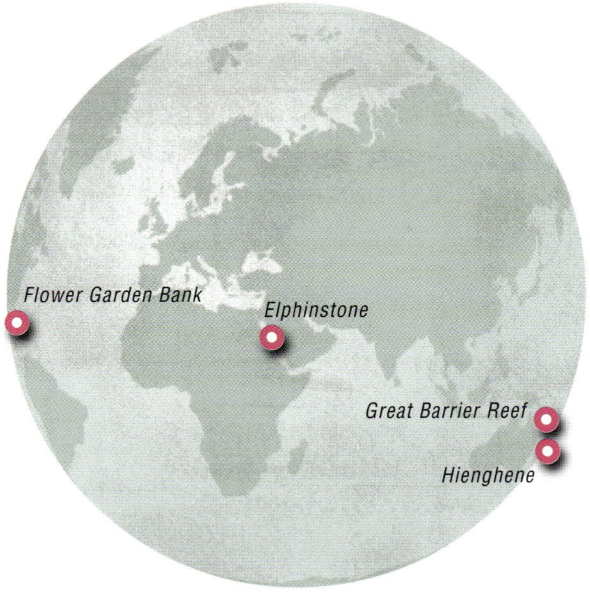

Grotte bei Hienghene, Neukaledonien:
Vor 21 000 Jahren, auf dem Höhepunkt der letzten Eiszeit, waren 71 Millionen Kubikmeter Wasser von einer Eisfläche bedeckt, die sich über die gesamte nördliche Hemisphäre erstreckte. Der Meeresspiegel lag 120 Meter tiefer als heute. Die über 6000 Jahre freiliegenden Korallenriffe erodierten durch Regen und Flusswasser, das sich durch ihre Steilwände und Grotten grub. Der Meeresspiegel erreichte erst 4000 v. Chr. den heutigen Stand, und das Wasser überspülte die Grotten, die wir heute erforschen.

Vorhergehende Doppelseite:
Ein großer Napoleonfisch auf Jagd beobachtet einen wirbelnden Schwarm Fahnenbarsche über dem Elphinstone-Riff im Roten Meer.

Die Wellen schaukeln die Polypen der *Sarcophyton* wie Getreidehalme im Wind. Ohne uns von den schillernden Bewegungen und Farben hypnotisieren zu lassen, schwimmen wir zu der dunklen Furche, die den Zaubergarten durchschneidet. Zwei blutrote Fächergorgonien umranden den Eingang der Grotte.

Die Spalte verschluckt uns. Wir tauchen vertikal in das Innere des Riffs. Kein Fisch wirbelt hier herum, kein Licht dringt herein. Dunkelheit und Stille umgeben uns, nur durchbrochen von unseren Atemgeräuschen und den Lichtbündeln unserer Taucherlampen. Die Luftblasen aus unseren Druckventilen steigen an die zerfurchte Höhlendecke. Wie Quecksilbertropfen in einer Welt, die auf dem Kopf steht. Es wird Tage dauern, bis sie durch das Kalkgestein dringen.

Wir gleiten zwischen den rauen Steinkämmen hindurch, die aus den Wänden der engen Schlucht ragen. Am Ende des Tunnels scheint die Dunkelheit sich ein wenig aufzulockern. Licht dringt durch unzugängliche Öffnungen an der Decke. Als dann plötzlich die Sonne im Zenit steht, rieselt Licht bis zum Grund der Höhle. Wie Projektorstrahlen lässt es die Vorsprünge an den Wänden hervortreten und verwandelt sie in steinerne Ungeheuer. Hier ein Zyklopenschädel mit hervortretender Stirn, dort ein anderer, dessen leere Augenhöhlen in die Ewigkeit zu starren scheinen. Darüber ein Kopf mit einem zu einer schreienden Grimasse verzerrten Mund.

Wir treiben auf mittlerer Höhe durch die Krypta und bewegen uns auf eine bedrohlich wirkende Drachenschnauze zu. Es sieht aus, als wolle das Ungeheuer das schillernde Licht nutzen, um sich von seiner Steinkruste zu befreien. Aber das Lichtbündel, das seine Nüstern hervorhebt, beginnt langsam zu flackern. Oben über dem Riff folgt die Sonne ihrer Bahn und verlässt die Höhle. Die Helligkeit verschwimmt und erlischt schließlich. Die Dämonen aus Stein sind erneut in Finsternis gehüllt.

Korallen gehören zur Gruppe der *Cnidaria* (Nesseltiere), die sessile oder sich aktiv fortbewegende Tiere umfasst, die dem Bauprinzip des Polypen folgen: ein schlauchförmiger Körper mit einer von Tentakeln umgebenen Mundöffnung. Die Tentakel sind mit Nesselzellen ausgestattet, die harpunenartig giftige Nesselfäden herausschleudern können. So werden die Tiere zu gefürchteten Fängern von Mikroorganismen.
Im Unterschied zu den ihnen verwandten Medusen, Anemonen und Gorgonien können Korallen ein Kalkskelett bilden, in das sie sich zurückziehen. Dabei verfolgen nicht alle Korallen denselben Bauplan: *Hexacorallia* (sechsstrahlige Korallen) entwickeln ein sechsteiliges Kalkskelett, während die Rote Koralle aus dem Mittelmeer zu den *Octocorallia* gehört, deren Skelett achtteilig ist wie bei den Gorgonien (Hornkorallen), deren weiches Skelett aus der hornähnlichen Substanz Gorgonin besteht.
Der Korallenpolyp besitzt die erstaunliche Fähigkeit, sich durch Klonung zu vermehren und auf diese Weise eine Kolonie zu bilden, in der alle miteinander verbundenen Individuen Zwillinge sind. Damit ist jede Korallenkolonie, sei sie noch so riesig, aus einem einzelnen Stammpolypen hervorgegangen.

Wundersamer Zusammenschluss

Korallen wären jedoch kümmerliche Architekten, wenn sie nicht auf die entscheidende Hilfe winziger Algen, der Zooxanthellen, zurückgreifen könnten. Diese Algen leben als Endosymbionten im Korallenpolyp und produzieren organisches Material durch Fotosynthese. Hierfür nutzen sie die Stoffwechselprodukte des Polypen: Kohlendioxid sowie Stickstoff- und Phosphorverbindungen. Im Gegenzug nutzt der Polyp die von den Algen gebildeten organischen Moleküle und erhält so die nötige Energie zu seiner Vermehrung und zum Bau seines Steinskeletts.
Korallen stellen so quasi die Geschichte unseres Planeten auf den Kopf, denn sie sind zugleich Raubtier, Primärpflanze und das stützende Mineral eines ganzen Ökosystems. Will man den Vergleich wagen, so sind Korallen zugleich fleischfressender Löwe, pflanzenfressende Kuh, aber auch die Weide und das darunter liegende Gestein!

Einmal im Jahr, nach dem Vollmond im August, pflanzen sich die Korallen im Golf von Mexiko in Massen fort. Innerhalb weniger Stunden geben weibliche und männliche Korallen ihre Eizellen und Samen in den Ozean ab, die sich dann in der Strömung verbinden. Aus ihrem Zusammenschluss entstehen freischwimmende Larven. Als Emissäre der auf ewig festsitzenden Korallen sind sie darauf aus, neue Territorien zu erobern. Ein ähnliches Massenablaichen, an dem Tausende Korallenkolonien verschiedener Arten beteiligt sind, findet in den Nächten nach dem Frühjahrsvollmond (im November und Dezember) in Neukaledonien und am Great Barrier Reef statt.

Linke Seite, von oben nach unten:

Insel Moorea, Französisch-Polynesien: In den ruhigen Gewässern der Lagune entstehen riesige Lochkorallen-Kolonien.

Kolonien robuster Porenkorallen haben sich an der von Wellen gepeitschten Riffkante festgesetzt. Porenkorallen sind sehr widerstandsfähig und können nahezu überall wachsen. Sie sind die ersten, die sich an den polynesischen Vulkaninseln ansiedeln und erneut Fuß fassen, wenn das Riff durch einen Wirbelsturm zerstört wurde.

Ein Korallenriff – eine dünne Schicht Leben auf mehreren Hundert Metern toter Korallen. Bei Hienghene in Neukaledonien trifft man auf ein besonders üppiges Korallenriff. Die Korallen – hier verschiedene Arten von *Acropora* – breiten sich auf den Steinen aus und drängen einander beiseite, um sich einen Platz an der Sonne zu sichern und ihren Zooxanthellen möglichst viel Licht zu bieten, da diese die Sonneneinstrahlung für ihr Wachstum benötigen.

Die größten Baumeister des Planeten

Korallen sind geniale Architekten. Man kennt mindestens eintausend Formen, welche die verschiedenen in den subtropischen Wassern unseres Planeten lebenden Arten auszeichnen. Korallen entwickeln beblätterte Lamellen, große Schirme oder feine Spitzen, sie nehmen massive Kugelformen an, deren Windungen an jene von riesigen Gehirnen erinnern, oder sie bilden zarte, wie Hirschgeweihe verzweigte Äste. Aber Korallen wären nicht die erstaunlichsten Konstrukteure unseres Planeten, wenn sie nicht rote Kalkalgen *(Corallinaceae)* und grüne Kalkalgen wie die *Halimeda* zur Unterstützung hätten. Die inkrustierenden *Corallinaceae* verdecken und verfestigen die Überreste toter Korallen.

Die kleine Kalkteilchen einlagernde *Halimeda* zersetzt sich zu Sand, der sich zwischen den Korallenkolonien ablegt und Zwischenräume füllt. Mit der Zeit wird der Sand durch Diagenese aufgelöst und dann erneut versteinert. Auf diese Weise werden die Überreste vergangener Korallenkolonien zementiert und bilden einen festen Sockel, auf dem sich der Lebensraum Riff ausdehnen kann, mit 5000 Fischarten, 6000 Weichtierarten, Millionen von Schwamm- und Gorgonienarten – mehr als 25 Prozent der bekannten Meereslebewesen. Und mit jedem Forschungsprojekt werden neue Arten entdeckt...

Tagesschönheiten und Nachtschwärmer

Das Leben auf dem Riff ist so reich, dass innerhalb von 24 Stunden eine Art die andere ablöst. Der kleinste Raum ist nahtlos besetzt. Am Tag kreiseln Fahnenbarsche und Schmetterlingsfische über den Korallen, Schwämmen und Gorgonien. Sie bezaubern das Riff mit ihren schillernden Farben. Es wimmelt von Nasendoktorfischen, Drückerfischen, Stachelmakrelen, Papageienfischen und Fusilierfischen. Zum Abend zerstreuen sich die Schwärme, steigen zum Grund ab, ändern oft ihre Farbe und verbergen sich in einer Aushöhlung. Dann kommt das Heer der Nachtaktiven – Krabben, Muscheln, Krinoiden – zum Vorschein, das sich in Vertiefungen versteckt hält, wenn das Riff in Licht getaucht ist. Die kleine Welt bricht zur Nahrungssuche auf: Hier frisst eine gut getarnte Krabbe den Bakterienfilm auf dem Zweig einer toten Koralle, dort weidet eine Porzellankrabbe sorglos die Giftstoffe einer weichen Lederkoralle ab. In der Ferne fangen Kardinalfische Plankton-Krustentierchen, die aus der Tiefe heraufsteigen.

Das Riff bei Tage

Linke Seite, oben: Skorpionfisch *(Scorpaenopsis oxycephalus,* 35 cm).
Der Drachenkopf ist ein schlechter Schwimmer. Dieses schwere Handicap gleicht er durch beeindruckende Mimese und die unglaubliche Fähigkeit aus, stundenlang absolut bewegungslos zu verharren. Nahezu unsichtbar lauert er kleinen Fischen, Krustentieren und Weichtieren auf. Die ersten Strahlen seiner Rückenflosse injizieren bei Berührung ein besonders schmerzhaftes Gift. Elphinstone, Rotes Meer

Linke Seite, unten: Ein kleiner Putzerlippfisch *(Labroides dimidiatus,* 8 cm*)* befreit einen weiblichen Papageifisch *(Scarus sordidus)* von Parasiten. Putzerlippfische vollführen eine Art rhythmischen Tanz über ihrem kleinen Korallenterritorium, um sich Fischen anzubieten, die von Parasiten oder Hautfetzen befreit werden oder eine Wunde gereinigt haben möchten. Stachelmakrelen, Mantarochen, Haifische und Schildkröten stehen an manchen dieser Putzstationen Schlange. Wissenschaftler haben herausgefunden, dass es die Behutsamkeit der Putzerfische entscheidend beeinflusst, wie stark ihre Putzstation frequentiert wird. Neukaledonien

Rechts, oben: Der Gefleckte Riesenzackenbarsch *(Epinephelus tukula,* 1,5 m*)* ist einer der gefürchtetsten Räuber im australischen Great Barrier Reef. Cod Hole, Ribbon Reef

Rechts, Mitte: Die Partnergrundel *(Amblyeleotris japonica,* 9 cm*)* und der Knallkrebs *(Alpheida)* leben oft im Verbund. Sie bevorzugen die sandigen und muschelreichen Gründe der Korallenlagunen von Neukaledonien. Die Grundel benutzt das vom Krebs gegrabene Loch, um sich vor Feinden zu verstecken. Damit signalisiert sie zugleich dem blinden Krebs, dass Gefahr in Verzug ist. Man sieht nicht selten, wie die beiden Gefährten unbeweglich am Rand der Höhle verharren und die Fühler des Krebses sanft auf dem Rücken der Grundel ruhen.

Rechts, unten: Harlekin-Feilenfische *(Oxymonacanthus longirostris,* 10 cm) schwimmen oft in Paaren über den Korallenkolonien. Hier und da picken sie sich Polypen und alle möglichen Mikroorganismen aus den Spalten. Neukaledonien

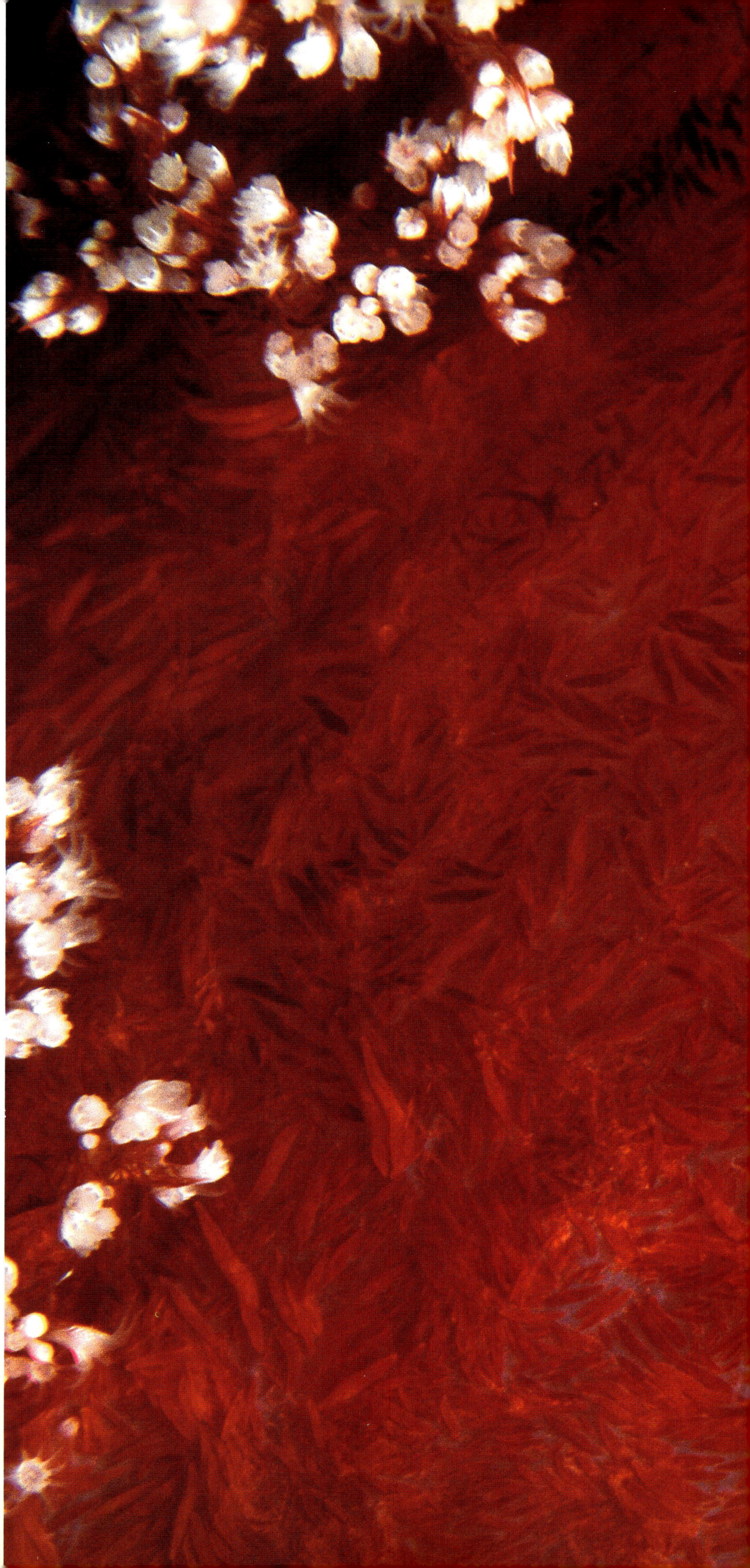

Diese winzige, leuchtend rote Grundel *(Cottogobius sp.*, 2,5 cm) wagt sich nicht aus der *Dendronephthya*-Kolonie, der sie sich in perfekter Mimese anpasst. Elphinstone, Rotes Meer

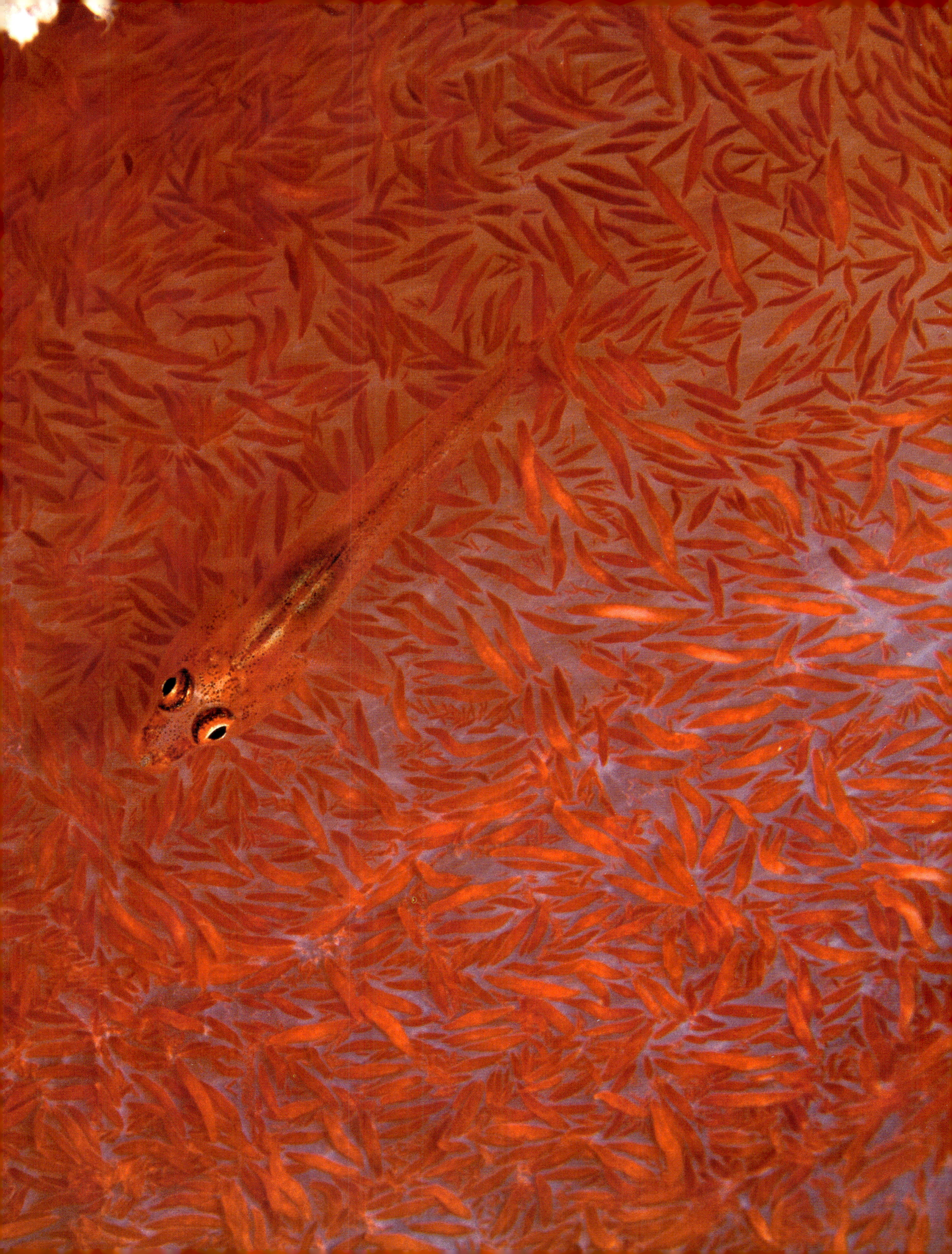

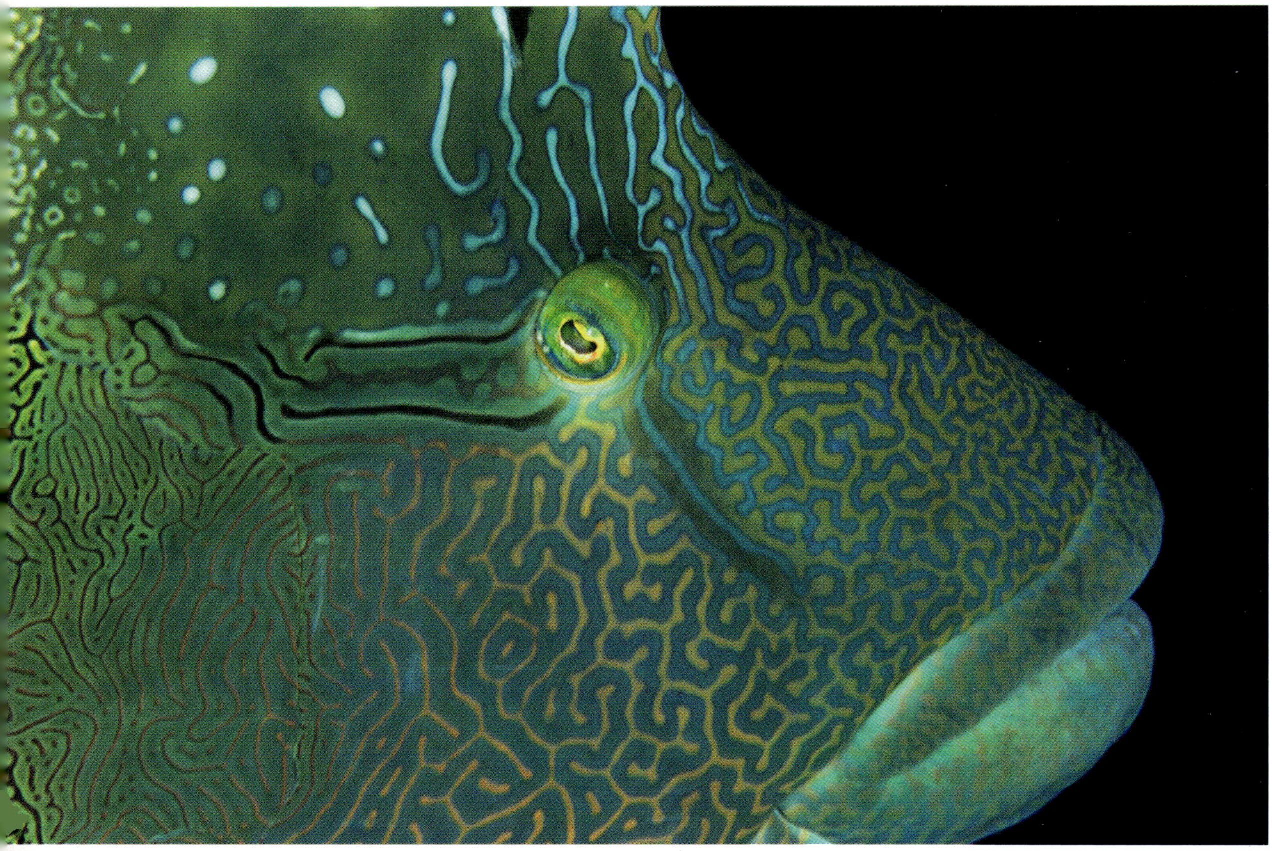

Das Riff bei Nacht

Von oben nach unten:

Flugfisch *(Exocetus sp.)*. Die besonders nachtaktiven Flugfische fangen kleine Plankton-Krustentiere, die aus dem Riff kommen oder aus der Tiefe aufsteigen, um sich vom Phytoplankton des Oberflächenwassers zu ernähren.

Der Napoleonfisch *(Cheilinus undulatus*, 1,5 m) ist der größte der Lippfische. Er ist tagaktiv und ernährt sich von Krustentieren und Weichtieren, die er in ihren Verstecken oder unter abgestorbenen Korallen aufspürt. Da er sehr misstrauisch ist, kann man sich ihm kaum nähern. Nachts aber schläft er tief und fest zwischen den Korallen. Elphinstone, Rotes Meer

Schmuck-Languste *(Panulirus ornatus*, 90 cm/10 kg). Die am Tag unter einem Korallentisch oder in einem Hohlraum versteckten Langusten kommen nachts hervor, um sich auf die Suche nach kleinen Weichtieren und anderen Krustentieren zu machen. Neukaledonien

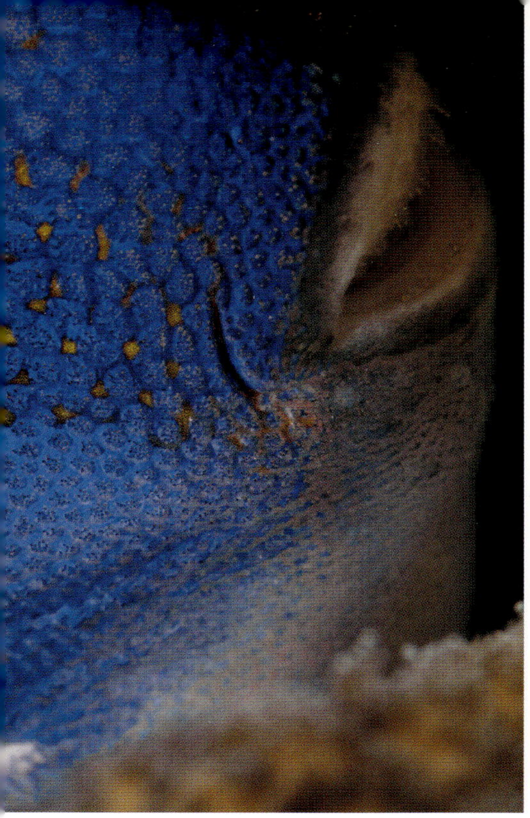

Mitte: Ein Paletten-Doktorfisch *(Paracanthurus hepatus*, 30 cm) schläft in einer Riffspalte. Doktorfische weiden Algen ab und sind am Tag sehr aktiv. Doch sobald es Abend wird, suchen sie sich ein Versteck, um zu schlafen. Great Barrier Reef, Australien

Rechts: Die »Spanische Tänzerin« *(Hexabranchus sanguineus)*, eine Nacktkiemenschnecke, die bis zu 30 Zentimeter groß werden kann, ist hauptsächlich in der Nacht aktiv. Great Barrier Reef, Australien

Um die Bewegungen des unendlich Kleinen zu filmen, hat das Team Mittel des großen Kinos aufgefahren: Schienen für Kamerafahrten unter Wasser. Auf diese Weise konnte René Heuzey seiner Kamera eine fließende Bewegung über mehrere Zentimeter verleihen, ohne dass sie die kleinste Vibration erschütterte oder er die Einstellung verändern musste. Nach einigen Stunden Dreharbeit hatte die Beleuchtung derart viele Planktontierchen angezogen, dass keine Aufnahmen mehr möglich waren. Daraufhin hielt ein Taucher den Drehplatz frei, indem er mit einem Unterwasserscooter Strömung erzeugte.

LOGBUCH

Datum: 27.11.07
Ort: Passage von Dumbéa

Breitengrad: 22° 18′ 39″ S
Längengrad: 166° 12′ 57″ W
Tauchgerät: offener Kreislauf, Rebreather
Beginn des Tauchgangs: 18.30 Uhr
Dauer des Tauchgangs: 330 min
Maximale Tiefe: 6 m
Sichtweite: 20 m
Oberflächentemperatur: 23 °C
Tiefentemperatur: 23 °C
Meereslage: ruhig
Wind: windstill
Mond: letztes Viertel

»Ein friedlich schlafender Fisch ist für mich wohl das berührendste Bild aus den Jahren unserer Dreharbeit.«

JACQUES CLUZAUD, REGISSEUR

Wie sieht es nachts im Meer aus?

Wie kann man in Bildern festhalten, was die nachtaktiven Lebewesen des Riffs sehen?
Die traditionelle Lösung, der Unterwasserscheinwerfer, verrät zum einen die menschliche Präsenz durch einen zielgerichteten Lichtkegel und schafft zum anderen ein Licht, das nicht »lebt«, da es nicht durch die ständig flirrende Meeresoberfläche strahlt. Am Tag bricht die Wasseroberfläche die Sonnenstrahlen und lässt das Licht auf dem Meeresboden und seinen Kreaturen schimmern. Bei Nacht produziert der Mond einen ähnlichen Effekt. Es würde also ausreichen, den Mond durch eine stärkere Lichtquelle zu ersetzen, die durch die Wasseroberfläche dringt und das Nachtleben des Riffs erhellt.
Leicht gesagt. Die praktische Umsetzung ist leider nicht so einfach, denn der Mond am Himmel lässt sich nun einmal nicht bewegen. Ein Scheinwerfer auf einem Boot ist seinem

Schlingern und Stampfen unterworfen. Und ein weiteres Problem ist: Wenn man die Nacht erhellt, dämmert es nicht mehr, und all jene, die eigentlich schlafen gehen sollten, tun es nicht, während die Nachtaktiven geduldig auf die Dunkelheit warten. Zudem zieht die starke Lichtquelle kleine Fische und Plankton an.
Ich habe mich nie gefragt, ob Fische nachts schlafen. Sie tun es. Einige dösen leicht vor sich hin, andere schnarchen wie die Schwerstarbeiter. Sobald es Abend wird, leert sich das sonst so reich bevölkerte Riff, und alle suchen Unterschlupf in einer kleinen Höhle oder einem versteckten Winkel zwischen den Korallen. Man muss aufmerksam suchen, um sie noch zu entdecken.

Oben: Für diese Aufnahme eines Korallenriffs im sanften Mondschein hat das Team starke Scheinwerfer (85 Kilowatt) auf einen Lastkahn montiert. Die Lagune befindet sich unweit der Passage von Dumbéa an der Südostküste Neukaledoniens.

Um Kameramann René Heuzey bei den Dreharbeiten zu unterstützen, beobachtet Regisseur Jacques Cluzaud das Verhalten einer Dromia. Zur Tarnung hält die Wollkrabbe mithilfe ihrer beiden letzten Beinpaare Schwämme oder Ascidienkolonien über ihren Rücken.

Die Dreh-arbeiten

Am Beginn stand ein Traum …

Der Traum: Ganz gleich bei welcher Meereslage Spinnerdelfine filmen, die sich ins Licht der letzten Sonnenstrahlen schwingen (Costa Rica), oder auch mit Pazifischen Weißseitendelfinen tanzen und tollen.

Vorhergehende Doppelseite: San Diego Bay, Juli 2007: Sardinen greifen einen Krillschwarm an. Kameramann David Reichert und Taucher François Sarano werden von einem regelrechten Wirbel erfasst. Die kleinen Krebstiere fliehen in alle Richtungen und treffen die beiden wie ein Hagelschauer. Die wilde Jagd geht so weit, dass die Sardinen den Krill bis in die Druckventile und die Tauchanzüge treiben!

Ein ganz einfacher Traum: Wir wollten mit den Fischen und Delfinen schwimmen, ihren Unterwasserbewegungen folgen und ihre Ozeandurchquerungen begleiten. Wir wollten das Wenige vergessen, das man über die Meeresbewohner weiß, um sie neu zu entdecken und sie zu sehen, wie man sie noch nie gesehen hat. Wir wollten eine Kamera erfinden, die so schnell und beweglich ist wie die Seehunde. Eine Kamera für die große Leinwand, mit kurzer Brennweite, um eine Nähe zu schaffen, die ein neues Einverständnis und ungekannte Emotionen hervorruft. Wir wollten nicht zuschauen, sondern dabei sein. Und die Bewegung niemals verlangsamen, damit der Eindruck von Schnelligkeit und Lebendigkeit nicht verloren geht. Also: eine wache Kamera, die mit den Walen tanzt, mit den Delfinen springt, mit den Thunfischen davonschießt und mit den Mantarochen dahingleitet. Die Regisseure Jacques Cluzaud und Jacques Perrin umgaben sich mit den besten Kennern der Meereswelt. Sie trafen sich mit zahllosen passionierten Fachleuten aus den verschiedensten Bereichen – mit Cineasten, Schriftstellern, Fischern, Seeleuten, Juristen, Forschern und Hochseekapitänen. Sie bestürmten sie mit Fragen, sammelten Berge von Dokumenten, schrieben einen Drehbuchentwurf nach dem anderen, ließen sich von der Begeisterung mitreißen, tauchten ein, verrannten sich und fingen wieder von vorne an. Das Meer ist unendlich! Es umfasst 70 Prozent der Erdoberfläche und Tausende verschiedene Arten. Nun ist Fantasie gefragt. Für Jacques Perrin ist das Drehbuchschreiben die pure Freiheit. Er setzt sich keinerlei Grenzen. Mit jedem Projekt entdeckt er einen Bereich menschlicher Erfahrung, eine neue Facette der Schönheit der Welt und stürzt sich freudig ins Thema. »Das Leben ist nicht vernünftig, das Leben ist unbändig, überschwänglich und verrückt, und genau so muss es der Film darstellen! Wir müssen genauso unvernünftig sein!«, begeisterte sich Jacques Perrin. Zeit ist ein immenser Luxus, den man teuer bezahlt. Für einen außergewöhnlichen Film braucht man ein außergewöhnliches Budget. Die Kinoexperten waren skeptisch: »Noch ein Film über das Meer?« Und dann ist es so schwer, an schöne

Bilder zu gelangen. Man muss sich endlos engagieren, sich verschulden und große Risiken eingehen. Das ehrgeizige Projekt ist schwer zu tragen. Also sucht man sich Partner. Produzent und Regisseur Jacques Perrin pilgerte los. Nicolas Mauvernay half ihm, die üblichen Geldgeber des Kinos sowie Fernsehen und Filmverleiher zu überzeugen. Yvette Mallet, die schon so vielen Filmen auf die Beine geholfen hat, öffnete ungeahnte Türen und entwirrte das diplomatische und administrative Chaos. Für einen außergewöhnlichen Film benötigt man außergewöhnliche Partner: Firmenstiftungen, wohltätige Stiftungen, Banken, Industrielle, Gemeinden – ein gutes Drittel des Budgets stammt von großzügigen Förderern.

»*Unsere Ozeane* ist keine Tierdokumentation. Dokumentationen bleiben auf Distanz, sie wahren den Blick von außen, beschreiben ein Phänomen und erklären es gegebenenfalls. *Unsere Ozeane* dagegen will den Zuschauer nichts lehren, sondern ihn berühren. Der Film hat keinerlei didaktischen Anspruch und will keine Moralpredigt sein«, erläutert Jacques Cluzaud. Und Jacques Perrin fügt hinzu: »Ich habe weder die Absicht noch die nötige Qualifikation, um im Kino Naturkunde-Unterricht zu geben. Sondern ich wünsche mir, die unberührte Welt der Natur durch die Magie der großen Leinwand in all ihrer Erhabenheit zu zeigen. Ich möchte ein Einverständnis, eine Intimität mit den Kreaturen schaffen, einen Blick, eine zärtliche Geste einfangen und mit allen Gefühlsregistern spielen.«

Unsere Ozeane ist ein engagierter Film, doch er will den Zuschauern keine Abhandlung präsentieren. Die Wissenschaftler, die uns seit Beginn des Abenteuers unterstützten, waren Feuer und Flamme. Abhandlungen kennen sie, das ist schließlich ihr Fachgebiet. Sorgfältig ausgebreitete Argumente, schonungslos logisch. Aber es fehlt an Emotion, dem Zauberwort des Kinos.

Kino kann eine Waffe sein. Durch die Kraft seiner Bilder und die so geschaffene Empathie will der Film *Unsere Ozeane* eine neue Waffe für die Beobachter der Meere sein. Denn sie erleben seit Jahrzehnten, wie die Meereswelt in allgemeiner Sorglosigkeit zugrunde geht.

Eine Kamera für *Unsere Ozeane*

Der Kameramann kann die Einstellungen an seiner Kamera unter Wasser vornehmen und sie so direkt auf die Lichtverhältnisse, die Trübung und die Farbe des Wassers abstimmen, ohne auf das Boot zurückkehren zu müssen. So erhält er nicht nur in den grünen Gewässern der Kelpwälder vor der Insel San Clemente eine optimale Bildqualität, sondern auch in den blauen Gewässern auf hoher See – hier mit einem Makohai.

Kino ist Kunst, aber es ist auch Technik. Für unser Projekt war die Auswahl der Kameras entscheidend, denn wir sollten vier Jahre lang in aller Welt über und unter Wasser filmen. Erste Frage: Verwenden wir eine Filmkamera oder eine Digitalkamera? Für Außenaufnahmen eignet sich eine 35-Millimeter-Kamera aufgrund ihres geringen Gewichts und ihres Nuancenreichtums. Was die Unterwasseraufnahmen betrifft, so plädiert der verantwortliche Kameramann Didier Noirot aufgrund ihrer längeren Betriebsdauer für die Digitalkamera (48 Minuten Digitalkassette gegen nur sechs Minuten Filmrolle). Ideal wäre es, wenn man eine Digitalkamera finden könnte, deren hochqualitative Bilder sich anschließend in einen 35-Millimeter-Film »einbauen« lassen. Dies dürfen die Zuschauer in den großen Kinosälen dem Endergebnis natürlich nicht anmerken. 2004 nimmt der leitende Kameramann Philippe Ros die Herausforderung an: Er versucht, die Ansprüche der beiden Regisseure und die ergonomischen Eigenschaften einer Unterwasserkamera zu vereinbaren. Schon seit mehreren Jahren beschäftigt er sich mit Methoden der Bildbearbeitung und dem Einsatz von Digitalkameras. Er beginnt seine Überlegungen am Schlusspunkt: der Projektion des Films auf die große Leinwand. Dann arbeitet er sich Schritt für Schritt zurück und sucht nach den besten Lösungen, um eine Verbindung von digitalen und 35-Millimeter-Aufnahmen zu erreichen. Von Anfang an steht ihm dabei Laurent Desbruères zur Seite, der als Kolorist im Fotolabor Digimage arbeitet. Er wird später die verschiedenen Aufnahmen aufeinander abstimmen, indem er Farben und Kontraste angleicht. Philippe muss eine Digitalkamera finden, deren Aufnahmen so bearbeitet werden können, dass sie den Bildern einer Filmkamera so nah wie möglich kommen. Zudem darf sie nicht zu groß sein, damit sie in den

kleinen, von Didier entworfenen Senkkasten passt. Die Entscheidung fällt zugunsten der Sony HDW-F900. Philippe stellt das Konzept der digitalen Emulsion vor: Durch verschiedene Einstellungen an der Digitalkamera lassen sich die Eigenschaften eines 35-Millimeter-Films nachbilden. Christian Mourier, Techniker bei ConsultImage, entwickelt eine Software, mit der man die Programme der Kamera modifizieren kann – insbesondere jene, mit der sich die Empfindlichkeit des Sensors sowie Lichtmenge und Lichtqualität steuern lassen.

September 2004: Nach monatelangen Testläufen werden bei Marseille Versuche unter realen Bedingungen unternommen. Die Regisseure sind auf Anhieb von den Resultaten überzeugt. Von nun an ist Philippe für die technische Aufsicht im digitalen Bereich zuständig. Er bittet Olivier Garcia von HD Systems, Kontrastkurven zu erstellen. Sie sollen flexible Einstellungen und das Einfangen stärkerer Lichteinflüsse ermöglichen, ohne dass die sonst bei Digitalaufnahmen üblichen Solarisationseffekte entstehen. Schließlich entscheidet sich Philippe für eine Auswahl von Einstellungen, mit denen man für die meisten Lichtverhältnisse unter Wasser gewappnet ist. Mit Hilfe einer Feinabstimmung über dem Senkkasten lassen sich diese Einstellungen während des Tauchgangs variieren, um wechselnden Lichtverhältnissen gerecht zu werden: volle Sonneneinstrahlung, wolkenverhangener Himmel, grünes oder blaues Wasser, Sichtweite, Tiefe et cetera. Die gleichen Optionen wie bei einer analogen Filmkamera. Ein beträchtlicher Erfolg. Nun muss man den Prozess nur noch standardisieren und die Kameraleute und vor allem ihre DIT *(Digital Image Technicians)* instruieren, denn sie garantieren die Homogenität der Bilder. Die 13 Digitalkameras müssen permanent kalibriert und kontrolliert werden. Dafür ist François Paturel verantwortlich: Er überwacht die Arbeit der DIT. Philippe und François verfassen eine Gebrauchsanweisung, in der sämtliche Etappen der digitalen Aufnahme Schritt für Schritt erläutert werden, gut 60 Seiten – auch in englischer und japanischer Übersetzung –, die an alle Beteiligten verteilt werden sollen. Während der Dreharbeiten hämmert Philippe Ros allen ein: »Vergesst nie, dass dieser Film für den Kinosaal bestimmt ist! Denkt immer an die große Leinwand!« Am Ende zeigt er sich zufrieden: »Es grenzt an ein Wunder, dass wir während der vier Jahre andauernden Dreharbeiten dieselbe Bildqualität halten konnten – unter völlig unterschiedlichen Bedingungen, mit mehreren Kameras und mehreren Kameraleuten.«

Das Ungetüm bändigen

Oben links: Mexiko, Golf von Kalifornien: Produktionsleiter Olli Barbé (rechts) und Jacques Cluzaud unterwegs zu einem Blauwalweibchen mit Jungem, die soeben vor Loreto gesichtet wurden.

Oben rechts: Vor dem Besteigen der *Kotik* wird die gesamte Ausrüstung überprüft. Das Schiff liegt bei Ushuaia in Feuerland am Kai. Es folgen sechs Wochen in kompletter Einsamkeit auf der Arktischen Halbinsel – alles muss perfekt vorbereitet sein.

Unten links: Um die tonnenschwere Ausrüstung zu transportieren, musste die Twin Otter mehrere Male hin- und herfliegen. Der unverwüstliche Alleskönner ist ideal für die Verhältnisse in der Arktis, denn er kann in kürzester Zeit fast überall landen.

Unten rechts: Auf den Spuren der Buckelwale von Alaska. Da die Tiere auf der Suche nach Heringsschwärmen immer in Bewegung sind, mussten auch wir extrem mobil sein. Also richteten wir ein fahrendes Basislager auf einem alten Krabbenfängerschiff ein. Die Ausrüstung samt Zodiac und *Thetys*-Kamerakran wurde täglich neu verladen.

Unsere Ozeane ist ein einmaliges Projekt. Jacques Perrin fängt mit jeder neuen Produktion bei Null an. Er hat unzählige Ideen und Wünsche, die kaum in eine Ordnung zu bringen sind. Es ist nicht mehr nur den beiden Regisseuren vorbehalten, sich um den künstlerischen Aspekt zu kümmern. Jacques Perrin bezieht das gesamte Team in das kollektive Abenteuer ein. Nichts steht je fest. Ständig herrscht eine mitreißende Spannung. Ist die Natur nicht auch unvorhersehbar? Aber wie soll man einen strengen Arbeitsplan aufstellen oder das Budget des Films bestimmen? Die Produzenten Nicolas Mauvernay und Olli Barbé verbrachten einige schlaflose Nächte über dieser Frage. Es muss ein finanzieller, juristischer und administrativer Rahmen geschaffen werden, der sich weiterentwickeln lässt. Man muss der Fülle von Ideen Form verleihen und immer bereit sein, ein zu eng gefasstes Drehbuch zu verwerfen. Man braucht geeignete Werkzeuge, um seinen Traum zu verwirklichen. Man benötigt ein Team, dem man vertrauen kann, und man muss die Begeisterung über Jahre hinweg wach halten. Ein Schiff durch einen solchen Wirbelsturm zu führen, grenzt an Heldentum. Oder an Leichtsinn …

Im Taumel der Dreharbeiten

Um die Bewegungen der verschiedenen Maschinen zu steuern, verwandelte Olli Barbé die Büros von Galatée Films in Paris in einen Kontrollturm. Er überwachte die Testläufe und natürlich die überall in der Welt verstreuten Dreharbeiten. Man muss sehr schnell reagieren. Soll man einen bestimmten Dreh abbrechen oder verlängern? Zwischen verzweifeltem Starrsinn und letztendlich belohnter Beharrlichkeit hat die Natur noch einige Launen für uns auf Lager. »Die Produktion ist ein riesiger Waschtrog, aus dem man abends völlig ausgelaugt herauskommt«, witzelt Olli Barbé. Jeder Tag ist intensiv, kein Tag ist wie der andere. Über drei Jahre hinweg ist fast täglich mindestens ein Team für *Unsere Ozeane* auf dem Meer. Die Organisation ist derart schwierig, dass es schon wieder spannend wird. »Für die Aufnahmeleitung ist *Unsere Ozeane* das Paradies!«, freut sich Regieassistent Dimitri Billecocq. Jeder Tag bringt neue, noch dringendere Probleme. Man muss alle Leute gleichzeitig zufriedenstellen. »Auf keinen Fall darf man den Regisseuren etwas abschlagen«, meint Aufnahmeleiter Johann Mousseau. »Und man

Dreharbeiten in der Arktis, Insel Coburg: Um das gesamte Drehteam beherbergen zu können, entstand auf dem Eis ein wahres Zeltdorf.

muss immer die optimale, am wenigsten Kosten verursachende Lösung finden.« Und daneben mit Zeitzonen jonglieren, mit Versicherungen und Botschaften verhandeln, um Visa, eine Dreherlaubnis und Arbeitsgenehmigungen zu bekommen. Die einzelnen Drehteams sind nicht besonders groß, wenn man sie mit jenen für einen klassischen Spielfilm vergleicht. Aber es halten sich viele kleine Gruppen gleichzeitig in verschiedenen Ländern auf. Die Planung muss den Kreislauf der Natur und die Verfügbarkeit von Technikern und Material berücksichtigen. Vermieter und Ausrüster rauften sich die Haare. Es kam vor, dass an einem Tag 26 Regieassistenten und 19 Kameras unterwegs waren! Administratorin Catherine Kieffer spürte zwei Jahre lang »keinen Boden unter den Füßen«. Die Devisen überkreuzen sich, die Wechselkurse überschlagen sich und ändern sich mit jedem Tag. Man muss ein Vermögen per Express zu Zielen schicken, die jeden Banker schaudern lassen. Man muss jeden Tag festhalten, wer gearbeitet hat und wer nicht. Die Aufstellung der Gehaltzettel kommt einem Hochseilakt gleich. Rechnungen, eine exotischer als die andere, schlagen in kurzen Wellen auf. Paradoxerweise kam es uns aber nie so vor, als wären die Leute aus dem Team weit weg oder als könnten wir uns aus dem Auge verlieren. Durch das Internet waren sie immer dabei – »als wenn sie im Nebenzimmer säßen«, begeistert sich Produktionsassistentin Odile Balme. Und man kann sogar das eben produzierte Filmmaterial anschauen. Im Taumel der Dreharbeiten bereut man eigentlich nur, dass man nicht genug Zeit hat, um aus Fehlern zu lernen. Es geht alles so schnell! Und die Natur ist keine große Hilfe: Zwei identische Drehs am selben Ort zur selben Jahreszeit können ganz verschiedene Resultate bringen. Die Natur ist unvorhersehbar. Darin liegt ihre Stärke und ihre Schönheit. Nach so vielen Jahren, in denen wir die ungewöhnlichsten Gerätschaften testeten und das Meer und seine Bewohner kennenlernten, fühlen wir uns erst jetzt, da der Film fertig ist, wirklich bereit. *Unsere Ozeane* wird ein einmaliges Projekt bleiben.

Tauchen ohne Blasen

Dank seines leisen Rebreathers kann sich David Reichert in den klaren Gewässern der Azoren diesen Schwarzfischen *(Hyperoglyphe perciformis)* nähern, ohne sie aufzuschrecken. Der Tauchapparat bereitet die verbrauchte Atemluft wieder auf und ermöglicht es dem Kameramann auch, mehrere Stunden in den kalifornischen Kelpwäldern zu verbringen

Der wasserdichte Senkkasten

»Sie sind einzigartig auf der Welt und ermöglichen die besten Unterwasseraufnahmen«, versichern die Kameraleute René Heuzey und David Reichert einhellig. »Sie«, das sind die fünf Senkkästen (vier für Videokameras, einer für eine 35-Millimeter-Kamera), die Jean-Claude Protta von Subspace Pictures in Genf nach den Empfehlungen Didier Noirots entworfen und gebaut hat. Sie sind das Produkt eines »klugen Kompromisses zwischen Newton und Archimedes«, scherzt Jean-Claude. Ein Kompromiss also zwischen Volumen, Oberfläche und Dichte mit dem zusätzlichen Erfordernis, dass das Ganze manövrierbar bleiben muss. Die Kästen werden aus einem hundert Kilo schweren Aluminiumblock geschnitten und haben letztendlich ein Leergewicht von 17 Kilo. Es sind die kleinsten Senkkästen auf dem Markt: Sie nehmen eine Videokamera mit hoher Auflösung, ihr Objektiv, die Motoren für die verschiedenen Steuerungen und große Batterien auf. Die außen liegenden Bedienelemente erlauben es dem Kameramann, wichtige Einstellungen auch während des Tauchgangs vorzunehmen.

Der Rebreather

Der Rebreather wurde eigentlich für Kampftaucher erfunden, die sich damit besonders unauffällig bewegen sollten. Es handelt sich um ein Sauerstoff-Kreislaufgerät, das die ausgeatmete Luft wieder zurückführt. Der Taucher wird auf diese Weise unhörbar, denn es entstehen keine blubbernden, funkelnden Blasen. So kann man sich auch den scheuesten Tieren, wie zum Beispiel Buckelwalen, nähern. Der Rebreather ist oft »das entscheidende Mittel, um an die ersehnten Bilder zu gelangen«, erklärt David Reichert. Das Prinzip ist im Grunde ganz einfach, aber die Umsetzung komplex. Auch die Bedienung eines Rebreather erfordert besondere Kenntnisse. Die vom Taucher ausgeatmete Luft wird in einem Behälter aufgefangen und das Kohlendioxid in einer Atemkalkpatrone chemisch gebunden. Ein Computer berechnet anhand des Außendrucks, wie viel Sauerstoff ersetzt und dem Taucher zugeführt werden muss. Der Taucher trägt also eine Druckluftflasche, eine Kalkpatrone und eine Sauerstoffflasche auf dem Rücken, und zusätzlich einen Computer mit verschiedenen Sensoren. Eine schwere und sperrige Ausrüstung, die es ihm jedoch ermöglicht, mehr Zeit unter Wasser zu verbringen, da die Dekompressions-

Die Sicherheit der Taucher steht an erster Stelle

Als wir mit dem Film begannen, wussten wir, dass wir über mehrere Jahre Dutzende von Tauchern unter Wasser haben würden. Tauchen ist eine anspruchsvolle und streng reglementierte Tätigkeit. Auf keinen Fall wollten wir irgendwelche Risiken eingehen. René Heuzey machte es sich also zur Aufgabe, ein Sicherheitsprotokoll zu entwerfen, das jeweils auf den einzelnen Dreh abgestimmt werden sollte. In Zusammenarbeit mit Georges Gourdon, einem Experten für die Regeln des Profi-Tauchens und Berater für Überdruckarbeiten, entstand ein Sicherheitshandbuch, das weit über die Regeln hinausgeht, die 1974 (!) aufgestellt wurden und sämtliche technische Neuerungen wie den Rebreather unberücksichtigt lassen. Seit 1990 unterscheidet das Gesetz zwei Arten von Unterwasserarbeiten: auf der einen Seite schwere Arbeiten, wie sie zum Beispiel Schweißer ausführen, auf der anderen Seite Arbeiten von Wissenschaftlern, Archäologen, Fotografen und Kameraleuten. Doch die Bestimmungen werden den einzelnen Tätigkeiten nicht weiter angepasst, obwohl eine Kamera kein Schlagbohrhammer ist und jeweils andere Regeln gelten müssten. Unser Film wird demnächst in den Kinos laufen, aber René und Georges warten immer noch auf die Genehmigung für Unterwasserarbeiten vom Arbeitsministerium ... Jeder unserer Kameramänner besitzt die erforderliche Qualifikation zur Benutzung eines Rebreathers – das ist nicht die Regel. Jedem von ihnen wird ein Sicherheitstaucher zur Seite gestellt, der ihm als »Rebreather-Experte« wie sein Schatten folgt und für die Instandhaltung und Bedienung des Materials zuständig ist, damit sich der Kameramann ganz auf die Aufnahmen konzentrieren kann. Sollte der Drehort einmal in mehr als zwei Stunden Entfernung vom nächsten Rettungspunkt für Tauchunfälle entfernt liegen, so wird eine mobile Dekompressionskammer mitgeführt und die Expedition von einem Notfallarzt für Überdruckmedizin begleitet. Ausgebildet wurde dieser Arzt von Doktor Eric Bergmann, einem Spezialisten auf diesem Fachgebiet und Leiter der medizinischen Kommission beim französischen Tauchsportverband.

Unter Wasser filmen

Kameramann René Heuzey mit zahllosen Seespinnen, die sich in den Gewässern im Süden Australiens versammeln, um sich zu häuten und fortzupflanzen. Am sandigen Grund lässt er sie näher kommen und an ihm heraufklettern. Dabei verabreichen ihm die vielen Beine und Scherenfüße eine »angenehme Rückenmassage«.

Der Blick und die Zeit

Maximale Tiefe, Stickstoffsättigung, Dekompressionsstopps, begrenztes Volumen an Atemluft, stark abnehmende Helligkeit, schwindende Farben, schlechte Sicht – dies sind die Widrigkeiten, mit denen sich ein Unterwasserkameramann abfinden muss. Außerdem kommt er nur langsam vorwärts und ist in seinen Bewegungen stark eingeschränkt. Zum Glück trägt das Wasser, und die Kamera mit Senkkasten wiegt nichts. In der Schwerelosigkeit sind fließende Kamerabewegungen möglich, die man an Land nur mit schweren Gerätschaften erreichen kann. *Le peuple singe, Mikrokosmos* und *Nomaden der Lüfte* waren echte Geduldsproben, aber kein Vergleich zu *Unsere Ozeane*.

Die Erfahrungen, die wir während der Dreharbeiten sammeln konnten, sind nur schwer zu vermitteln. Das Meer ist eine andere Welt und das Filmen unter Wasser eine andere Tätigkeit. Der Erfolg der Dreharbeiten hängt am seidenen Faden. Es braucht manchmal nur eine Kleinigkeit, um das Glück auf unsere Seite zu holen. Man muss warten und warten. Sich wochenlang, monatelang gedulden und es mehrere Jahre in Folge immer wieder versuchen, um irgendwann einige flüchtige Momente der Anmut einzufangen.

Kameramann Yasushi Okumura filmt in Japan ein Exemplar des Riesenlippfischs *Semicossyphus reticulatus*.

Die Einsamkeit des Kameramanns

Unter Wasser ist der Kameramann oft allein mit seinem Objekt. Doch sobald er wieder oben ist, ob nun an Bord eines Schiffes oder an Land, gehen ein Regieassistent und ein DIT die Aufnahmen mit ihm durch. Darin liegt der große Vorteil der Videokamera. Es sind so viele Kameras in Gebrauch und so viele Kameramänner unter Wasser, die ihre eigene Art haben, sich fortzubewegen, sich den Tieren zu nähern und sie zu filmen, dass man sie unbedingt begleiten und anleiten muss, damit über eine so lange Zeitspanne technische und künstlerische Homogenität gewährleistet ist. Denn es geht nicht darum, irgendwelche Bilder einzufangen: Sie müssen etwas ausdrücken und sich harmonisch in die Aufnahmen einfügen, die andere zu anderer Zeit an anderen Orten drehen.

Der stabilisierte Kopf der *Thetys* ist hier ohne Kranarm umgekehrt angebracht. Das Team befindet sich in Mexiko, auf der Suche nach Blauwalen.

Durch die präzise Handhabung, die stabil gehaltene Kamera und die fließende Bewegung des Kamerakrans können wir einem durch die Fjorde Alaskas streifenden Buckelwal in weichen Linien folgen.

Thetys

Methode und Mathematik

»Die Regisseure äußern technische Wünsche in einer Sprache, die für jene, die diese Wünsch realisieren sollen, unverständlich ist. Also braucht man Methode und Mathematik«, erklärt Jacques-Fernand Perrin. Der Ingenieur kennt Regisseur Jacques Perrin sehr gut. Seit etwa 15 Jahren ruft ihn der Filmemacher regelmäßig zu Hilfe, damit er ihm neue Apparaturen ersinnt. Auch bei *Unsere Ozeane* ist sein Unterstützung vonnöten. Die Regisseure möchten Delfine filmen, die mit 40 Stundenkilometern knapp über den Wellen durch das aufgewühlte Meer sprinten. Jacques-Fernand realisiert einen virtuellen Prototyp, der die Bewegungen der Kamera in einem schlingernden und stampfenden Schiff simuliert. Die Produktion ist begeistert. Aber von der Simulation zur Realität ist es ein weiter Weg. Die eigentliche Arbeit beginnt erst. Jacques-Fernand

Die in Rekordzeit realisierte *Thetys* war zwei Jahre lang den schlimmsten Wetterverhältnissen ausgesetzt, ohne einmal eine Panne zu haben. Alles hat sie überstanden: Gischt, Sturm, Regen, tropische Hitze, Frost, salzigen Dunst, Erschütterungen, permanente Vibrationen …

wendet sich an Alexandre Bugel, einen leitenden Bühnentechniker und genialen Tüftler, der schon bei *Nomaden der Lüfte* mitgewirkt hat. Die Produktion gibt den beiden neun Monate. Neun Monate anspruchsvolle Bastelei und neueste Technologie. Jacques-Fernand versucht, alle erdenklichen Faktoren in sein Computersystem einzubauen, welche die Bewegungen der Kamera beeinflussen könnten – von den Bewegungen der Wellen und des Schiffes bis zum spezifischen Gewicht der einzelnen Ausrüstungsteile. Alexandre fertigt mehrere Modelle und testet verschiedene Konstruktionen. Um sich bestimmte Einbauteile zu beschaffen, die auch für militärischen Gebrauch eingesetzt werden könnten (beispielsweise Kurskreisel), braucht er die Genehmigung des amerikanischen Außenministeriums. Der künstliche Horizont stammt von der Apparatur für *Nomaden der Lüfte*, die seit acht Jahren verstaut war. Die beiden halten sich an die Zeitvorgabe: Neun Monate später kommt *Thetys*, ein sagenhafter Aluminium-Kamerakran mit stabilisiertem Kopf aus Alexandres Werkstatt bei Toulouse. Nun muss er nur noch auf dem Meer getestet werden. Jacques-Fernand und Alexandre hatten keine Zeit, exakte Pläne zu fertigen: *Thetys* ist ein Unikat. Die Regisseure brennen vor Ungeduld, und so kommt der Kran einfach bei den ersten Dreharbeiten auf den Prüfstand. Glücklicherweise läuft von Beginn an alles recht glatt, obwohl *Thetys* ein paar »Kinderkrankheiten« behalten wird. Im Laufe der Dreharbeiten wird ihr Einsatzgebiet erweitert. Die Kameras werden schwerer, die Objektive länger, die Algorithmen präziser, die Verkabelung komplizierter.

Intuition

Mit Mathematik lassen sich nahezu alle Probleme lösen – auf dem Papier zumindest. In der Praxis sieht es anders aus. Der Horizont ist nie perfekt. Besonders in Kurven nicht, wenn die Zentrifugalkraft den Gravitationsvektor verschiebt. Aus diesem Grund muss Jacques-Fernand unbedingt an Bord sein. Den Blick auf den Kontrollbildschirm mit Kurven und Zahlen gerichtet, korrigiert er manuell den Rückstand der Apparatur – eine wirklich komplexe und empfindliche Apparatur. Jacques-Fernand räumt ein, dass trotz allem »ein unvorhersehbarer Rest bleibt, den es zu bändigen gilt«. Man muss die Konstruktion weiterentwickeln, das Beste aus ihr herausholen. Dazu braucht man eine gewisse Intuition, die sich nicht analysieren lässt, auch mit viel Mathematik nicht.

Kamera und Filmmagazin werden in die schützende Polystyrolkugel eingebaut. Der Platz ist extrem begrenzt, damit der Helikopter so leicht wie möglich bleibt. Im Magazin befinden sich 60 Meter Film, das entspricht nur zwei Minuten! Man kann sich vorstellen, zu welchen Enttäuschungen das mitunter führt.

Birdy Fly hebt ab, um Aufnahmen in Alaska zu machen. Frédéric, der Pilot, trägt einen gelben Overall, Christophe, der Kameramann, rotes Ölzeug.

Birdy Fly

Man stelle sich vor, man sei einer der Vögel, die den Delfinen an der südafrikanischen Küste folgen, oder auch eine Klippenmöwe, die sich in den Fjorden Alaskas ein paar Krebstiere aus dem weit aufgerissenen Maul eines Buckelwals schnappt. Was wäre das Meer ohne Vögel? Was wäre ein Meeresfilm ohne Luftaufnahmen? Kapitän Cousteau wiederholte immer wieder gerne: »Einen guten Unterwasserfilm dreht man aus einem Helikopter.« Wir benötigten einen leisen und beweglichen Apparat, der im Slalom zwischen den Wellen fliegt und sich beinahe auf den Rücken der Riesen setzt. Die Lösung lautete: *Birdy Fly*. Ein ferngesteuerter elektrischer Helikopter, den Frédéric Jacquemin für eine kleine Kinokamera mit Weitwinkelobjektiv konstruiert hat. Mit ihm können wir uns mitten unter die Tiere mischen. Er ist ohne Schwierigkeiten und sofort einsatzbereit, leise und ökonomisch. Er stößt keine Abgase aus, und man muss keine komplizierten Einstellungen vornehmen. Genau dieses Gerät brauchen wir, um uns den Walen und Delfinen unauffällig zu nähern.

Der Helikopter kann alle möglichen Bewegungen ausführen, in voller Geschwindigkeit und knapp über den Wellen und den Tieren. Doch hierzu muss unbedingt der Horizont gerade ausgerichtet werden, ansonsten werden die Kinozuschauer vor der großen Leinwand

Birdy Fly nähert sich Grindwalen, die einen Fjord der Lofoten im Norden Norwegens durchqueren. Die Parallaxe spielt dem Team manche Streiche: Für den Piloten ist *Birdy Fly* inmitten der Wale, doch der Kameramann kann auf seinem Bildschirm noch immer nichts sehen.

seekrank. Jacques-Fernand Perrin schlägt vor, ein Gyroskop einzusetzen, um das leiseste Schwanken des Horizonts in Echtzeit auszugleichen. Der erste Dreh findet im Juni 2006 in Südafrika statt. Wir haben acht Monate, um Einstellungen vorzunehmen, die neuen Zeiss-Objektive an der Kamera anzubringen und einen zweiten Helikopter als Sicherheit zu konstruieren. Acht Monate, in denen sich wahres Einverständnis zwischen Frédéric, dem Piloten, und Kameramann Christophe Pottier entwickelt. Alles ist eine Frage der Kommunikation und des gegenseitigen Vertrauens. Frédéric lenkt den Helikopter, aber nur Christophe sieht über den HF-Videorücklauf, was die Kamera filmt. Aufgrund der Entfernung kann der Pilot nie wissen, in welcher Position er sich zum gefilmten Objekt befindet. Die beiden müssen ständig miteinander kommunizieren und erfinden deshalb einen Code. Neben dem intensiven Training entwickelt Christophe eine automatisch aufblasbare Rettungsweste für den Helikopter und einen transportablen Landeplatz, der sich an alle Bootstypen anbauen lässt. Der Testlauf findet zwar an Land statt, aber Drehort ist das Meer. Der Helikopter muss in der Lage sein, von einem Boot abzuheben und wieder auf ihm zu landen, und das bei schaukelnden Wellen! Spannung ist garantiert. Als letztes Teammitglied stößt Kameraassistentin Mélinda Lignot hinzu. Sie ist hinter den Kulissen für das Filmmaterial und vor allem das Batteriearsenal zuständig, mit dem Helikopter und Kamera gefüttert werden.

Südafrika, erster Drehtermin. Ziel ist es, sich zwischen die entlang der Küste jagenden Delfine zu mischen. Anschließend kommen die Blauwale in Mexiko, die Pottwale bei Guadeloupe, die Schwertwale und Grindwale in Norwegen und Neuseeland und die Buckelwale in Alaska an die Reihe. Im Laufe der Dreharbeiten wird die Apparatur immer weiter verfeinert. Die Zusammenarbeit der beiden Männer wird immer enger und effizienter.

Frédéric hütet den Helikopter wie seinen Augapfel und steckt sich immer neue Grenzen. Er arbeitet so konzentriert, dass er beim Navigieren zeitweilig den Atem anhält. Es ist das erste Mal, dass er sich diesen Lebewesen derart nähern kann. »Es hat etwas Magisches, wenn man über einem Wal fliegt und ihn dabei fast berührt!«

In der Monterey Bay testet David Reichert zum ersten Mal seine Konstruktion. Und gleich ergibt sich eine erste Begegnung mit einem Seehund, der sich aber absolut unbeeindruckt zeigt. Er ist so nah, dass David die Kamera nicht scharf stellen kann und zurückweichen muss!

Die schwimmende Apparatur ist bereit: Die Wasseroberfläche befindet sich exakt in der Mitte des Objektivs. David kann so den Himmel und das Wasser gleichzeitig filmen.

Fesselnde Begegnung mit einem großen Seeleoparden der Antarktis. Gelassen und sich seiner Überlegenheit bewusst lässt er David bis auf ein paar Meter näher kommen.

Zwischen Himmel und Erde

»Wir hatten geplant, Meerotter in Kalifornien und andere Meeressäugetiere wie den Seeleoparden in der Antarktis zu filmen«, erzählt der amerikanische Kamerataucher David Reichert. »Doch die Meerotter zeigen die meisten Verhaltensweisen an Land. Dort ruhen sie sich auf Seetang aus, putzen sich, essen und schlafen. Um dieses Leben zwischen Luft und Wasser zu filmen, benötigten wir eine Apparatur, mit der man sowohl über als auch unter der Oberfläche filmen kann.« Eine Kamera mit diesen Eigenschaften ist auf dem Markt nicht zu haben. Also musste sie erfunden werden. David, der in den Bergen von Wyoming wohnt, nahm also Kontakt mit Alexandre Bugel auf, dessen Werkstatt in der Nähe von Toulouse liegt. Gemeinsam entwarfen sie ein auf dem Wasser liegendes Gerüst, das den Senkkasten mit der Kamera trägt. Das Objektiv kann die Oberfläche streifen oder auch halb ins Wasser tauchen, um zugleich eine Außensicht und eine Unterwassersicht wiederzugeben. Als die Pläne stehen, fertigt Alexandre den Aluminiumträger in nur drei Tagen. »Auf dem Papier sieht alles ganz einfach aus, aber in Wirklichkeit ist es viel schwerer als gedacht, die Kamera ins Gleichgewicht zu bringen«, erinnert sich Alexandre. »Besonders, wenn man zusätzlich die Kameraachse verändern möchte.« Am vierten Tag jedoch stellt der Techniker in Paris seine Apparatur Davids Team vor, das sich am nächsten Tag nach Kalifornien aufmachen wird, um Meerotter zu filmen. Vor Ort fügt David dem Träger dann zwei Bodyboards als Gleiter hinzu. Als er die Apparatur mit Flossenschlägen vor sich herschiebt, merkt er jedoch rasch, dass er die Meerotter vertreibt und stattdessen alle möglichen Kajaktouristen anlockt. Ziemlich ärgerlich. Am nächsten Tag greift er daher auf ein aufblasbares zitronengelbes Kajak zurück. Kameraassistent Cyril Liberman paddelt. Der auf dem Wasser liegende Kameramann hält den Träger mit gestreckten Armen. »Die Umsetzung war ziemlich schwer«, räumt David ein. »Wir brauchten viele Versuche, um eine einsatzfähige und effiziente Strategie zu finden.« Die Seeleoparden auf der antarktischen Halbinsel hingegen waren ganz und gar nicht erschrocken. »Ich musste mich einfach nur ins Wasser begeben, und schon kamen sie neugierig angeschwommen«, berichtet David.

Oben: Alexandre Bugel (links) und Alain Benoist (rechts) lassen *Jonas* zu Wasser.

Unten: Die kleine Torpedokamera *Siméon* ist bereit zum Filmen. Sie wird von einem Kabel aus Stahl und Glasfaser gezogen.

Jonas und Siméon

Der größte Traum der Regisseure: eine Kamera, die vor einer Horde auf sie zuschießender Thunfische zurückweicht. Eine Kamera, die unter den Wellen dahinschnellende Delfine begleitet. Im Prinzip eine scheinbar einfache Aufgabe: Man muss nur eine Kamera in einen Torpedo einbauen, der von einem Schnellboot durch das Wasser gezogen wird. Doch gleich im Anschluss häufen sich die Probleme. Zuerst einmal sind Kamera und Senkkasten so groß, dass der Torpedo nicht mehr zu handhaben wäre. Sie müssen also verkleinert werden. Philippe Ros schlägt vor, die Sony-Kamera HKC-T950 zu verwenden, da hier der Bildsensor von der Kameraeinheit getrennt ist. So bekommt man ein Gehäuse von nur 210 Millimeter Durchmesser. Dieses wird in einen Torpedo eingebaut, der während der Dreharbeiten für genügend Stabilität sorgt. Das Gleichgewicht des Torpedos ist demnach der wesentliche Punkt. Ingenieure der wehrtechnischen Abteilung des Verteidigungsministeriums kümmern sich darum. Aber es bleibt ein letzter kritischer Punkt: Der Torpedo muss mit hundert Meter Abstand hinter dem Boot gezogen werden, damit das Kielwasser nicht ins Bild kommt. Doch über eine so große Distanz kann kein Kabel die Qualität des Signals garantieren. Wieder heißt es: erfinden. Dieser Aufgabe widmen sich die Unternehmen Telecast und HD Systems: Stahl zum Ziehen, Kupfer zur elektrischen Versorgung und Glasfaser zur Übertragung der Befehle vom Boot zur Kamera sowie zur Übertragung des Signals vom Bildsensor zum Aufnahmegerät. Die präzise Fernsteuerung der Kamera und die Qualität der eingefangenen Bilder sind einzigartig auf der Welt.

Unter der Aufsicht von Aufnahmeleiter Dimitri Billecocq stürzen sich ein Dutzend Gewerke in das Abenteuer. Der Codename lautet: *Jonas.* Um das Gewicht des Kabels zu verteilen, wird zwischen Boot und Torpedo ein Schwimmer konstruiert. *Jonas* wird in weniger als einem Jahr fertiggestellt. Der Torpedo und sein Schwimmer sind wahre Wunder der Hydrodynamik. Alexandre Bugel baut eine Startrampe mit maßgeschneidertem aufblasbarem Polster. Doch schon während der ersten Versuche in Hyères zeigt sich, dass *Jonas* und der Schwimmer zu schwer zu handhaben sind. Der zwischen Boot und Torpedo liegende Schwimmer hat spitze, rasiermesserscharfe Stabilisierungsflossen. Also beschließt man, ihn wegzulassen. Er wird durch ein altes Surfbrett ersetzt. Im November 2007 reist *Jonas* nach Kalifornien. Regieassistent Alexandre Poulichot übernimmt die Leitung des Projekts. Niemand weiß, wie die Tiere rea-

Um erstmals in Kinoqualität zu filmen, wie Thunfische und Delfine in voller Geschwindigkeit durch das Meer gleiten, hat das Team von Galatée Films eine Kamera entwickelt, die von einem Boot gezogen wird und den Schwarm von vorne filmt. Auch Wissenschaftler haben großes Interesse an den Aufnahmen, denn anhand der Bilder können sie die Hydrodynamik der Fische untersuchen. Hier schießen Thunfische mit mehr als 15 Knoten durch den Golf von Kalifornien (Februar 2007).

gieren werden. Die angekündigten Weißstreifendelfine des Pazifiks sind nicht gerade zahlreich erschienen. Probleme mit dem Wetter. Ein paar kommen und tollen in den Bugwellen unseres Schiffes, während *Jonas* in hundert Metern Abstand hinterhergezogen wird. Alexandre Bugel bastelt einen drei Meter langen Arm, damit *Jonas* aus dem wirbelnden Kielwasser des Schiffes gelangt. Wir bemerken, dass die Delfine gerne mit langen Algenhalmen spielen. Also verzieren wir *Jonas* mit Seetang. Das beschäftigt sie eine Weile, aber dann ist ihre Neugier schnell dahin. Die Zeit vergeht. Die Delfine ziehen weiter und werden immer weniger, bevor sie dann ganz verschwinden. Ende der ersten Runde.

Südafrika. Die Gemeinen Delfine akzeptieren *Jonas* schließlich in ihrer springenden Horde. Beim *sardine run* flattern dem Team zum ersten Mal die Nerven: Der Torpedo ist wirklich mittendrin, wie ein Delfin zwischen Delfinen! Dritter Drehtermin, Costa Rica. Nach tagelangem Warten nimmt sich ein Schwarm Gelbflossen-Thunfische unseren Torpedo zum Anführer. Der Zauber tritt in Kraft. Erst sind es zehn, dann hundert, die *Jonas* hinterherrasen. Noch nie hat ein Mensch Thunfische so schwimmen sehen.

»Die Kapsel ist umwandelbar«, erklärt Philippe. »Das ist ihr großer Pluspunkt. Sie kann sich verschiedenen Geräten anpassen, damit im Laufe eines Drehs verschiedenartige Aufnahmen nach den Wünschen der Regisseure verwirklicht werden können.« Effektiv zum Einsatz kam sie in einer leichteren Torpedoversion namens *Siméon* und bei der Polecam.

Alexandre Bugel überprüft noch einmal die Plexiglaskugel mit der Kamera, bevor sie seitlich am Schiff heruntergelassen wird.

Die Polecam

Unsere Polecam: eine an einem Ausleger montierte Kamera. Wir hatten versucht, eine kleine, wasserdichte Kapsel mit einem langen Kabel hinter dem Boot herzuziehen. Doch die Delfine zogen vor, am Bug zu tollen, anstatt unserem Torpedo zu folgen. Also kamen wir auf die Idee, eine Kapsel an einem langen Ausleger vorne am Boot ins Wasser zu lassen, um so seitliche Kamerafahrten mit den auf den Wellen surfenden Delfinen zu bekommen. Gesagt, getan. Alexandre Bugel kümmert sich um den Ausleger, der natürlich aus Aluminium bestehen muss. Die Kamera lässt sich über zwei Achsen drehen und wird durch eine von Jean-Claude Protta konstruierte Plexiglaskugel vor dem Wasserdruck geschützt. Doch gleich bei den ersten Tests in Hyères treten Probleme auf. Kaum sind wir aus dem Hafen, muss Bernard Deguy, unser nautischer Experte, das Schlimmste befürchten, denn er hört den Schiffskörper knacken. Die durchsichtige Kugel bietet dem Wasser zu viel Angriffsfläche. Und das Schiff bewegt sich erst mit zwei Knoten! Der Druck erreicht schnell eine beträchtliche Wirkung und droht, alles auseinanderzureißen: Schutzkugel, Kapsel, Kamera, Ausleger und Schiffskörper! Wir müssen den Versuch sofort unterbrechen und an Land zurückkehren. Von nun an verzichten wir auf die Plexiglaskugel. Die Kapsel bleibt ungeschützt, bekommt jedoch einen verstärkten Ausleger.

Die Großen Tümmler schwimmen neben dem Boot und tollen in seiner Bugwelle. Das zwingt uns, die Position der Kamera zu ändern: Wir bauen sie seitlich am Schiffskörper an. Die Befestigung muss einem starken Wasserdruck standhalten können, wenn das Boot versucht, mit den Tieren auf gleicher Höhe zu bleiben. Insel Socorro

Der erste Drehtermin findet mit *Jonas* und den Ostpazifischen Delfinen in Costa Rica statt. Um möglichst viele Haltepunkte zu haben und die Druckkraft möglichst gut zu verteilen, wird Alexandre Bugel zum Holzmechaniker und kleidet den gesamten Bug des Schiffes ein. »Schon seltsam, am anderen Ende der Welt zu sein und dort mit drei Holzlatten eine kuriose Apparatur bauen zu müssen, die unbedingt funktionieren muss, weil das gesamte Team einem über die Schulter schaut und darauf wartet, dass es endlich losgeht.«

Als die Apparatur fertig ist, lehnt sich Alexandre Poulichot oben an den Ausleger und kontrolliert die Kameraachse mit einer Lenkstange und Kabeln. Es funktioniert! In der Kabine, in der sich das Aufnahmegerät befindet, ist Bildingenieur Mathieu Lamant wie gebannt: Die Delfine schießen knapp vor der Kamera mit mehr als acht Knoten durch das Wasser. Die geschmeidigen Körper winden sich, die starken Muskeln spannen sich, die Schwanzflossen schlagen stoßweise schneller. Plötzlich durchquert die Horde einen Fischschwarm, der gleich darauf verschwindet. Anschließend trifft sie auf einige Mobularochen, die aus der entgegengesetzten Richtung ins Bild kommen. Uns gelingt eine sehr dynamische Aufnahme, die einen guten Eindruck vom Leben unter dem Meer vermittelt.

Nach Costa Rica wird die Polecam weiter verbessert und in drei Metern Abstand vom Schiffskörper montiert – mit einer weiteren Aluminiumkonstruktion von Alexandre Bugel. Die Kamera bekommt mehr Bewegungsfreiheit. Auf den Azoren werden die Verbesserungen mit anderen Delfinarten getestet. Aber schlechtes Wetter und starker Seegang behindern die Aufnahmen. Die Kapsel am Ende des Auslegers taucht unaufhörlich ein und auf… von den Bildern wird man seekrank.

In der »beseelten« Stille der Arktis zeigt sich die Kunst eines Tontechnikers. Die Stille ist so vollkommen, dass man das geringste Geräusch über eine schier phänomenale Distanz wahrnehmen kann. Die Aufnahmegeräte müssen extrem sensibel sein. Hier warten Philippe Barbeau und Martine Todisco auf eine kleine Walrossgruppe. Sie haben ihre Fünf-Band-Mikrofone auf dem Packeis aufgestellt, um auch das leiseste Atemgeräusch oder ein entferntes Knacken der Eisschicht einfangen zu können. Insel Coburg, Kanadische Arktis, Juli 2008

Der nie gehörte Ozean

»Das Meer, wie Sie es noch nie gehört haben!« Die Regisseure legen viel Wert auf den Tonstreifen, denn er soll den Eindruck der Bilder verstärken. Die Zuschauer sollen nicht nur die Rufe der Vögel, den Gesang der Wale und Seehunde und das Knacken der Krebstiere hören, sondern auch die Gewalt des Sturms, die Kraft der Wellen, das Prasseln des Regens, das Peitschen einer Böe und gar den Geruch der Gischt spüren. Kurzum: Den Zuschauern soll ein neuartiges Hörerlebnis geboten werden.

Die Tontechniker stellen ihre Aufnahmen zwei für den Tonschnitt zuständigen Teams zur Verfügung. Dominique Fano und Élisabeth Paquotte wählen die passendsten Sequenzen aus und stimmen sie auf die Bilder ab. »Meeresgeräusche sind eine schwierige Angelegenheit. Der Tonschnitt für *Unsere Ozeane* war der komplexeste, den ich bisher gemacht habe«, erzählt Dominique. »Wir haben stundenlang dem Heulen des Sturms zugehört. Das war ganz schön anstrengend. Als würden uns den ganzen Tag lang die Wellen ins Gesicht peitschen. Irgendwann ist die akustische Aufnahmefähigkeit übersättigt. Aber im Gegenzug konnten wir Klangmaterial schaffen, das oft von der Realität entfernt ist, denn nichts ist unharmonischer als ein Meergeräusch.« Die Sturmsequenz ist klanglich gesehen ein wichtiger Teil des Films. Sie dauert gut fünf Minuten und nimmt kontinuierlich an Intensität zu. »Man stelle sich vor, man hört eine Symphonie, in der mehrere Minuten lang fortissimo gespielt wird: Da werden die Ohren auf eine harte Probe gestellt!« Die beiden Tontechniker müssen die Sequenz nicht nur hörbar gestalten, sondern auch glaubhaft und angenehm, ohne ihr die Kraft zu nehmen. »Einem andauernden Sturm Gestalt zu verleihen, ist eine fast unlösbare Aufgabe.« Präzisionsarbeit, während der man immer in Hinterkopf behalten muss, dass das Gehör irgendwann nicht mehr aufnahmefähig ist.

Und unter Wasser? Die auditive Wahrnehmung ändert sich hier radikal. *Die schweigende Welt* von Cousteau liegt weit zurück. Abgesehen von den Gesängen einiger Meeressäugetiere hört man nur das Knistern und Knacken von Plankton und Krustentieren. Ein Rauschen, das in die Ohren dringt, und nur wenig harmonische Töne, die man weiterverarbeiten könnte. Also bleibt uns nichts anderes übrig, als selbst einen Unterwasser-Tonstreifen zu kreieren.

Jérôme Wiciack ist unser Tonmeister. Zusammen mit seiner Assistentin Émilie Boueil nimmt er die Herausforderung an. Von Anfang an richtet er seine Aufmerksamkeit auf zwei Hauptschwierigkeiten: Zum einen öffnen die unter Wasser »sprechenden« Tiere nicht den Mund. Wie soll man also Klänge synchronisieren? Zum anderen verursachen ihre Bewegungen im Wasser im Grunde genommen kein Geräusch. Doch das heutige Kino verlangt, dass jedes Bild mit einer Anhäufung von Klängen untermalt wird. Also muss man diese Klänge schaffen, indem man insbesondere mit der Beschaffenheit des Wassers arbeitet. Jedes Tier hat eine bestimmt Art und Weise, das Wasser zu teilen. Niemand weiß, wie es sich anhört, wenn der Kiefer eines Bronzehais eine Sardine knackt. Aber der Zuschauer, der sich die Szene anschaut, verlangt passende Geräusche. »Es geht also darum, die Bilder zu analysieren und Klänge zu ersinnen, mit denen die Aufnahmen lebendiger wirken. Das Ganze grenzt an Zauberei, denn der Funke muss schließlich sofort überspringen«, erklärt Jérôme. Und so zögert er nicht, sich selbst voll einzubringen: Er nimmt auf, wie er in einem Schwimmbecken taucht, und mischt die Geräusche mit jenen einer Kanone, mit den Schlägen, die einem auf dem Wasser liegenden Brett verpasst werden und dem Geräusch einer Druckluftflasche, die sich am Boden des Beckens in großer Geschwindigkeit entleert. So bekommt er den Klang der verblüffenden Tauchgänge, die Tölpel vor den Küsten Südafrikas vollführen. Das Ergebnis wirkt echter als die Realität. Jérôme und Émilie verfremden, manipulieren, beschleunigen und verlangsamen die Geräusche. »Manchmal gibt es Parallelen zum Zeichentrick, bei dem der Klang dazu dient, die Figuren zu charakterisieren. Das Ganze ist recht amüsant, aber man darf nicht übertreiben. *Unsere Ozeane* bleibt ein naturalistischer Film.« Jérôme setzt jedoch auf die künstlerische Freiheit – wenn sie dem Bild dient.

Als Dominique, Élisabeth, Jérôme und Émilie ihre Arbeit beenden, ist der gesamte Film vertont, bis zum leisen Augenklimpern eines Krebses. Die Dateien gehen an das Mischstudio und werden dort mit der Geräuschkulisse, der Stimme des Sprechers und der Musik von Bruno Coulais zusammengebracht. Tonmischer Florent Lavallée wird den Film nun als letztes Glied der Kette begutachten. Er befindet sich in einer privilegierten Situation und startet ganz frisch, während sich alle anderen bereits erschöpft fühlen. Das Studio ist aufgebaut wie ein Kinosaal. Florent nimmt den »Königsplatz« ein: einen Zuschauersitz in der Mitte des Raums. Bei den beiden Regisseuren setzt er sich für ein Gleichgewicht zwischen allen Tonspuren ein. »Im Mischstudio kreuzen sich alle klanglichen Intentionen des Films. Hier muss es uns gelingen, die verschiedenen Tonspuren in ein harmonisches Gleichgewicht zu bringen.« *Unsere Ozeane* umfasst 256 Tonspuren. Diese in ein Zusammenspiel zu bringen, ist eine technische Meisterleistung, bei der ihn Jean de Sagey unterstützt. Es geht um wichtige Entscheidungen: Soll man die Musik zurückstellen? Oder besser die Geräusche? In den meisten Fällen unterstützen sich die verschiedenen Tonspuren. Für die Regisseure ist es ein einzigartiger Moment: Die Mischung des Tons ist die letzte Etappe des Films. Danach geben sie *Unsere Ozeane* aus der Hand, und ihr Werk kann endlich dem großen Publikum gezeigt

Im letzten Jahr der Dreharbeiten haben Philippe Barbeau, Martine Todisco und ihre Assistenten die Welt mit ihren ausgefeilten Aufnahmegeräten bereist. Die Tierfilm-Spezialisten haben die Laute von Meeressäugetieren und anderen Lebewesen unter Wasser aufgenommen, aber auch mehrere hundert Stunden Meeresgeräusche, vom leichten Murmeln der Wellen bis zum Brausen des Sturms. Auf diesem Foto »interviewt« Philippe Barbeau Kalifornische Seelöwen an einem Strand der Galapagosinseln, während eines Drehs im März 2008.

Wir haben da ein kleines Problem: Das Modell, das OMD Technologies von einem Pottwal gefertigt hat, ist sehr realistisch, aber ... es treibt auf dem Wasser! Wir brauchen gut eine Stunde, um es mit Wasser zu füllen, damit die Taucher es ins Netz bekommen.

Jacques Cluzaud wird eines der beweglichen Blauhaimodelle ins Wasser lassen, die an eine Langleine gehängt und anschließend aus dem Wasser gezogen werden.

Wieder ein bewegliches Blauhaimodell, doch dieses Mal ohne Flossen. Es wird über Bord geworfen.

Das Massaker der Meere

Der Hai windet sich, um den Haken loszuwerden, der ihn aus dem Wasser zieht. Vergeblich. An Deck wird er bei lebendigem Leibe verstümmelt. Seine Flossen werden sofort zum Trocknen aufgehängt, sein Körper, ein blutiger, von Konvulsionen geschüttelter Rumpf, wird zurück ins Meer geworfen. Das Maul schnappt noch ein paar Mal Wasser, dann versinkt das Tier. Die Szene ist unerträglich anzuschauen. Doch es wurde kein einziger Hai verletzt, um sie zu drehen. Das blutende, sich verrenkende Tier ist ein »Animatronic«.

Wie soll man das Massaker an den Haien und Delfinen im Kino zeigen, ohne dass ein Tier zu Schaden kommt und ohne einem solchen Gemetzel beizuwohnen? Zuerst einmal verbieten es uns unsere ethischen Maßstäbe, dann aber auch die Erzählweise des Films und die für eine Kinoprojektion erforderliche Qualität der Bilder, einen realen Fang mit versteckter Kamera zu filmen. Die Regisseure Jacques Perrin und Jacques Cluzaud möchten den Blickwinkel der Meereslebewesen beibehalten, der seit Beginn die Maxime des Films ist. Sie möchten das Gefühl bewahren, Fisch unter Fischen zu sein. Dies verbietet einen deskriptiven dokumentarischen Blickwinkel und erfordert einen fiktiven Dreh. Indem sie sich auf wissenschaftliche Informationen und reale Dokumente stützen, entwickeln die beiden Regisseure mit Hilfe von Christophe Cheysson eine eindringliche und kurze Szene, die der Zeichner Vincent Coporet in ein Storyboard umwandelt. Sein »Comic« verdeutlicht die Bildeinstellungen und die Abfolge der Aufnahmen. Vor Ort, das heißt Tausende Kilometer vom Montageraum entfernt, können Jacques und Christophe den Kameratauchern mit Hilfe des Storyboards deutlich machen, wie sie sich die Szene vorstellen.

Gleichzeitig fertigt Paul Trefys Creature NFX Workshop in Australien unter der Leitung von Andrew Harcourt und Greg McKnee Reproduktionen in Lebensgröße von allen Tieren, deren Abschlachten wir filmen werden. Es entstehen Modelle von Blauhai, Delfin, Schildkröte und Pottwal. Dabei geht es nicht nur darum, ihr Aussehen getreu wiederzugeben. Damit die Modelle sich in die naturalistischen Aufnahmen einfügen, müssen vor allem ihre Bewegungen authentisch wirken. Die beweglichen Figuren werden also mit Pumpen, Winden und Motoren ausgestattet, die unsichtbar bleiben müssen.

»Nicht ganz einfach, Mechanismen zu finden, die sich mehrere Tage der Korrosion unter Wasser widersetzen!«, betont Christophe Cheysson. Die Motoren, die »Animatronics« für Aufnahmen an Land bewegen – zum Beispiel die Dinosaurier aus *Jurassic Park* – sind nicht dafür vorgesehen, unter Wasser zu arbeiten und besitzen nicht genug Kraft für Bewegungen unter Wasser.

Doch das Team um Andrew kann alle technischen Probleme lösen. »Trotz allem bleiben die Bewegungen der Tiere mechanisch. Damit beim Zuschauer die gleichen Gefühle geweckt werden wie beim Abschlachten echter Tiere mussten wir eine Filmweise finden, die weniger deskriptiv ist, sondern lebendig und engagiert wirkt«, erinnert sich Christophe. »Jeden Tag nach der Vorführung haben wir die Einstellungen überarbeitet: Langsame Bewegungen, die dicht an das Netz herangehen, in dem sich die Tiere verfangen, so als wären wir eines dieser Lebewesen in Todesnot. Das Abschlachten der Delfine dagegen wird mit heftigen und abstrakten Kamerabewegungen wiedergegeben, um ein Gefühl hervorzurufen, als sei man inmitten der ›Animatronics‹ gefangen.« Auf der Leinwand wirken die falschen Aufnahmen eindringlicher als echte.

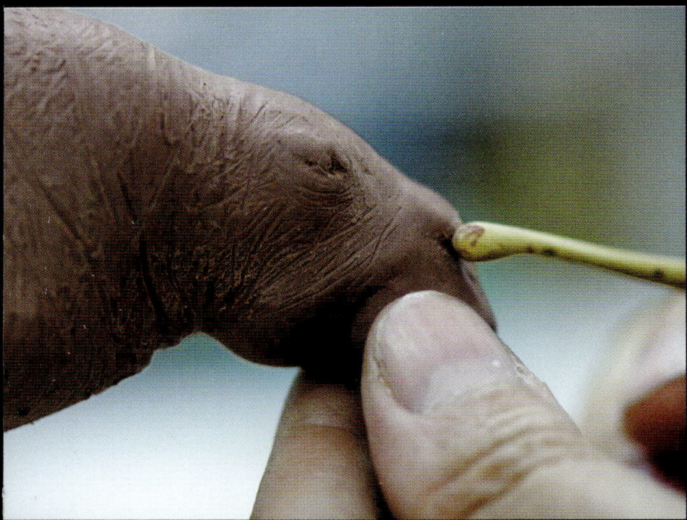

Die ausgestorbenen Arten zum Leben erwecken

»Die Nachbildung von Stellers Seekuh ist wohl die außergewöhnlichste Arbeit, die ich je geschaffen habe. Wir haben bei Null angefangen und hatten nicht einmal ein Modell. Also mussten wir erst einmal genaue Nachforschungen anstellen!«

FRANCIS POIRIER, BILDHAUER

Um den Zuschauer in das Geschehen eintauchen zu lassen, haben die Regisseure im gesamten ersten Teil des Films den Blickwinkel der Meeresbewohner gewählt. Am Ende dieses Abschnitts erfahren die Meereslebewesen die brutale Gewalt des »industriellen Menschen«. Die Szene markiert einen Wechsel der Perspektive, denn bis dahin sind im Film keine Menschen aufgetaucht. Dann aber ziehen zwei Personen – Jacques Perrin und ein Kind (Lancelot Perrin) – eine Bilanz des Gemetzels. Sie besuchen ein imaginäres Museum, in dem ausgestorbene und durch die Ausbeutung des Menschen stark bedrohte Tierarten versammelt sind.

Für den Szenenaufbau dieses imaginären Museums bitten die Regisseure den Bühnenbildner Jean Rabas um Unterstützung. Der Ort soll an die Grande Galerie des Pariser Naturkundemuseums erinnern und über ausreichend Raum verfügen, um eine Ansammlung von Arten aufzunehmen, die als größtes Exemplar einen Blauwal umfasst. Jean schlägt vor, im alten Hafenbahnhof von Cherbourg zu drehen, an dem im vergangenen Jahrhundert die großen Ozeandampfer anlegten: eine riesige Halle, 120 Meter lang, 25 Meter hoch und 40 Meter breit, die uns Bernard Cauvin, Leiter des Meeresmuseums »Cité de la Mer«, zur Verfügung stellt. Wie sollen wir den gigantischen Raum bestücken, in dem sich Jacques und Lancelot umschauen sollen?

Die großen Betonbogen werden (inspiriert durch die Wanddekorationen im Musée de la Porte Dorée) mit Nachbildungen monumentaler Basreliefs von Walfangszenen verkleidet. Der Fußboden wird mit bemalten Holzplatten belegt, die an Marmor erinnern. Über die Rote Liste der bedrohten Arten der IUCN können wir bestimmen, welche Tiere den gigantischen Raum des imaginären Museums einnehmen werden. Jeans Team fertigt einen Entwurf der

Ausstellung, in dem Pappmodelle der verschiedenen Arten angeordnet werden. Auf einem schwarzen Marmorsockel am Eingang sieht man die fünf Arten, die der Mensch seit dem 18. Jahrhundert ausgerottet hat. Dahinter folgen, auf hellem Marmor, die bedrohten Spezies. Einige Präparate stammen aus den Naturkundemuseen von Paris, Straßburg und Lausanne – letzteres stellt uns auch ein sehr seltenes Exemplar des 1852 ausgestorbenen Riesenalks zur Verfügung.
Aber niemand hat eine Karibische Mönchsrobbe, einen Jangtse-Delfin oder gar ein Exemplar von Stellers Seekuh, die schon 1768 ausgerottet wurde. Wir beschließen also, sie zu rekonstruieren. Jean Rabas bittet das Team des Bildhauers Francis Poirier um Hilfe.

Phantombild einer Seekuh

Von Stellers Seekuh gibt es nur noch ein paar Skelette, aber keine Darstellung. Die Beschreibung, die der russische Naturwissenschaftler Georg Wilhelm Steller 1751 von ihr gab, reicht für eine Rekonstruktion nicht aus. Sie stellt nur einige Details heraus, wie zum Beispiel die Beschaffenheit der Haut. »Borkig wie Eichenrinde« heißt es – hier unterscheidet sich Stellers Seekuh radikal von ihren heutigen Verwandten, dem Dugong und dem Manati, die in tropischen Gewässern leben und glatte Haut haben. Stellers Beschreibung betont die Gemeinsamkeiten mit den Walrossen aus den kalten Gewässern der Beringstraße, in die auch die ausgestorbene Seekuh zog. Mit Hilfe der Hinweise, die ihm die für Galatée arbeitenden Wissenschaftler Stéphane Durand und François Sarano geben, fertigt Bildhauer Francis Poirier einen ersten Entwurf von etwa 20 Zentimetern Größe. Anschließend formen er und François Roux die Seekuh aus Polystyrolblöcken. Nach drei Wochen Arbeit können Jacques Perrin und Jacques Cluzaud bewundern, was seit 250 Jahren kein Mensch gesehen hat: die erste Rekonstruktion von Stellers Seekuh. Acht Meter lang und dreihundert Kilo schwer. Mit Barthaaren, die die Maskenbildnerin Mélanie Gerbeaux-Lainé sorgfältig aus Gänsefedern geschaffen hat. Die »Eichenrinden«-Haut hat die Malerin Lola Haertling mit mehreren Schichten Spachtelkitt und Farbe nachgebildet. Die anderen Tiere der Ausstellung – Delfine, Seehunde, Engelhaie – werden von Frédéric Lainé und Jean-Pierre und Marie Barthes mit gleicher Sorgfalt nach demselben Prinzip gestaltet.

Linke Seite, links: Der leitende Szenenbildner Jean Rabas präsentiert den Regisseuren Jacques Perrin und Jacques Cluzaud das von seinem Team geschaffene Modell des Hafenbahnhofs in Cherbourg.
Von rechts nach links: Jacques Cluzaud, Jean Rabas mit Computer, Christian Guillon (verantwortlich für Spezialeffekte), Luciano Tovoli (leitender Kameramann für den fiktionalen Teil), Jacques Perrin, Arnaud Fouquet (Assistent Spezialeffekte)
An der Kamera: Stéphane Durand, wissenschaftlicher Berater
Im Hintergrund: Olli Barbé (Produktionsleiter), Luc Drion (leitender Kameramann), Arnaud le Roch (erster Assistent Szenenbild)
Ganz hinten: Odile Balme (Produktionsassistentin)

Linke Seite, rechts: Bildhauer Francis Poirier formt Stellers Seekuh aus der Modelliermasse Plastilin. Zum ersten Mal seit 250 Jahren entsteht eine Nachbildung der ausgestorbenen Tierart.
Francis schneidet Kerben in den Polystyrolblock und gibt so die von Steller beschriebene »Eichenrinden«-Haut der riesigen Seekuh wieder.

Diese Seite, ganz oben: Christophe Cheysson (vorn) und Jacques Perrin (hinten) begutachten zum ersten Mal das imposante, noch unvollendete Tier, dessen Augen Jacques Cluzaud bereits zu hypnotisieren scheinen.

Oben: Jacques und Lancelot Perrin sind bereit zum Drehen. Der beleuchtete Hafenbahnhof beherbergt nun Stellers Seekuh, das bedeutendste Exponat im imaginären Museum der ausgestorbenen Arten.

Moment der Entspannung: Zwischen zwei Auf-
men stellt sich Lancelot Perrin hinter die Kamera.
Kameraassistent Stéphane Aupetit und Vincent
co, dem Leiter des technischen Teams, entdeckt
ie Geheimnisse einer guten Kameraeinstellung.

Drion vor dem Balg eines Japanischen Seelöwen
ophus japonicus). Die letzten Vertreter dieser Tier-
vurden 1955 ausgerottet.

Am Set

»Achtung: Kamera läuft!« Die Stimme von Christophe Cheysson, verstärkt durch seine Assistentin Vanessa Dijan, sorgt am riesigen Set für Stille. Die 20 Meter über dem Boden an der »Luma« montierte Kamera von Luc Drion steht senkrecht über Jacques und Lancelot. Die beiden laufen durch das Mausoleum der ausgestorbenen Tierarten. Die Techniker Edgar Raclot und Vincent Blasco bewegen langsam den großen Kran, damit die Kamera sich wie ein Vogel hinter die beiden Schauspieler stellt und dabei über die Ausstellungsstücke gleitet.

Der von Vincent Blascos und Edgar Raclots Technikerteam gesteuerte »Luma«-Kamerakran auf Schienen ermöglicht eine Erhöhung der Kamera bis auf 20 Meter und eine langsame Bewegung nach vorn.

»Schnitt!« Mit Jacques Cluzauds Anordnung kehrt das Stimmengewirr zurück. Gleich im Anschluss schaut er sich mit Jacques Perrin und dem leitenden Kameramann Luciano Tovoli an, wie das virtuelle Szenenbild angeordnet ist, um dann die Aufnahme zu wiederholen oder zur nächsten Einstellung überzugehen.
In dem halb leeren und sehr lauten Hafenbahnhof von Cherbourg koordiniert der Erste Regieassistent Christophe Cheysson die Arbeit der Techniker. Was dem unwissenden Blick wie ein chaotischer Ameisenhaufen erscheint, ist in Wahrheit perfekt organisiert: Während Vincent Blascos Techniker die Kameraschienen verlegen, platzieren die Beleuchter unter Jean-Claude Bras die Scheinwerfer und richten sie aus. Obwohl die Szene am Tage spielt, wollte Luciano lieber bei Nacht drehen, um die Lichtverhältnisse vollständig im Griff zu haben und nicht von den Launen des Wetters abhängig zu sein. Gigantische Scheinwerfer kreieren also das Tageslicht, das durch die Glaswände des Hafenbahnhofs scheint. In einigen Minuten ist das Set fertig. Luc kann drehen!

Der große Hammerhai *(Sphyrna mokarran)* und der Atlantische Nordkaper *(Eubalaena glacialis)* scheinen sich im nächsten Moment in die Wellen stürzen zu wollen.

Arnaud Fouquet, zuständig für die Spezialeffekte des Films, und Hugues Namur präsentieren Jacques Cluzaud und Luc Drion das virtuelle Szenenbild, in dem sich die von Lancelot und Jacques Perrin verkörperten Charaktere bewegen werden. Auf diese Weise wird deutlich, welche Elemente die Kamera erfassen wird.

Viele Arbeitsschritte sind notwendig, damit die virtuellen Geschöpfe, die später das Museum bevölkern, derart realistisch wirken. Zuerst werden Bilder und Beschreibungen gesucht, dann Computerporträts aus verschiedenen Perspektiven angefertigt und schließlich eine erste dreidimensionale Darstellung geschaffen. Aber erst nach zahlreichen Korrekturen ist die Morphologie des Tieres perfekt. Dann beginnt die Arbeit am Erscheinungsbild: der Haut, den Haaren und Falten und natürlich auch den Narben, die einen lebendigen und realistischen Touch verleihen.

Virtuelle Wale

Wenn man sich die Szene im Hafenbahnhof von Cherbourg anschaut, braucht man eine Menge Fantasie, um sich vorstellen zu können, wie sie der Zuschauer auf der Leinwand sehen wird. Nur einige Tierarten sind als Präparate oder Rekonstruktionen vorhanden. Ansonsten steht man in einem leeren Raum – in dem nichts von den riesigen Walen, den Haien und Rochen zu entdecken ist, die man später im Film sehen wird. Stattdessen beherrschen Kabel und Scheinwerfer die Szene.
»Wenn man in einem derart unvollständigen Szenenbild dreht, muss man die Aufnahme vorab auf dem Computer visualisieren. Anhand der Animation können die Regisseure und der bildgestaltende Kameramann die Kameras im virtuellen Raum anordnen und mit den Charakteren bewegen – wie an einem echten Set«, erklärt der für Spezialeffekte zuständige Christian Guillon. »Wir haben die Einstellungen kalkuliert und dem leitenden Cutter Vincent Schmitt gezeigt, damit er testet, wie man sie in den Film einbauen kann, bevor die Aufnahmen gedreht werden!«
Es werden verschiedene Animationen gefertigt: Eine Version zeigt, was man sehen wird, die anderen Versionen verdeutlichen, wie vorzugehen ist: Welche Teile des Szenenaufbaus sind wirklich am Set vorhanden? Welche virtuellen Tiere müssen durch eine Sperrholzsilhouette

Der Hafenbahnhof von Cherbourg wurde in ein riesiges Filmstudio verwandelt. Die grünen Stoffbahnen, mit denen die Rückwand der Halle abgedeckt ist, machen es später möglich, die am Computer erzeugten Szenenelemente einzubauen.

»ersetzt« werden, damit später die Schatten richtig fallen? Welche Instrumente braucht man, um die Kamera auf die gewünschte Höhe zu bringen? Wo müssen grüne Hintergründe angebracht werden?

Der Erste Regieassistent Christophe Cheysson kann nun einen Arbeitsplan entwerfen, der alle durch die Animation gewonnenen Hinweise berücksichtigt.

Am Set verdecken große grüne Leinwände die Betonmauern: »Grün lässt sich in der Nachbearbeitung am besten überdecken. Vor dem grünen Hintergrund kann man die Umrisse der Figuren leicht isolieren und dann in die Szenenelemente und die Ausstellungsstücke einbauen, die wir als Computerbilder generieren«, erzählt der Leiter der Spezialeffekte, Arnaud Fouquet.

Aber es ist gar nicht so einfach, diese Computerbilder zu schaffen!

»Ein Foto oder eine Zeichnung genügt nicht, um einem Tier Gestalt zu geben, das sich auf dem Computerbildschirm aus allen Winkeln betrachten lässt. Selbst in wissenschaftlichen Büchern sind die Zeichnungen oft sehr ungenau, und Fotos verformen die Perspektive – besonders, wenn es sich um ein großes Tier handelt. Sie zeigen nur einen Aspekt, nie das Ganze. Also muss man so viele Darstellungen wie möglich vereinen und mit anatomischen Beschreibungen abgleichen. Zu guter Letzt geben uns Taucher, die mit den Tieren unter Wasser waren, Hinweise zur ihrer Körperhaltung. So etwas kann man nur wissen, wenn man die Tiere beobachtet hat«, erzählt Hugues Namur, der bei Mikros für die Spezialeffekte zuständig ist.

Nach wochenlanger Arbeit nehmen die Wale, Haie und Rochen Gestalt, ja Leben an, so echt wirken sie. Der Hafenbahnhof von Cherbourg wird bevölkert. Die einzelnen Puzzleteile fügen sich zusammen, und die virtuelle Ausstellung ist komplett. Jacques und Lancelot können nun das überwältigende Museum betreten – das niemals wirklich existieren wird.

Um Mondschein über dem Riff nachzubilden, hat Philippe Ros gigantische Scheinwerfer auf dem Ponton installiert. So spielt das Licht, wie von Jacques Cluzaud gewünscht, durch die leicht wogende Meeresoberfläche.

Die Aquarien im australischen Townsville werden durch ähnliche Lichtinstallationen wie auf dem Ponton in Neukaledonien erleuchtet. Auf diese Weise können die Makroaufnahmen der kleinen Rifflebewesen harmonisch in die im Meer gedrehten Sequenzen eingefügt werden.

Mondschein unter dem Meer

Wie kann man die Meereswelt im Mondlicht filmen, wenn unser Auge es doch kaum wahrnimmt und auch unsere empfindlichsten Kameras es nicht einfangen können? Wie soll man die leisen Bewegungen eines Diadem-Seeigels oder den zarten Tanz einer wenige Zentimeter großen Nacktkiemerschnecke verfolgen, ohne den Fokus zu verlieren und ins Zittern zu geraten, wo es dort unten doch weit und breit keinen Haltepunkt gibt? Wie kann es gelingen, die strahlige Rückenflosse des Pazifischen Rotfeuerfischs zwischen Korallenzweigen zu fixieren, ohne ihn zu stören? Wie soll man einem Steinfisch mit der Kamera folgen, der sich »hüpfend« in einen kaum handgroßen Durchschlupf begibt?

Diese Art Herausforderungen formulierte Regisseur Jacques Cluzaud mit Unterstützung des Aufnahmeleiters Vincent Steiger und des bildgestaltenden Kameramanns Philippe Ros während zwei Expeditionen zu den Korallenriffen von Neukaledonien und Australien.

Vom Großen zum Kleinen

Die zündende Idee war dann, im »Großen« zu denken, um das Kleine zu filmen. Vincent Steiger machte das Unmögliche möglich: Er entdeckte ein atemberaubendes Korallenriff in einer Lagune bei Nouméa, über dem ein Ponton ankert, der einer 30-köpfigen Crew Platz bietet. Dieser wird schnell von unserem fran-

Die auf einem Träger montierte Kamera kann über Schienen gleiten, die das australische Team auf dem Sand der Lagune von Nouméa installiert hat. Rechts überprüft Taucher Georges Evatt die Verbindung zwischen der Kamera und der Fernsteuerung für die Einstellung.

zösisch-australischem Team besetzt. Der Oberbeleuchter Paul Johnston installiert unter Anleitung von Philippe Ros extrem leistungsstarke Scheinwerfer, die Mondschein imitieren. Das Licht wird durch gelöcherte Abdeckungen gestreut, die Philippe auf dem Wasser auslegt. So entsteht die unwirkliche Stimmung eines Korallenriffs in einer Vollmondnacht…

Die Taucher aus Andrew Harcourts Team bauen längs des Riffs eine beeindruckende Unterwasser-Kameraschiene in den Sand. Kameramann René Heuzey kann die enorme Kamera nun ohne jede Erschütterung bewegen, selbst mit sehr großer Brennweite oder einem Makroobjektiv. Er arbeitet mit George Evatt zusammen, der unter Wasser den »Galatée-Gameboy« einweiht: einen Mini-Tauchkasten mit einem hochauflösenden Bildschirm und außenliegenden Vorrichtungen, durch die sich Blende und Einstellung mit einer Präzision steuern lassen, wie sie bisher unter Wasser oder von einem Schiff aus noch nie erreicht wurde. Mit Hilfe von HD-Bildschirmen kann der Regisseur die Aufnahmen vom Ponton aus leiten und dieselbe Einstellung immer und immer wieder filmen lassen, bis die gewünschte Sequenz steht.

Nachdem die Totale im Kasten ist, kommt die Halbtotale an die Reihe. Sie erfordert andere Aufnahmetechniken. Vincent Steiger schlägt vor, im Reef HQ Aquarium von Townsville in Australien zu drehen. Das große Becken dort ist 40 mal 15 Meter groß, fünf Meter tief und beherbergt ein unter Wasser liegendes Korallenriff mit seltenen Arten. Sie sollen die Bilder aus Neukaledonien ergänzen. Philippe steht vor der Aufgabe, eine Beleuchtung zu finden, mit der wir die australische Nacht der neukaledonischen Nacht angleichen können. Schließlich wird das Aquarium von einem 20 000-Watt-Scheinwerfer in Licht getaucht, der an einem ferngesteuerten Kopf über dem Wasser hängt und die Tiere in allen Ecken ausleuchten kann.

Die Vorbereitung der Nah- und Großaufnahmen stellt eine neue Herausforderung dar. Es geht darum, Tiere zu filmen, mit denen nur der Biologe Richard Fitzpatrick umgehen kann – und zwar in einem kleinen Becken von neun Quadratmetern, das nur 23 Zentimeter tief ist. Die geringe Tiefe erlaubt nur eine Kamera. Sie ist an einem Teleskoparm befestigt, und ihr Objektiv funktioniert wie ein »umgekehrtes Periskop«.

Indem er die Kamera nach vorne, zur Seite und nach hinten bewegt, kann Kameramann Olivier Guéneau filmen, wie sich Schmetterlingsfische und Seepferdchen zwischen den kaum zehn Zentimeter hohen Korallen hindurchschlängeln.

Die Lichtquelle ist so stark, dass die gelöcherte Abdeckung aus Aluminium bestehen muss, damit sie eine Temperatur von nahezu 50 °C aushält. Um das Wohlbefinden der Fische nicht zu beeinträchtigen, wird sogar das Becken gekühlt. Dann aber kann Jacques Cluzaud Kameramann Olivier bitten, den Ringkampf einer Krabbe mit einem Krebs zu filmen. Die Szene wird anschließend geschnitten wie eine Spielfilmsequenz, die es mit jedem Bruce-Lee-Streifen aufnimmt.

Oben links: Im Schneideraum arbeiten die beiden Regisseure mit Vincent Schmitt an den Aufnahmen von Meerechsen auf den Galapagosinseln und Spinnerdelfinen vor Costa Rica.

Unten rechts: Vincent hat bestimmte Lieblingssequenzen, an denen er besonders gern gearbeitet hat – zum Beispiel die Wanderung der Rotlachse. Das große Dilemma des Cutters ist aber, dass er sich entschließen muss, auch Szenen aus der Endversion zu streichen, an denen er sehr hängt – wie diese Aufnahmen von Großen Fetzenfischen an der Südküste Australiens.

Der Schnitt

Etwa 266 000 Meter Film, also fast 150 Stunden Bildmaterial, plus 321 Stunden HDV-Film: »Eine wahre Flut von Rohmaterial, das uns da aus aller Welt erreichte!«, resümiert Schnittmeisterin Catherine Mauchain, die seit *Le peuple singe* für Jacques Perrin arbeitet. Glücklicherweise ist nicht alles auf einen Schlag eingetroffen, sonst wären Cutter und Regisseure in einem Tsunami von Bildern ertrunken. Die Dreharbeiten waren auf vier Jahre verteilt, und so kam das Filmmaterial nach und nach. Catherine nimmt es in Empfang und sieht es sich mit den Regisseuren an. Sie kennt alle Bilder auswendig. Lange bevor man an den Schnitt geht, der gute sechs Monate vor den letzten Dreharbeiten beginnt, ordnet Catherine die Aufnahmen und ermöglicht es den beiden Regisseuren, sich mit den Bildern vertraut zu machen. Einzelne Aufnahmen werden ausgewählt und bearbeitet, indem kurze Sequenzen zusammengestellt werden.

Nur zwei Cutter schneiden den Film: zum einen natürlich Catherine, zum anderen Vincent Schmitt, ein junger Schnittmeister, der auf Oper und Ballett spezialisiert ist. Jacques Perrin stellt sich *Unsere Ozeane* wie ein Ballett vor. Vincent hat nie zuvor mit Tierfilmen zu tun gehabt, aber er bringt frische, neue und unerwartete Sichtweisen in die Arbeit.

469 Stunden und 36 Minuten – das ist die genaue Länge des Materials, das sie bearbeiten müssen, um schließlich einen Film von maximal einer Stunde und 40 Minuten zusammenzustellen. Eine gewaltige Herausforderung: 99,65 Prozent der Bilder müssen aussortiert werden! Und eine wirklich schwere Aufgabe, denn jede Aufnahme ist schöner als die andere. Welche Bilder soll man auswählen? Jacques Perrin und Jacques Cluzaud möchten ein Ballett? Haben sie die Kameraleute nicht ausdrücklich gebeten, mit ihrem Motiv eins zu werden, mit den Walen zu tanzen und mit den Seehunden Pirouetten zu drehen? Sollten die Ingenieure nicht Instrumente erfinden, mit denen man die Tiere bei ihren wilden Rennen verfolgen kann? Also geht es doch um den Ausdruck, den Rhythmus und die Flüssigkeit der Bewegung und weniger um spektakuläre und außergewöhnliche Verhaltensweisen. Monatelang schließen sich Catherine und Vincent mit den beiden Regisseuren in zwei Schneideräumen ein, die durch Sophie Vermersch vernetzt werden. In einem gekühlten Raum wird ein Berg von Festplatten aufbewahrt. Schnittassistentin Noémie Loeve ist die gute Fee des Ganzen: Tag und Nacht und sogar am Wochenende wacht sie über die Organisation. Sie ver-

waltet und ordnet die gigantische Datensammlung, die das digitalisierte Rohmaterial generiert hat. Zahlreiche Personen verfolgen das Voranschreiten der Arbeit aus der Nähe: die Toncutter, die Künstler und Techniker für Spezialeffekte, der Musiker Bruno Coulais, der die Filmmusik schreibt, und mehrere andere. Alle beschäftigen sich mit den Sequenzen, die gerade beim Schnitt sind und im Laufe der Arbeit ständig aktualisiert werden müssen. Auf der anderen Seite greift der Schnitt aber auch auf den Ton, die Musik und die Spezialeffekte zurück. Noémie ist Dreh- und Angelpunkt für diesen Austausch und regelt sämtliche »Import-Export«-Aktionen. Da Noémie sie von den technischen Zwängen des Schnitts befreit, können die Cutter sich auf die Herstellung des Films konzentrieren: Zusammen mit den Regisseuren müssen sie eine sinnvolle Ordnung finden, dem Film einen Rhythmus verleihen und dabei das Verhalten der Tiere im Auge behalten.

Bei der riesigen Menge von Bildern ist das Spektrum der Möglichkeiten besonders groß, und es gibt zahlreiche Lösungswege. Aber schließlich kann nur ein Weg eingeschlagen werden. Der Schnitt eines Films ist wahrhaft keine exakte Wissenschaft, ganz im Gegenteil. Daher rührt auch die ständige Angst der Cutter: »Habe ich die richtige Auswahl getroffen?« Der Moment der Entscheidung ist immer wieder schlimm. Der Schnitt bekommt Kontur, und der Film nähert sich Woche für Woche seiner geforderten Länge. Eine Sequenz nach der anderen wird fallengelassen. Man muss sich entschließen, Sequenzen, die einem am Herzen liegen, und einige der schönsten Bilder zu streichen. Die schreckliche Parole der Cutter lautet: »Kill your darlings!« Der Film kann nicht nur eine simple Collage schöner Einstellungen und Bilder sein. Es soll kein eine Stunde und 40 Minuten andauernder Clip werden. Also muss man unerbittlich Sequenzen aufspüren, die zu lang erscheinen. »Eine Sequenz ist zu lang, wenn man Zeit hat, zu merken, wie schön sie ist«, versichert Jacques Perrin.

Zwei Cutter und zwei Regisseure – eine Gleichung, die nicht einfach zu lösen ist. Aber sie vermag die Sichtweisen erheblich zu bereichern. Am Ende, nach fast einem Jahr Schnitt, ist es, »als würde man drei Marathons hintereinander laufen, um dann bei einem 1500-Meter-Lauf ins Ziel zu kommen!«, scherzt Vincent.

Die Filmmusik

Eine Suite für Orchester mit Geige und Harfe als Soloinstrumenten – das schwebt dem Komponisten Bruno Coulais vor, als er die Bilder des Films zum ersten Mal sieht. »Ich habe versucht, mit der Musik die Fragilität der Meerestiere auszudrücken. Sie können noch so groß und stark sein, der Mensch hat sie äußerst verletzlich werden lassen. Das hat mich schon beim Anschauen der ersten Version von zweieinhalb Stunden beeindruckt: Der Kontrast zwischen dem Eindruck von Stärke einerseits und andererseits den Bedrohungen, denen diese Lebewesen ausgesetzt sind. Das möchte ich über meine Musik vermitteln. Die tiefe Empfindung macht den Film in heutiger Zeit mehr als notwendig.« Daher arbeitet die Musik oft mit Kontrapunkten – als wolle sie an die Zerbrechlichkeit von so viel Schönheit erinnern. Bruno Coulais ist sehr neugierig auf die Arbeit der Toncutter Dominique Fano und Jérôme Wiciack. Er versucht, seine Musik aus den Klängen der Natur zu entwickeln, ohne dass ein Gegensatz zwischen den Instrumenten und den Gesängen der Tiere entsteht.
Der Komponist wird sehr früh in das Abenteuer des Films eingebunden. Er sieht sich das

Rohmaterial an, bevor die Dreharbeiten beendet sind und man sich an den Schnitt begibt. »Die Arbeit mit Bruno ist eine ständige Suche, genau wie beim Bild, beim Licht und dem Filmen der Tiere in Bewegung«, erklärt Jacques Cluzaud. »Das ist die Besonderheit dieser Produktion. Jeder, der an ihr beteiligt ist, ist Spezialist auf seinem Gebiet, wird aber ermuntert, darüber hinaus zu gehen.« Die Datenverarbeitung ist eine wertvolle Hilfe: Bruno kann seine Intentionen und Inspirationen schnell formulieren und so einen Dialog mit Jacques Perrin und Jacques Cluzaud beginnen. Er versucht, eine Synthese aus den Vorstellungen der beiden Regisseure zu bilden.

Da die Arbeit lange vor dem Schnitt begonnen hat, verwendet Bruno viel Energie darauf, sich den neu auftauchenden oder verschwundenen, den verkürzten oder neu platzierten Sequenzen anzupassen. »Das mag qualvoll erscheinen, denn der endgültige Schnitt steht erst sehr spät. Aber ich ziehe diese Arbeit vor, denn so kann ich mitverfolgen, wie der Film seine Struktur erhält.«

Die Herausforderung für Bruno Coulais besteht darin, eine Musik zu komponieren, die eine Einheit bildet und doch eine Eigenheit für Sequenzen schafft, die so unterschiedlich sind wie die Kunststücke der Spinnerdelfine, ein Korallenriff bei Nacht oder die imposante Armee der Krabben.

Der Ozean von morgen

Dieses Weiße-Hai-Weibchen, dem man den Namen »Lady Mystery« gegeben hat, misst 5,5 Meter und streift um die Insel Guadalupe vor der Pazifikküste Mexikos. Das Tier trägt einen Sender an der Rückenflosse, den der junge mexikanische Wissenschaftler Mauricio Hoyas während der Dreharbeiten zu unserem Film am 12. November 2006 angebracht hat.

Das Meerottermännchen Odin wurde im März 2003 geboren. Im Alter von drei Wochen wurde es plötzlich von seiner Mutter getrennt (womöglich durch einen Sturm oder einen störenden Eingriff des Menschen) und von Veterinären des Monterey Aquarium aufgenommen. Im Oktober 2007 wurde Odin wieder freigelassen, nachdem man ihn mit einer Marke (No. 262) und einem Sender ausgestattet hatte, der es den Wissenschaftlern ermöglicht, seine Bewegungen entlang der kalifornischen Küste zu verfolgen. Leider ist Odin seitdem mehrmals krank geworden und hatte einige Aufenthalte in der Tierklinik. Odin hat sich so sehr an Menschen gewöhnt, dass er keinerlei Angst zeigt und gegenüber Menschen und anderen Tieren wie Ottern und Seehunden äußerst aggressiv reagiert. Im Juli 2008 haben die Wissenschaftler beschlossen, ihn endgültig in Gefangenschaft zu halten. Odin ist zum Studienobjekt für Forscher der Universität Santa Cruz und des Monterey Bay Aquarium geworden.
Er dient für Versuche zur Sinneswahrnehmung und vor allem zur Hörfähigkeit von Meerottern, mit denen man herausfinden möchte, wie sehr besonders laute menschliche Aktivitäten wie beispielsweise die Erdbebenforschung die Tiere beeinflussen.
Das Foto entstand im Oktober 2007 während Dreharbeiten im Fischerhafen von Boss Landing in der Monterey Bay.

Was weiß man vom Leben im Ozean?

Die Zahlen sind bekannt: Drei Viertel der Erdoberfläche werden vom Meer eingenommen – daher spricht man ja auch vom »Blauen Planeten«. Aber es lässt sich kaum erfassen, was dies in Bezug auf die Artenvielfalt wirklich bedeutet. Tatsächlich sind 95 % des mit Leben bevölkerten Erdvolumens in den Meeren, aber nur 5 % auf festem Land zu finden. Doch der Mensch, als typischer Landbewohner, hat dem Ozean den Rücken gekehrt und vor allem das Leben auf der Erde untersucht, obwohl es im Vergleich zum Leben im Meer nur einen unbedeutenden Teil darstellt. Über Jahrhunderte hinweg haben die größten Entdecker aller Zeiten auf der Suche nach neuen Kontinenten die Meere durchpflügt und dabei höchstens einen sorgenvollen Blick auf die riesigen Ozeane geworfen, die sich unter ihren Steven ausbreiteten. Der Mensch kann nur an der Oberfläche des Meeres rühren. Über die Topografie der Meerestiefen ist weiterhin nichts bekannt. Und auch die Meeresoberfläche selbst ist nicht glatt oder gleichförmig! Heute werden die Meerestiefen mithilfe verschiedenster Apparaturen und leistungsstarker Technologien zugänglich. Im Bereich der Meeresforschung ist die Ära der großen Entdeckungen längst nicht abgeschlossen. Sie beginnt gerade erst. Mit jeder Expedition kommen neue Entdeckungen, und die Wissenschaftler erleben eine Überraschung nach der anderen. Es vergeht kein Tag, an dem nicht eine neue Art bekannt würde. Jede Sekunde verfolgt man die Wanderwege der Tiere und entschlüsselt ihr Verhalten. Man rüstet sie mit elektronischen Geräten aus und verwandelt sie in ozeanografische Assistenten, die in Bereiche gelangen, in die der Mensch ihnen niemals folgen könnte. Man identifiziert die Individuen bestimmter Wal-, Delfin- oder Seehundpopulationen. Man entdeckt Korallenriffe in den größten Tiefen und kältesten Zonen, wo sie niemand vermutet hätte. Man stößt auf die unwahrscheinlichsten Wesen, die sich mit Erfolg unter undenkbaren Temperaturen, Salzgehalten und Druckverhältnissen am Leben halten. Ganz abgesehen von den Meeresmikroben, die in der Forschung lange vernachlässigt wurden: Erste Studien legen nahe, dass ihre Vielfalt die Gesamtheit der anderen Lebewesenarten bei Weitem übersteigt. In einem Liter Meerwasser befinden sich allein 20 000 verschiedene Mikroben! In der gigantischen Schlammschicht in den Tiefen der Ozeane gedeihen Bakterien mehrere Hundert Meter unter dem Grund. Man nimmt an, dass ihre Biomasse das gesamte über ihnen schwimmende Meeresleben übersteigt.
Wir stehen erst am Beginn der Meeresforschung. Die Bandbreite der eingesetzten Technologien und das gemeinsame Bestreben weltweiter Forschungseinrichtungen offenbaren vor allem das Ausmaß unserer Unwissenheit. Vom Leben im Meer wissen wir so gut wie nichts. Sicher, die Namen häufen sich wie nie zuvor, aber es handelt sich hier nur um Listen, die Tag für Tag länger werden. Ansonsten weiß man nichts über die neu entdeckten Arten – weder über ihr Vorkommen noch die Dynamik ihrer Populationen, weder über ihre Biologie, Ökologie noch über ihre Beziehungen zu Artgenossen, anderen Tierarten und ihrem Milieu. Die Daten häufen sich in schwindelerregender Weise, und die Wissenschaftler verfügen weder über die Zeit noch die Mittel, sie alle auszuwerten. Es braucht Jahre, um eine offizielle Beschreibung einer neuen Spezies hervorzubringen, und die

Das junge Weddellrobben-Männchen »Choupi« trägt einen Argos-Transmitter auf dem Kopf. Choupi misst 2,28 Meter, wiegt 243 Kilo und lebt nahe der französischen Forschungsstation Dumont d'Urville in Adelieland. Der im Januar 2009 angebrachte Satellitensender ermöglicht es, die Bewegungen des Tieres zu verfolgen. Auf diese Weise konnte man bereits herausfinden, dass die Weibchen eher sesshaft sind und das ganze Jahr über in der Nähe des Atemlochs bleiben, das sie im Eis offen halten. Die Männchen ziehen mehr umher und entfernen sich bis zu 160 Kilometer von der Basis. Weddellrobben fischen in Tiefen von 300 bis 800 Metern unter dem Eis. Mithilfe von Minisensoren, die in den Sender integriert sind, wird der Seehund selbst zum Ozeanografen: Er liefert in Echtzeit wertvolle Informationen zu Temperatur und Salzgehalt der durchquerten Wasserschichten unter dem winterlichen Packeis, die für Wissenschaftler unerreichbar sind. Um die Erhebung der Daten kümmern sich Jean-Benoît Charrassin vom Pariser Naturkundemuseum, Christophe Guinet von CNRS-CEBC in Chizé und die Universität von Tasmanien in Australien.

nicht gerade zahlreichen Systematiker sind mit der Aufgabe überfordert. Wenn es bei diesem Tempo bleibt, wird es noch mehrere Jahrhunderte dauern, bis alle Meerestierarten systematisiert sind. Währenddessen geht der Raubbau an den Ozeanen weiter. Die große Mehrheit der neuen Arten wird nur einmal gesichtet, und dies meist tot in den Netzen der Fischer. In den Grundschleppnetzen machen Wissenschaftler ihre bedeutendsten Entdeckungen. Und das Verhalten vieler Tierarten lernen sie im Fernsehen oder im Kino kennen. Kameraleute verbringen mehr Zeit unter Wasser als Wissenschaftler und verfügen oft auch über die geeigneteren Mittel. Für den Film *Unsere Ozeane* zum Beispiel konnten wir Unterwasseraufnahmen davon machen, wie ein Blauwal Krillwolken verschluckt; wir haben an der Oberfläche gefilmt, wie Mobularochen gemeinsam nach Schwärmen kleiner Laternenfische jagen, die man bisher nur in großen Tiefen anzutreffen dachte; wir haben den Riesentintenfisch in japanischen Gewässern aufgespürt und vieles mehr. Oft haben uns dabei Wissenschaftler begleitet, und sie haben jedes Mal etwas Neues dazugelernt. Doch die Ausbeutung der Meere geht ihrer Erforschung voran. Eines ist sicher: Wenn die Nutzung der Meere in gleicher Geschwindigkeit voranschreitet, wird es bald nichts mehr zu entdecken geben.

Yvon Le Maho ist Forschungsleiter bei der nationalen französischen Forschungsorganisation CNRS und Mitglied der Pariser Akademie der Wissenschaften. Er arbeitet am Institut Pluridisciplinaire Hubert Curien in Straßburg. Seine Forschungen widmen sich insbesondere den Mechanismen, mit denen Tiere Umweltzwängen begegnen. So untersuchte er zum Beispiel, wie Kaiserpinguine über längere Zeiträume ohne Nahrung auskommen können und fand mit seinem Team heraus, dass Königspinguine während der letzten drei Wochen der Brutzeit in der Lage sind, Nahrung bei 37 °C im Magen zu speichern, um das Junge nach dem Schlüpfen zu füttern, falls der Gefährte nicht rechtzeitig zurückkehrt. Als Pionier der Funkortung von Tieren in ihrem natürlichen Milieu hat Yvon Le Maho gezeigt, dass das Beringen von Pinguinen an den Flügeln ihren Fortpflanzungserfolg und ihre Lebenserwartung beeinträchtigt.

Im Blick der Satelliten

Bis vor wenigen Jahren waren uns die Wanderwege von Meerestieren wie Thunfischen, Meeressäugern und Meeresvögeln im Wesentlichen ein Rätsel. Die technologische Grenze, die uns hinderte, sie auf ihren Reisen durch die Ozeane oder in große Tiefen zu begleiten, ist heute dank des ungeheuren Fortschritts der Mikroelektronik und Informatik überschritten. Indem sie Meerestiere mit ultrakleinen Sendern ausstatten, können Wissenschaftler deren Bewegungen im Meer durch das Satellitenortungssystem Argos verfolgen. So studierten sie etwa Albatrosse, die Tausende Kilometer im Südlichen Ozean zurücklegten. Durch die Verbindung dieser Sender mit ebenfalls winzigen Sensoren und Empfängern misst man zudem die Position des Tieres, die Tiefe, in der es sich bewegt, seine Geschwindigkeit und Beschleunigung, die Öffnung seines Schnabels oder Mauls beim Verschlingen einer Beute, die Temperatur, den Lichteinfluss oder den Salzgehalt. Die registrierten Daten werden an den Satelliten gesendet, wenn das Tier an der Oberfläche Atem holt oder der Logger automatisch geleert wird. Oder die Wissenschaftler gelangen an das Material, wenn die Tiere an Land oder auf das Packeis zurückkommen. Bei Pinguinen, die sich in großen Kolonien an Land fortpflanzen, nutzt man elektronische Chips, die mit versteckten Antennen auf den Wanderwegen der Tiere vernetzt sind. So kann man die einzelnen Tiere automatisch identifizieren und ihre Überlebenschancen und ihren Fortpflanzungserfolg bestimmen, ohne sie zu stören. Auf diese Weise lässt sich heute besser analysieren, wie groß die Anpassungsfähigkeit der Tiere gegenüber natürlichen Zwängen ist und wo diese Fähigkeit an ihre Grenzen stößt. Zudem lässt sich an Pinguinen gut studieren, welchen direkten oder indirekten Einfluss menschliche Aktivitäten auf die Meere haben. Wir erlangen derzeit wirklich revolutionäre neue Erkenntnisse über die Welt der Meerestiere und der Ozeane – um diese Welt für morgen zu erhalten.

YVON LE MAHO

Wie sieht die Zukunft der Meere aus?

Boris Worm leitet das Labor für Marine Conservation Biology an der Universität Dalhousie in Halifax, Kanada. Für das internationale Programm Census of Marine Life steht er einem Team vor, das die Geschichte und die zukünftige Entwicklung von Populationen verschiedener Meerestierarten im Future of Marine Animal Populations (FMAP) darlegt.

Das Meer, wie wir es heute kennen, ist nicht mehr dasselbe wie noch vor 50 oder hundert Jahren. Obwohl es immer noch weite unberührte Räume gibt und obwohl letztendlich wenige Meerestierarten ausgestorben sind, gibt es keinen einzigen Teil des Ozeans, der nicht durch menschliches Handeln geprägt wäre. Unser wachsender Einfluss, vor allem durch Fischerei, Verschmutzung und Klimaerwärmung, verändert unmittelbar die Ökosysteme der Meere. Dort, wo Fischfang und Jagd den Anteil der Großtiere entscheidend minimiert haben, vermehren sich nun in Massen kleine Fische und wirbellose Tiere – begünstigt durch das Verschwinden ihrer natürlichen Feinde und den Anstieg der Nahrungsressourcen und Temperaturen. Dieses Phänomen hat sich besonders durch die Überschwemmung der Küsten mit Quallen bemerkbar gemacht. Wissenschaftler erkennen heute, dass die Meerestierarten miteinander in Verbindung stehen und ein Eingriff in einem Teil des Ozeans an anderer Stelle Auswirkungen zeigen kann. Zudem sind die meisten beobachteten Veränderungen erstaunlich ähnlich – ganz gleich, an welchem Punkt der Erde man sich befindet. Wir sehen, dass zahlreiche Ökosysteme der Meere ihre großen Tiere zugunsten der kleinen verlieren, dass Arten mit langsamer Reife zugunsten jener mit schneller Reife verschwinden und dass Kaltwasser bevorzugende Spezies den in gemäßigten Gewässern lebenden Tieren Platz machen. In der Nordsee haben sich die Planktonorganismen mit dem Anstieg der Temperaturen verändert, und inzwischen dominieren kleinere Arten, die wärmere Gewässer bevorzugen. Dies hat Einfluss auf das Wachstum der Kabeljaularven und behindert die Regeneration der ehemals überfischten Bestände. Die verschiedenen menschlichen Einflüsse greifen ineinander und zeigen so noch stärkere Auswirkungen. Bestimmte Arten können sich den neuen Umweltbedingungen anpassen, andere wiederum nicht. Zahlreiche seltene und sensible Arten nehmen im Bestand ab und werden zum Teil durch robuste, sich schnell vermehrende Spezies ersetzt. Bestimmte Regionen des Ozeans ähneln heute unseren hektischen Großstädten, mit starkem Verkehr, veränderten Habitaten und um sich greifender Verschmutzung. Hier können nur Lebewesen überdauern, die anthropogene Einflüsse verkraften. Der Mensch regiert nun an Stelle der in vorliegendem Buch vorgestellten großen Haie, Wale, Thunfische und Schildkröten. Wir sind zum Herrscher über die Meere geworden. Die Zukunft der Meere hängt davon ab, ob wir fähig sind, die Vernetzung des Lebens auf globaler Ebene zu erkennen, und ob wir einen Weg finden, unseren Einfluss zu reduzieren. Man könnte beispielsweise den Fang großer Meerestiere einschränken. Auf diese Weise sind zahlreiche Walarten gerettet worden, denn wir hörten irgendwann auf, Wale wegen ihres Öls zu jagen. Diese Tiere machen das Leben nicht nur reicher: Wir brauchen die großen Meereslebewesen zur Regulierung und Stabilisierung der Ökosysteme. Wir könnten neue Technologien einsetzen, um den Verschmutzungsgrad und die klimatischen Veränderungen zu kontrollieren. Die Ostsee ist heute viel sauberer als vor 20 Jahren. Es geht ganz einfach darum, eine Entscheidung zu treffen. Das Meer ist für alle Menschen von Bedeutung. Es inspiriert uns, schützt uns und ermöglicht das Leben auf der Erde. Die Zukunft des Meeres, unsere Zukunft, liegt in unseren Händen.

BORIS WORM

Barbara Block ist Professorin für Meeresbiologie an der Stanford University in Kalifornien. Als weltweit renommierte Spezialistin für die Ortung großer pelagischer Raubfische mithilfe verschiedener Chips, Sensoren und Satellitensender leitet sie das Projekt »Tagging of Pacific Predators« (TOPP) im Rahmen des Census of Marine Life.
Auf dem Foto bringt Barbara Block einen elektronischen Sensor an einem Roten Thunfisch an, der im Nordatlantik vor Neuschottland gefangen wurde.

Auf den Spuren der großen Raubfische des Pazifiks

Obwohl der Ozean zu den größten Naturgebieten der Erde gehört, sind die Ursachen der Verteilung seiner Arten, ihrer Vielfalt und ihrer Ausbreitung immer noch weitgehend unbekannt. Unsere Kenntnisse zu den großen Raubtieren des Meeres stehen weit zurück hinter dem Wissen über ihre Pendants an Land. Das liegt vor allem auch daran, dass es eine große technologische Herausforderung darstellt, derart schnelle Tiere wie Thunfische, Haie, Albatrosse und Wale aus großer Entfernung und über längere Zeit zu orten.

Elektronische Chips und Sensoren

Die intensive Ausbeutung der Meere hat die Struktur der Ökosysteme tief verändert und das systematische Verschwinden zahlreicher Arten verschuldet. Um die großen Raubtiere des Meeres wirksam schützen zu können, benötigt man Kenntnisse darüber, wie sich die Tiere in ihrer Umwelt verhalten. Ein solcher Ansatz kann nur Erfolg haben, wenn wir herausfinden können, welche Wege die Tiere zurücklegen und welche physischen und biologischen Prozesse die wichtigsten pelagischen Spezies und ihre Beute aufeinandertreffen lassen. Wir müssen Kenntnisse darüber erlangen, wie die Tiere mit ihrem Milieu interagieren, um besser abschätzen zu können, welche Auswirkungen in Zukunft im Zusammenhang mit dem Klimawandel und der Ausbeutung der Meere entstehen.

Das Projekt »Tagging of Pacific Predators« (TOPP) besteht darin, Raubtiere des Pazifiks mit Sendern zu versehen, und stellt das internationale Bemühen dar, ihre Ausbreitung zu kartografieren, indem man sich die Technologie elektronischer Chips und Sensoren zunutze macht. Das Programm TOPP hat auf diese Weise bereits 4000 Markierungen bei ganz verschiedenen Tieren wie Albatrossen, Seeelefanten oder Thunfischen durchgeführt. Mit dem elektronischen Material werden Daten zu ihren Wanderwegen sowie zu ihren Verhaltensweisen beim Tauchen und bei der Nahrungssuche aufgezeichnet. Die Tiere werden täglich auf ihren Wanderwegen geortet.

Meeresoasen

Der Kern des Programms besteht darin, die Bewegungen der Tiere vor Ort mit Informationen von Erdbeobachtungssatelliten und ozeanografischen Daten abzugleichen. Dieser multidisziplinäre Ansatz ermöglicht uns, Meeresoasen ausfindig zu machen, in denen die großen Raubtiere mit ihrer Beute zusammentreffen: in der Strömung entlang der kalifornischen Küste, im Wasserwirbel vor Alaska und schließlich auf der Hauptwanderroute, die den Pazifik von Ost nach West, von Kalifornien bis Japan durchzieht.

Anschließend können wir Antworten auf folgende Fragen finden: Welche physiochemischen Eigenschaften machen diese Regionen so einzigartig und attraktiv? Wie reagieren die Tiere auf diese Eigenschaften? Wovon ernähren sie sich? Wie kann man die Arten besser erhalten? Welche Zonen sollten besonders geschützt werden?

Tiere als Ozeanografen

Das Programm TOPP ermöglicht es uns zudem, den Ozean selbst zu beobachten. Ein elektronischer Sender auf dem Rücken eines Seeelefanten, der mehr als 1000 Meter tief taucht, gibt uns Aufschluss über die Temperatur und den Salzgehalt der verschiedenen durchquerten Wasserschichten. Dies stellt einen bedeutenden technischen Fortschritt für die physikalische Meereskunde dar. Die tierischen »Ozeanografen« komplettieren die Daten der Satelliten und liefern Informationen über tiefe Wasserschichten in nie gekannter Qualität, Bandbreite und Auflösung, und dies mit geringem logistischem Kostenaufwand. Die Tiere, deren Verhalten wir im Rahmen von TOPP studieren, werden schließlich also selbst zu Meeresbiologen, die uns unbekannte Seiten ihrer Unterwasserlebensräume zeigen.

Nun, da das Projekt kurz vor dem Abschluss steht, ist es doch eine ermunternde Erfahrung, dass uns ausgerechnet diese Tiere helfen, ihre Einbindung in den Ozean zu begreifen. Ihre Reisen ermöglichen uns zudem, genauere Wettervorhersagen zu treffen und unseren Planeten Erde allgemein besser zu verstehen.

Die tierischen Ozeanografen bieten uns die Möglichkeit, geeignete Schutzmaßnahmen für ihre Welt zu definieren – die ja schließlich auch unsere Welt ist.

BARBARA BLOCK

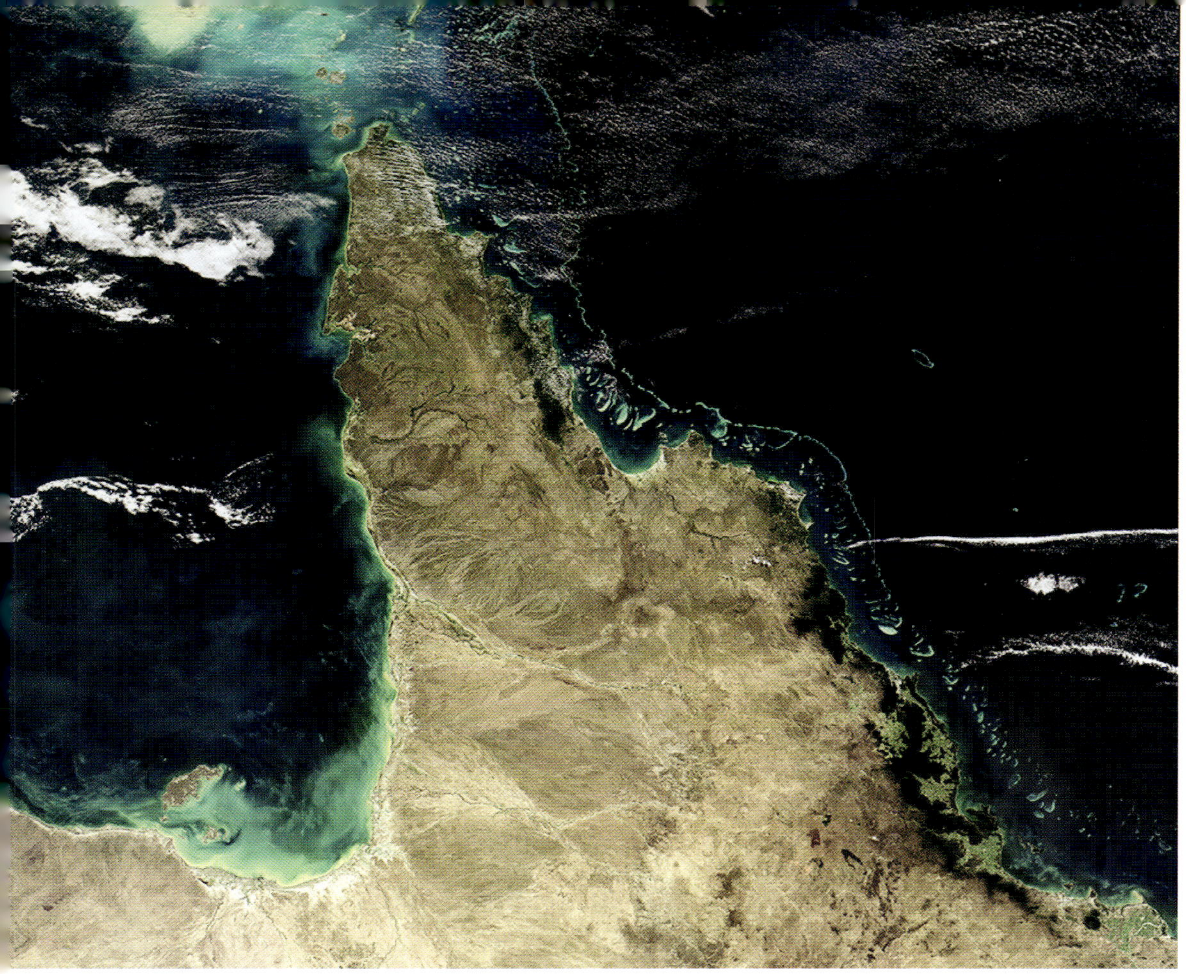

Links, oben: Nördlichste Spitze Australiens. Man erkennt deutlich das Great Barrier Reef entlang der Ostküste. Es ist das größte Korallenriff der Welt und das einzige von lebenden Organismen geschaffene Bauwerk, das aus dem All sichtbar ist. Wir haben mehrmals zu beiden Seiten des Riffs gefilmt. Das Foto stammt von dem Satelliten Envisat und wurde mit der MERIS-Technik aufgenommen.

Links, unten: Bildmontage, die den Satelliten Envisat beim Überfliegen des Nahen Ostens zeigt. Er ist der größte Erdbeobachtungssatellit, der je konstruiert wurde. Envisat wurde 2002 mit einer Ariane-Rakete ins All geschossen und verfügt über mehrere Instrumente, vom Radar bis zum Spektrometer. So lassen sich beispielsweise die Farbe des Meers und die Reflexion des Sonnenlichts von unserer Erdoberfläche untersuchen. Die tagtäglich gesammelten Daten gehen an zahlreiche Forschungsinstitute überall auf der Welt: an Ozeanografen, Meteorologen, Klimatologen, Glaciologen et cetera. Dank Envisat ist Europa heute führend auf dem Gebiet der Meeresforschung.

Erste Seite des Faltblatts: Die Insel Sainte-Marie an der nordöstlichen Spitze Madagaskars. Das Foto wurde von dem japanischen Satelliten ALOS-AVNIR aufgenommen – in für das menschliche Auge sichtbaren Farben und im nahen Infrarot. ALOS wurde am 24. Januar 2006 ins All geschickt und befindet sich auf 691 Kilometer Höhe.
Sprünge, Flossenschläge und andere Manifestationen von Liebenden und Müttern – unsere Kameras haben hier, zuletzt im August 2008, Buckelwale in ihren Fortpflanzungsgebieten gefilmt.

Rechte Innenseite des Faltblatts: Die Insel San Clemente ist die südlichste der Channel Islands vor San Diego in Kalifornien. Dort haben wir im November 2006 die prächtigen Kelpwälder gefilmt, welche aus Riesenalgen bestehen, die in den kühlen Gewässern des Pazifiks heimisch sind. Auf dem Radarfoto des Satelliten Envisat werden die kleinsten Windungen der Meeresströmungen sichtbar.

Linke innenliegende Doppelseite des Faltblatts: Die Insel Bylot am Nordende der Baffin-Inseln im kanadischen Territorium Nunavut. Die Insel war uns von den Dreharbeiten für *Nomaden der Lüfte* bekannt, als wir dort die arktische Avifauna mit Schneegänsen, Kanadischen Kranichen, Singschwänen und Schneeeulen filmten. Für *Unsere Ozeane* stand Bylot im Zentrum unserer Erkundungen und Nachforschungen. Die westliche Seite des Meeresarms, der Bylot und Baffin trennt, ist bekannt dafür, dass sich dort zahlreiche Narwale aufhalten … wenn das Eis irgendwann bricht. Mithilfe des Radarbilds vom Satelliten Envisat lässt sich die Dicke der Eisschicht einschätzen.

Linke Innenseite des Faltblatts: Die Insel Europa, im sichtbaren Lichtbereich aufgenommen vom koreanischen Satelliten Kompsat, der am 28. Juli 2006 auf eine Umlaufbahn in 685 Kilometer Höhe geschickt wurde. Im April 2008 ist unser Team zu der beinahe unbewohnten Insel im Kanal von Mosambik aufgebrochen, um dort das Schlüpfen der Grünen Meeresschildkröten zu filmen.

Rechte innenliegende Doppelseite des Faltblatts: Das Territorium Nunavut in der kanadischen Arktis. Das Bild stammt vom europäischen Satelliten Envisat und wurde mit dem MERIS-Spektrometer aufgenommen. Mithilfe dieser Technik kann die Farbe des Ozeans analysiert werden und damit die Produktivität des Planktons, die Konzentration an Sedimenten und die Temperatur des Oberflächenwassers. In dem Labyrinth aus Treibeis haben wir in zwei aufeinanderfolgenden Sommern nach Narwalen und Weißwalen gesucht …

Gegen die Meeres-Amnesie

Entstand der CoML (Census of Marine Life) wegen unserer Ignoranz und der allgemeinen Dringlichkeit angesichts der irreversiblen Schäden, die wir Menschen den Ozeanen zufügen?

Jesse Ausubel: Richtig. Wir möchten einen gemeinsamen wissenschaftlichen Rahmen zur Untersuchung aller Meerestierarten schaffen – ob es sich um kommerziell genutzte Fischarten handelt oder nicht. Der Großteil der wirtschaftlich wichtigen Arten steht unter einem furchtbaren Druck: vor allem durch die Fischerei, aber auch durch Verschmutzung und die Zerstörung ihrer Lebensräume. Und es entstehen neue Bedrohungen durch die Übersäuerung der Gewässer und klimatische Veränderungen, die in allen Teilen der Meere Auswirkungen zeigen können – auch dort, wo der Mensch nie gefischt hat, oder sogar in Regionen, in die er noch nie vorgedrungen ist. Die großen Tiefen der Meere sind unerforscht. Die Wissenschaft hat hier die Chance, das Leben in einem noch relativ unberührten Ozean beschreiben zu können. Das heißt aber nicht, dass die Situation als normal zu bezeichnen wäre.

Meinen Sie das mit der »historischen Kurzsichtigkeit« der Meeresforschung?

J.A.: Ja. Genauso, wie wir im Grunde nur jene Arten kennen, die in der Nähe der Küste und an der Meeresoberfläche leben, sind unsere Kenntnisse auf eine extrem junge Vergangenheit beschränkt. In zahlreichen Regionen ist das Leben im Ozean bereits stark verkümmert. Das Schlimme daran ist, dass man sich dessen nicht bewusst ist, weil die Wissenschaftler bestenfalls Statistiken zu den letzten paar Jahrzehnten haben, obwohl der Rückgang der Arten viel früher begonnen hat. Das meine ich mit historischer Kurzsichtigkeit: Es ist den Forschern unmöglich, weiter in der Zeit zurückzugehen, und dies beeinflusst natürlich die Genauigkeit ihrer Schätzungen. Mit einer neu geschaffenen Disziplin von Ökologie und Geschichte sollen diese Lücken ergänzt werden, indem man alle verfügbaren Archive durchforstet. Dazu gehören ungewöhnliche Texte wie Reiseberichte von Entdeckern, Logbücher von Hochseekapitänen, Kochrezepte von Piraten, Speisekarten von Tavernen und Kontenbücher von Fischern und Fischauktionen. Die Kunst besteht darin, die entscheidende Information aus dem unglaublichen Papierwust herauszufiltern, der sich im Laufe der Jahrhunderte angesammelt hat. Ein Team des CoML unter der Leitung von Boris Worm hat sich der »Erforschung des verlorenen Ozeans« angenommen.

Und Ihrer Ansicht nach verstärkt sich die historische Kurzsichtigkeit zu einer Meeres-Amnesie?

J.A.: Den ursprünglichen Bestand der 200 wirtschaftlich genutzten Arten kennt man nicht. Ganz zu schweigen von den anderen Spezies. Man beobachtet nur, dass Arten, die einen wirtschaftlichen Wert erlangen – wie Meeresschildkröten vor 500 Jahren oder heute Thunfisch – sich quasi im freien Fall befinden und zum Aussterben verurteilt sind. Unsere einzigen Kenntnisse haben wir durch die Ereignisse im Laufe unseres eigenen Lebens erlangt, also innerhalb einer Generation, und wir neigen zu der Annahme, dass unsere ersten Eindrücke aus der Kindheit und den Anfängen der Forschung den Normalzustand der Meerespopulationen widerspiegeln. Wie wir gesehen haben, ist diese Annahme aber völlig falsch. Von einer Generation zur anderen wird neu festgelegt, was man als eine »normale«, gesunde Natur betrachtet. Aber die »normale« Natur unserer Großeltern ist schon nicht mehr die unsere. Das meine ich mit Meeres-Amnesie. In Anbetracht der Schäden, die wir den Ozeanen zufügen, haben wir wahrscheinlich bereits Arten vernichtet, die wir noch nicht einmal entdecken konnten!

Können wissenschaftliche Erkenntnisse und insbesondere jene aus dem CoML dazu dienen, die Meere besser zu schützen?

J.A.: Indem sie präzise Fakten herausarbeiten und die Funktionsweise der Populationen, ihre Beziehungen untereinander und zu ihrem Milieu entschlüsseln, können die Wissenschaftler Lösungen vorschlagen, um die Bestände zu schützen und den Reichtum und die Vielfalt der Natur zu erhalten. Die Arbeit des CoML mit 2000 Wissenschaftlern aus 24 Nationen ist nicht nur eine Hoffnung, sondern eine Notwendigkeit.

Für Sie ist es also keine Frage, dass Wissenschaft die Welt bezaubert?

J.A.: Bestimmt nicht. Man kann das Programm CoML als letzte leidenschaftliche Kraftanstrengung betrachten, bevor es vielleicht zu spät ist. Trotz der Komplexität der Meereswelt, trotz der extremen Verschränkung der Ebenen von Zeit und Raum, trotz der Tatsache, dass das Meer nie unser Element sein wird, trotz der Ausbeutung der Bestände und der Verseuchung der Ozeane versetzt mich die Aufgabe in große Begeisterung! Ich muss jedoch zugeben, dass der wissenschaftliche Diskurs mit seinem technischen Jargon nicht besonders bezaubernd wirkt. Daher ist ein Film wie *Unsere Ozeane* auch so wichtig: Er hat die Kraft, Begeisterung zu wecken, indem er allen mit extremer Genauigkeit schildert, welche Entdeckungen Forscher und Wissenschaftler machen können. Meeresökologie muss als angewandte Wissenschaft Erfolg haben, aber sie sollte zugleich, wie die Astronomie, verzaubern und demütig stimmen. Ich trete entschieden für eine Verbindung von Kunst und Wissenschaft ein. Das Meer bietet hierzu eine einzigartige Gelegenheit.

JESSE AUSUBEL

Jesse Ausubel ist Forschungsleiter an der Rockefeller University in New York. Er ist Spezialist für Industrieökologie und hat unter anderem das Konzept der Entmaterialisierung und Entkarbonisierung der Energieversorgung eingeführt. Als Leiter der Forschungsprogramme der Alfred-P.-Sloan-Stiftung ist er Initiator und Koordinator des internationalen Projekts »Census of Marine Life« (CoML) – einer Bestandsaufnahme vom Leben im Meer, die im Jahr 2000 begonnen wurde und voraussichtlich 2010 beendet sein wird. Die Zahl der an dem Projekt beteiligten Wissenschaftler, aber auch die Reichweite der Fragestellungen und eingesetzten Mittel steigt von Jahr zu Jahr an. Auf dem Foto sieht man Jesse auf einer Arktisexpedition für CoML.

Fischfang und Aquakultur

Das ausgeschöpfte Meer

Wo sind die Riesenzackenbarsche? Und wohin haben sich die Monsterhaie zurückgezogen? Existieren die berüchtigten Schwertfische etwa nur in der Vorstellung Ernest Hemingways? Während der Dreharbeiten wunderten wir uns immer wieder, dass wir keine Großfische mehr sahen. Sie alle wurden durch den Fischfang dezimiert, der ihnen keine Chance lässt, zu altern und zu wachsen. Statistiken der an Land gebrachten Fischmenge sprechen eine eindeutige Sprache: 90 Prozent der ausgewachsenen Exemplare wurden in den vergangenen 50 Jahren ausgelöscht. Sie sind Opfer der Überfischung. Diese Zahlen erklären, warum wir solche Schwierigkeiten hatten, große Raubfische aufzuspüren, auf die Taucher früher leicht stießen. Raubfische sind selten geworden, und man sieht im Grunde nur noch junge und kleine Exemplare. In den 1960er Jahren von Anita Conti gemachte Aufnahmen zeigen den üblichen Fang afrikanischer Pirogenfischer: Sägehaie und Tigerhaie von mehr als sechs Meter Länge. Heute scheinen diese Bilder Zeugen einer Legende zu sein. Gegenwärtig sind zwei Drittel der kommerziell genutzten Fischarten überfischt oder vollkommen ausgebeutet. Die Illusion, der Ozean sei ein unerschöpfliches Füllhorn – lange genährt durch steigende Fangraten –, wird inzwischen aufgegeben.

Tatsächlich hat die weltweite Fangmenge 1989 mit 86,4 Millionen Tonnen ein vorläufiges Maximum erreicht. Seitdem stagniert sie bei etwa 85 Millionen Tonnen jährlich, obwohl die Fangschiffe mit immer leistungsfähigeren Ortungsgeräten ausgestattet sind und überall und immer tiefer fischen.

Die berühmten unerschöpflichen Kabeljaubänke, von denen Generationen von Fischern lebten, sind ausgeschöpft. Und obwohl 1992 ein Fangstopp beschlossen wurde, hat sich der Kabeljaubestand noch immer nicht erholt. Der Seehecht stand bei französischen Fischern lange an erster Stelle – heute aber gehört der Fisch beinahe der Vergangenheit an: Während der 1960er Jahre wurden noch 160 000 Tonnen an Land gebracht, heute sind es knapp 30 000 Tonnen. Das Schicksal von Seeteufel, Seelachs, Dornhai und vielen anderen kommerziell genutzten Fischarten ist ebenso dramatisch.

Um den Verlust der gängigen Speisefischarten auszugleichen, suchen die Trawler nun mit hohem Kostenaufwand in bis zu 1500 Meter Tiefe nach Fischarten, die vordem unbeachtet blieben. Aber Tiefseefische wachsen noch langsamer heran und werden noch später geschlechtsreif. Der Kaiserbarsch beispielsweise kann einhundert Jahre alt werden und ist erst mit 30 Jahren fortpflanzungsfähig. Aus diesem Grund erneuern sich die Bestände nur sehr langsam, und eine industrielle Nutzung verbietet sich. Überall, wo Tiefseefische kommerziell gefangen wurden, haben sich ihre Bestände in weniger als zehn Jahren dezimiert. Sämtliche Arten mit langer Lebensspanne und später Geschlechtsreife haben, wenn sie industriell genutzt werden, keine Chance, sich zu entwickeln. Die Bestände kollabieren.

Man muss sich einfach klarmachen, dass seit fast 30 Jahren die weltweiten Fangmengen das natürliche Limit des Ozeans erreicht haben.

Linke Seite: *Trauriges Ende für einen Schwertfisch. Ausgewachsene Großfische sind inzwischen eine absolute Seltenheit in unseren Meeren. 90 Prozent sind in weniger als 50 Jahren durch die ungezügelte industrielle Ausnutzung vernichtet worden. Diese lässt den Fischen keine Zeit, ihre vollständige Größe zu erreichen. Taucher treffen heute nur noch auf nicht ausgewachsene Kleinfische.*

Wachsende Ungerechtigkeit in der Verteilung der Meeresproteine

Kommen die Proteine, die wir dem Meer entreißen, wenigsten der Bevölkerung der Dritten Welt zugute, die sie doch am dringendsten benötigt? Immer weniger. Ein gutes Beispiel sind hier die Mauretanier. Während der 1960er Jahre konsumierten sie jährlich noch 21 Kilo Fisch pro Kopf. Dieser Wert lag deutlich über dem weltweiten Durchschnitt von jährlich 9,1 Kilo pro Kopf. Heute aber verzehrt jeder Mauretanier kaum 9 Kilo pro Jahr und befindet sich damit weit unter dem weltweiten Pro-Kopf-Durchschnitt von jährlich 15,5 Kilo. Es sind die riesigen Fangflotten der reichen Länder, die ihre Gewässer und zahlreiche andere Meere der Dritten Welt durchkämmen, damit unsere Fischstände weiter überquellen. Die Verteilung der Fischereiressourcen zwischen armen und reichen Ländern wird immer ungerechter: 2002 verfügten die Industrieländer über jährlich 28,6 Kilo pro Kopf, Entwicklungsländer dagegen nur über jährlich 8,5 Kilo pro Kopf.

Noch absurder ist die Tatsache, dass etwa 20 Millionen Tonnen Fische, Krebstiere und Weichtiere tot ins Meer zurückgeworfen werden, da dieser Beifang nicht zu den Fischarten gehört, den die Fischer suchen und die Konsumenten verlangen.

Schließlich werden von den 85 Millionen Tonnen Meeresprodukten, die jährlich an Land gebracht werden, 35 Millionen Tonnen zu Mehl und Öl verarbeitet, mit dem Geflügel, Vieh und Fische in Aquakulturen gefüttert werden. Der Mensch direkt konsumiert nur 50 Millionen Tonnen – relativ wenig im Vergleich zu 65 Millionen Tonnen Eiern, 270 Millionen Tonnen Fleisch und 564 Millionen Tonnen Milch, die jährlich produziert werden. Man erschöpft also die Ressourcen des Meeres für einen mageren Profit, und dies zugunsten der Bewohner reicher Länder, die proteinreiche Nahrung ohnehin im Überfluss haben.

Aquakulturen mit Raubfischen – eine gefährliche Illusion

Aquakulturen machen es möglich, die Menschheit zu ernähren und bedrohte Meeresfische vor dem Aussterben zu retten – in dieser Illusion wiegt man sich gern angesichts der weltweiten Statistiken, die den rasenden Fortschritt der Fischzuchten beschwören: In den 1960er Jahren wurden noch einige Tausend Tonnen aufgezogen, 2004 aber wurden bereits 59,4 Millionen Tonnen erreicht!

Wenn man genauer hinschaut, verdecken die weltweiten Quoten eine bedeutende Tatsache: Die offiziellen Statistiken der FAO fassen Marikultur und Teichwirtschaft zusammen, wobei letztere allein 26 Millionen Tonnen produziert. Meeresprodukte stellen also nur 33,4 Millionen Tonnen. Zu ihnen gehören: 14 Millionen Tonnen Algen (die wir nicht direkt verzehren ...), 13 Millionen Tonnen Muscheln (mit Schalen gewogen) und schließlich 6,4 Millionen Tonnen fleischfressende Fische und Krebstiere. Die Aufzucht von Algen und Muscheln stellt kein Problem dar, da sie die Basis der Nahrungskette bilden. Die Aufzucht von Raubfischen dagegen könnte sich bei gleichbleibender Entwicklung zu einer wahren ökologischen und gesellschaftlichen Katastrophe ausweiten. Fleischfressende Krebstiere und Fische (Roter Thunfisch, Kabeljau, Barsch, Steinbutt, Lachs ...) werden mit Fischmehl und Fischöl ernährt, das aus »Futterfischen« gewonnen wird: Sardellen, Sar-

Angeregt durch die japanische Nachfrage wird die Mast Roter Thunfische weiter vorangetrieben – mit dem Risiko, wild lebende Bestände in Gefahr zu bringen. 25 000 Tonnen junge Thunfische »verschwinden« jedes Jahr in den Maststationen des Mittelmeers und verdoppeln damit die Quote der Thunfische, die vernünftigerweise gefangen werden darf, um den Bestand zu erhalten. Um einen Roten Thunfisch ein Kilo zunehmen zu lassen, geben ihm die Züchter bis zu 20 Kilo Fischfleisch wild lebender Arten (Makrelen, Stöcker, Sardinen), das tiefgefroren aus Entwicklungsländern herbeigeschafft wird. Die Nachfrage der Züchter lässt den Preis für diese Kleinfische derart steigen, dass sich Bewohner armer Länder nicht mehr von ihnen ernähren können.

dinen, Wittlinge, Makrelen und Stöcker, die unter hohem Aufwand aus dem Meer gefischt werden. Ebenso absurd wäre es, Gazellen zu fangen, um seine Zuchtlöwen zu füttern! Man muss mindestens fünf Kilo »Futterfisch« fangen, damit ein Raubfisch in der Aufzucht um ein Kilo zunimmt. Die Fangquote von »Futterfischen« hat die Grenze des Erträglichen erreicht. Die Bestände sind überfischt, und wild lebende Tiere wie Delfine, Vögel, Wale, Seehunde und Seelöwen werden ihrer Nahrung beraubt. Man kann also nicht damit rechnen, noch mehr Fischmehl und Fischöl zu produzieren. Die maritime Aufzucht von Raubfischen findet ihre natürlichen Grenzen.
Zuweilen wird erwidert, die als Futter verwendeten Fische hätten durch den gesteigerten Mehrwert eine enorme Aufwertung erfahren. Ja, aber der finanzielle Mehrwert befördert die Aneignung der Meeresressourcen durch reiche Länder, und zwar auf Kosten der kleinen Fischer, der ärmsten Konsumenten und des Ökosystems. Die Verkaufspreise für Zuchtfische sind derart hoch, dass sie den reichsten Konsumenten vorbehalten sind. Selbst Lachs, der mit sehr geringem Kostenaufwand produziert wird, bleibt Bewohnern von Entwicklungsländern vorenthalten. Sie konsumierten stattdessen Sardinen oder Makrelen, die ihnen nun auf einmal zugunsten von Fischzuchten und ihren Besitzern weggenommen werden.

Die Verschmutzung der Meere

Die Spuren des Menschen

Während unserer drei Jahre andauernden Dreharbeiten durften wir die Welt auf der Suche nach ihren faszinierendsten Orten von paradiesischen Lagunen bis zu unberührten Eisregionen durchstreifen, um von der Schönheit der Unterwasserwelt zu berichten. Wie lange werden diese Orte noch intakt bleiben? Die Spur des Menschen ist überall zu sehen, selbst in Tiefseegräben, in die er nie gelangt ist. Die Meeresströmung trägt unsere Verschmutzung bis in die entlegensten Ecken. Die von Experten vorgebrachten Zahlen sind erschreckend: Durchschnittlich produziert jeder Mensch pro Jahr 365 Kilo Abfall. Global gesehen sind das zwei Milliarden Tonnen pro Jahr! Aber oftmals ist die Verschmutzung nicht sichtbar, und sie wird – leider – nur selten zum spektakulären Thema. Paradoxerweise sind die schädlichen Auswirkungen des Menschen auf den Ozean kaum erkennbar, und so entsteht schnell die Illusion eines vegetationsreichen und gesunden Meeres.

Ein Kontinent aus Plastik

Was aber ist eigentlich Umweltverschmutzung? Sie entsteht, wenn in die Umwelt abgegebene Produkte des menschlichen Handelns lebenswichtige Prozesse und das Funktionieren des Ökosystems beinträchtigen. Die Ozeane führen Millionen Tonnen Plastikmüll mit sich, an dem jedes Jahr eine Million Seevögel und 100 000 Meeressäugetiere und Meeresschildkröten ersticken. Mitten im Pazifischen Ozean, Tausende Kilometer entfernt von jedem menschlichen Lebenszeichen, sammeln die Meeresströmungen die schwimmenden Abfälle zu einem gigantischen Plastikberg. Man spricht gar von einem »Kontinent aus Plastik«. Irgendwann verwandelt das Meer den Abfall in Staub. Aber es braucht immerhin ein Jahrhundert, um eine Plastikflasche verschwinden zu lassen. Und die Zersetzung macht die Stoffe nicht unschädlich, im Gegenteil.

Die mikroskopischen Plastikpartikel verbinden sich zu gefährlichen Schadstoffen, die aufgrund ihrer geringen Größe in die kleinsten Lebewesen gelangen können – Tiere, die zur Nahrungsaufnahme Meerwasser oder Sediment filtern, wie *Ascidia* (Seescheiden), *Holothuria* (Seegurken) und bestimmte Krustentiere.

Das Meer ist unsere ultimative Müllhalde: 80 Prozent der Verschmutzung stammen vom Festland. Einige Tiefseeböden sind bedeckt mit Abfall. Jeden Tag strömen Hunderttausende Liter eines explosiven Cocktails ins Meer: diverser Müll, vor allem Plastik, Kohlenwasserstoffe, organische Abfallstoffe, Krankenhausmüll, radioaktives Material, Schwermetalle ... Die Liste ist lang, und je kleiner die Bestandteile sind, desto schädlicher sind die Stoffe. Jede Ölpest, so spektakulär wie sie sein mag, ist nur die Spitze des Eisbergs. Der Großteil der schädlichen Kohlenwasserstoffe stammt aus den Abgasen der zahllosen Schiffe, die täglich auf offener See vor unseren Küsten kreuzen.

Rote Flut

Nitrate und Phosphate sind organische Moleküle, die eingesetzt werden, um das Wachstum von Nutzpflanzen zu steigern. Man kann sie nicht von vornherein als Umweltgifte bezeichnen. Wenn sie jedoch in die Flüsse gespült werden und in unkontrollierten Mengen ins Meer gelangen, rufen Düngemittel einen gegenteiligen Effekt hervor. Man beobachtet zwar ein massives Wachstum von Phytoplankton, aber diese Explosion dauert nur kurz an. Sie ruft die berühmte rote Flut hervor – nach der Farbe der Algen, die sich auf einmal stark vermehren. Diese Algen sind giftig, und wenn sie in Massen sterben, zieht ihr bakterieller Abbau am Meeresgrund mit einem Mal jeden verfügbaren Sauerstoff aus dem umgebenden Wasser, und es entsteht eine Zone, in der kein Tier überleben kann. Alle, die können, machen sich schnellstens davon. Die anderen ersticken. Die sehr anschaulich auch »tote Zonen« genannten Gebiete finden sich hauptsächlich inmitten des Missisippi, entlang der Ostküste der USA, in der Ostsee, im Golf von Bengalen, im Persischen Golf und im Chinesischen Meer. 2008 hat man 200 dieser Zonen erfasst, ein Drittel mehr als noch 2006.

Optimistische Hypothesen gehen von einem Temperaturanstieg von »nur« 2,4 °C aus. Eine Stabilisierung des Kohlendioxidgehalts in der Atmosphäre auf dem heutigen Niveau erscheint leider völlig utopisch. Das Schmelzen der Eiskappen (Grönland, Antarktis) und das verfrühte Verschwinden des Packeises verstärken die Klimaerwärmung. Denn das Wasser nimmt die Sonnenstrahlen eher auf, während das weiße Eis sie zum größten Teil reflektiert. Fachleute äußern sich immer pessimistischer. Sie nehmen an, dass wir gefährlich nah an jenem Punkt sind, ab dem die Auswirkungen der Klimaverschiebungen irreversibel werden. Jahr für Jahr wechseln sich die Rekorde ab. Es gibt immer häufiger Extremtemperaturen, und das sommerliche Packeis schmilzt vorzeitig ab. Die Ausnahme wird zur Regel.

Stratifikation und Übersäuerung der Meere

Je mehr Kohlendioxid sich in der Atmosphäre befindet, desto mehr Kohlendioxid löst sich in den Ozeanen. Wie Schwämme saugen die Meere die überflüssigen Mengen auf. Das gelöste CO_2 fördert zwar die Ausbreitung von Phytoplankton und regt damit die gesamte Unterwasser-Nahrungskette an, aber diese optimistische Sicht ist leider zu beschränkt, denn sie vernachlässigt zwei weitere ins Spiel kommende Faktoren: die Stratifikation und die Übersäuerung des Meerwassers. Die zusätzliche Zufuhr von Süßwasser durch das vorzeitige Abschmelzen des Packeises aufgrund des Temperaturanstiegs stört die Dynamik der Meeresströmungen. Das heißt, die Wassermassen können sich weniger gut vermengen, und der Ozean ist immer mehr in Schichten unterteilt. In bestimmten Regionen tritt das Auftriebsphänomen nur noch geschwächt auf. Der Auftrieb von kalten, tiefen Wassermassen nährt das Deckwasser mit Mineralsalzen und unterstützt ebenso wie Kohlendioxid die Entstehung von Plankton.
Gelöstes CO_2, das sich auf Druck des atmosphärischen Kohlendioxidgehalts in den Meeren ansammelt, lässt das Wasser immer mehr übersäuern. Messungen haben ergeben, dass unsere Meere in über 300 Millionen Jahren keinen so hohen Säuregehalt erreicht haben wie heute. Aber die Übersäuerung des Wassers verringert die Menge an freien Karbonaten, behindert die Ausbreitung von Plankton und zersetzt Muscheln und Skelette. Dies wiederum beeinträchtigt physiologische und metabolische Prozesse bei zahllosen wirbellosen Meeresbewohnern. Natürlich, manchen Tieren gelingt es, sich anzupassen, aber neueste Forschungen zeigen, dass es sich hierbei nur um eine temporäre Adaptation handelt, die sie teuer bezahlen: Da sie weniger in die Reproduktion und Muskelmasse investieren, werden sie viel angreifbarer. Ganze Gruppen oftmals einfacher Tiere, die jedoch die Basis der Nahrungskette bilden, laufen so Gefahr auszusterben. Dies wird das Gleichgewicht der Ökosysteme zwangsläufig verschieben. Die Übersäuerung der Meere wird zudem die chemischen Gleichgewichte durcheinanderbringen, und jedes Element wird sich in dieser neu geordneten Umwelt anders verhalten – besonders die vom Menschen eingebrachten Schadstoffe. Angesichts der möglichen Auswirkungen herrscht absolute Unsicherheit.
Es wurde viel über die Zerstörung des Regenwaldes berichtet, der »grünen Lunge« unseres Planeten. Weniger bekannt ist, dass unsere Meere Hauptproduzenten des Sauerstoffs in der Atmosphäre sind. Es wäre also an der Zeit, sich Sorgen zu machen ...

Links: Die Karibische Mönchsrobbe *(Monachus tropicalis)* gilt seit 1952 als ausgestorben. Die letzte Kolonie wurde auf Jamaika gesichtet, wobei sich ihr ursprüngliches Verbreitungsgebiet über den gesamten tropischen Westatlantik, von Guyana bis nach Georgia, erstreckte.

Rechts: Seltenes Zeugnis des Jangtse-Delfins *(Lipotes vexillifer)*. Die Skulptur wurde für die Ausstellungsreihe »Imaginäres Museum der ausgestorbenen Arten« vom Team des Bildhauers Francis Poirier gestaltet.

Ausgestorbene Arten

Baiji, die Göttin des Jangtse

Wir tauchen drei Meter unter der Oberfläche durch das riesige Mündungsdelta des Jangtsekiang. Das Wasser ist schlammig, wir haben schlechte Sicht. Wie gebannt starren wir auf einen Wald aus Wasserpflanzen, der sich soeben bewegt hat: Da ist er, einige Meter von uns entfernt, beim Karpfenfangen. Wir hören sein hohes und wiederholtes Klicken und halten uns vorsichtig zurück. Keine Blasen, keine Geräusche. Und plötzlich, als eben Sonnenstrahlen auf das braune Wasser treffen, tritt der seltene Delfin des Jangtse aus dem Pflanzenwuchs hervor. Der helle Körper setzt sich vom dunklen Hintergrund ab. Seine große runde Stirn, sein langer und dünner Sporn, die extreme Geschmeidigkeit seiner Bewegungen unterscheiden ihn von allen Delfinen, die wir im Laufe der Dreharbeiten gesehen haben. Es ist ein ganz außergewöhnlicher, ein einzigartiger Delfin, der da die Wasser des Blauen Flusses erobert hat und zu seinem Sinnbild geworden ist. Für die Chinesen ist er Baiji, die Göttin des Jangtse. Und nun kommt die Göttin auf uns zu. Sie mustert uns. Ihr kurzer Blick scheint uns etwas sagen zu wollen, ihr Mund lächelt. Baiji nähert sich. Vielleicht dürfen wir sie streicheln? Zu spät! Die Göttin des Jangtse ist auf immer entschwunden, und kein Märchenprinz wird sie je aufwecken können.

Unser Zusammentreffen ist ein Traum. Es hat nicht stattgefunden. Es wird nie stattfinden. Denn den Delfin des Jangtse *(Lipotes vexillifer)* gibt es nicht mehr. Als Opfer von Fischfang, Verschmutzung, Flussbegradigung und unseres unkontrollierten Fortschritts hat sich die Delfin-Göttin zur allgemeinen Gleichgültigkeit verabschiedet. Bereits 1979, als noch 6000 Exemplare des Flussdelfins lebten, erklärte man den Baiji zu einer vom Aussterben bedrohten Tierart. 1996 wurde aus der Warnung eine kritische Bedrohung. Der Baiji ist das erste Meeressäugetier, das nach der Karibischen Mönchsrobbe vor 50 Jahren ausgerottet wurde.

Seit 2007 sind die chinesischen Flussdelfine offiziell ausgestorben. Besonders tragisch ist, dass ihr Verschwinden hätte verhindert werden müssen, denn Wissenschaftler haben rechtzeitig Alarm geschlagen und alle nötigen Informationen zur Rettung der Delfine geliefert. Der Baiji fügt sich damit in die lange Liste ausgestorbener Meerestierarten ein, die Opfer wirtschaftlichen Raubbaus und des unkontrollierten menschlichen Fortschritts wurden.

Diese Skulptur von Stellers Seekuh *(Hydrodamalis gigas)* ist die erste Rekonstruktion des seit 200 Jahren ausgestorbenen Tieres. Bisher hatte man nur einige Skelette und die Beschreibung des Naturforschers Georg Wilhelm Steller, der die Seekuh 1741 an der Beringinsel im Nordosten des Pazifiks entdeckte. Stellers Seekuh war bis zu acht Meter groß und wog sechs Tonnen. Wie ihre Verwandten Dugong und Manati, die in Küstenregionen der intertropischen Zone leben, gehörte sie zur Ordnung der *Sirenia*. Als Pflanzenfresser ernährte sie sich von Seetang. Das langsame und sanftmütige Tier wurde zu einem gezielten Opfer von Jägern, die keine Skrupel hatten, eines nach dem anderen abzuschlachten. Die Art zählte nach Schätzung ihres Entdeckers anfänglich 2000 Exemplare. Bis 1776 wurde sie komplett ausgelöscht.

Auch andere Meeresbewohner wurden durch den Menschen vernichtet, darunter beispielsweise der Riesenalk *(Alca impennis)*. Im 18. Jahrhundert befanden sich auf den Inseln des Nordatlantiks (den Funk-Inseln bei Neufundland und kleineren Inseln vor Island) größere Kolonien der flugunfähigen Seevögel. Nach der Zerstörung der Schäre Geirfuglasker durch einen Vulkanausbruch retteten sich die Riesenalks auf die Insel Eldey. Die letzten Überlebenden der Spezies wurden dort im Juni 1844 ausgerottet.

Der Atlantische Nordkaper *(Eubalaena glacialis)* konnte sich nie von den Folgen des Walfangs erholen. Der im Nordatlantik reichlich vorhandene Wal wurde gejagt, bis er kurz vor der Ausrottung stand. Ein 1983 vereinbarter Fangstopp hat das Aussterben der Populationen im Ostatlantik nicht verhindern können. Ein Restbestand von 200 bis 300 Tieren lebt an der nordamerikanischen Küste.

Schließlich reiht sich der Japanische Seelöwe *(Zalophus japonicus)* in die Reihe der auf immer verschwundenen Arten ein. Nach Fachmeinung handelt es sich um eine Unterklasse des Kalifornischen Seelöwen oder um eine eigenständige Art. Auch der Japanische Seelöwe wurde Opfer der Jagd und gilt seit 1950 als ausgestorben.

Dieser Blauhai ist dem großen Massaker entkommen, das derzeit wütet, um die Nachfrage nach Haifischflossen zu erfüllen. Sie werden verwendet, um daraus Suppe zu kochen. Der vivipare Blauhai *(Prionace glauca)* ist in einem Alter von vier bis fünf Jahren geschlechtsreif; ein Weibchen kann alle zwei bis drei Jahre mehrere Dutzend Embryonen austragen. Trotz dieser für einen Haifisch bedeutenden Fortpflanzungsrate sind die Blauhai-Populationen überall auf der Welt drastisch eingebrochen. Mark Thurlow und Richard Herrmann, Taucher und Fotograf unseres Teams, erkunden seit Jahren die Gewässer vor San Diego und haben einen dramatischen Rückgang der dortigen Population festgestellt. Noch vor zehn Jahren waren die Blauhaie sehr zahlreich und zogen Hunderte von Tauchern an ... Und heute? Keine Haifische, keine Taucher. Das Massenabschlachten betrifft alle Haipopulationen der Hochsee. Sie können die verstärkte Jagd nach ihnen nicht verkraften. Zwei weitere Haifischarten sind besonders bedroht: Der Weißspitzen-Hochseehai *(Carcharhinus longimanus)* und der Makohai *(Isurus oxyrinchus)*. Letzterer erreicht mit vier Jahren (bei etwa drei Metern Länge) Geschlechtsreife. Das Weibchen trägt zwei bis 18 Embryonen, wobei sich die weiter entwickelten Embryonen von den langsamer entwickelten ernähren (Ovoviviparie mit intrauterinem Kannibalismus). Die Tragzeit beträgt 15 bis 18 Monate. Der kleine Hai misst bei seiner Geburt 60 Zentimeter. Seine Lebenserwartung liegt bei 13 Jahren.

Bedrohte Arten

Wie bewertet man das Risiko für das Aussterben einer Tierart?

Unter dem Dach der Internationalen Union für Naturschutz (International Union for Conservation of Nature, IUCN) zusammengeschlossene Wissenschaftler evaluieren die Situation von Lebewesen der Erde nach sehr präzisen Kriterien und erstellen daraufhin eine Rote Liste gefährdeter Arten. Dieselben Experten erklären eine Tierart nach systematischen Recherchen für ausgestorben. Die 1948 gegründete IUCN dient somit als globaler Orientierungspunkt für den Gesundheitszustand der Natur.

Die IUCN unterteilt gefährdete Arten in drei Kategorien:

- Eine kritische Bedrohung besteht für alle Tierarten, deren Population weniger als 250 erwachsene Tiere umfasst, oder deren Zahl innerhalb von drei Generationen oder innerhalb der vergangenen 15 Jahre um 80 Prozent gesunken ist. Dies gilt zum Beispiel für den Glattschweinswal *(Neophocaena phocaenoides)* im Jangtse, von dem es inzwischen weniger als 250 Exemplare gibt, es galt vor 20 Jahren aber auch für den Flussdelfin des Jangtse.
- Vom Aussterben bedroht sind weiterhin Arten, bei denen die Zahl ausgewachsener Tiere um 70 Prozent zurückgeht. Dies ist beim ausschließlich in den Gewässern um Neuseeland verbreiteten Hector-Delfin *(Cephalorhynchus hectori)* der Fall.
- Gefährdete Arten schließlich umfassen alle Tiere, deren Populationen um 60 Prozent abnehmen. Zu dieser Kategorie gehören Hunderte von Arten!

2008 hat die IUCN einen alarmierenden Bericht zur Situation der Meerestiere veröffentlicht. Nach Angaben der Wissenschaftler sind 17 Prozent der Haifischarten, 12 Prozent der Sägebarsche, 27 Prozent der Korallenarten, 25 Prozent der Meeressäugetiere, 27 Prozent der Meeresvögel und sechs von sieben Meeresschildkrötenarten gefährdet.

Der letzte vollständig im Meer lebende Vertreter der *Sirenia* (Seekühe): Der Dugong *(Dugong dugon)* ist ein pflanzenfressendes Säugetier und weidet Seegras tropischer Regionen ab. Ein Dugong kann bis zu 75 Jahre alt werden und wird erst mit etwa zehn Jahren geschlechtsreif. Nach einer 12 bis 14 Monate andauernden Tragzeit gebiert das Weibchen ein einziges Junges, das erst nach 18 Monaten entwöhnt ist. Die Pause zwischen zwei Schwangerschaften beträgt vier bis fünf Jahre. Diese sehr schwache Fortpflanzungsrate macht den Dugong extrem anfällig für jeden Eingriff von außen.

Welche Arten sterben aus?

Arten mit langer Lebensspanne, später Geschlechtsreife und niedriger Fortpflanzungsrate sind am meisten gefährdet. Unsere zügellose Ausbeutung der Erde unterwirft sie einem Rhythmus, der den Tieren nicht mehr genug Zeit lässt, sich fortzupflanzen. Arten mit kurzer Lebensspanne und hoher Fortpflanzungsrate profitieren hingegen. Wenn wir so weitermachen wie bisher, werden hundertjährige Bäume, Menschenaffen, Elefanten, Wale, Haie und Schildkröten von unserer Erde verschwinden. Die Welt unserer Kinder wird dann von Sträuchern, Ratten, Krabben und Quallen bevölkert sein.

Warum sterben bestimmte Arten aus?

Fischfang und Jagd, verantwortlich für die Ausrottung von Stellers Seekuh und des Riesenalks, bedrohen heute Haie wie den Makohai und den Blauhai. Die großen Haifische der Tiefsee sind vor allem wegen ihrer Flossen gefragt, mit denen chinesische Suppen zubereitet werden! Überdies fallen sie Treibnetzen zum Opfer, mit denen eigentlich Thunfische gefangen werden sollen. Das Ausmaß der Fischwirtschaft in sämtlichen Ozeanen ist so gewaltig, dass den Haien keine Zeit bleibt, das Erwachsenenalter zu erreichen oder sich fortzupflanzen. Und selbst, wenn es ihnen gelingen sollte, ist ihre Fortpflanzungsrate (im Durchschnitt ein Dutzend Junge alle zwei bis drei Jahre) zu niedrig, um das Massaker auszugleichen.
Der Rückgang zahlreicher Arten liegt jedoch im Zusammentreffen mehrerer Faktoren begründet. Durch die Verschmutzung der Gewässer nimmt die Fruchtbarkeit ab, es entstehen Krankheiten, und die Tiere werden geschwächt. Bestimmte Tierarten fallen Fangapparaten zum Opfer, die nicht für sie bestimmt sind. Hector-Delfine, Dugongs und Lederschildkröten verfangen sich in den Netzen, Albatrosse bleiben an den Haken der Treibnetze hängen. Die Urbanisierung der Küsten und die touristische Erschließung zerstören Lebensräume und Fortpflanzungsreviere. So mussten beispielsweise die Mönchsrobben und die Schildkröten des Mittelmeeres erleben, wie ihr Habitat immer weiter zusammenschmolz.
Die Klimaerwärmung ruft tiefe Veränderungen der Lebensräume hervor, die sich umso katastrophaler auswirken, da die Präsenz des Menschen überall auf dem Planeten die Wanderrouten der Tiere abschneidet und es ihnen so verwehrt, in freundlichere Gefilde umzusiedeln.

Refugien der Meereswelt

Die unglaubliche Widerstandskraft der Meere

Das Meer zeigt sich beeindruckend resistent angesichts der ständigen Angriffe, denen es durch unseren unzureichend kontrollierten Fortschritt ausgesetzt ist. Kommerzielle Fischarten werden ausgebeutet, die Meerestiefen mit Schleppnetzen verwüstet, Küsten und Mangrovenwälder zerstört und zahllose Giftstoffe eingeleitet. Wer so von allen Seiten attackiert wird, müsste eigentlich zusammenbrechen. Und doch hatten unsere Teams positive Erlebnisse. Sie konnten wunderbare

Linke Seite: Ein Schwarm Kuhnasenrochen, Kokos-Insel. Die Insel vor der pazifischen Küste Costa Ricas wurde von der UNESCO zum Welterbe der Menschheit erklärt und profitiert von damit verbundenen Schutzmaßnahmen. Obwohl im Schutzgebiet immer noch gewildert wird und Hammerhaie auf der Jagd nach ihren Flossen abgeschlachtet werden, kann man hier eine außergewöhnlich reiche und vielfältige Meeresfauna beobachten. Um wandernde Tierarten, die einen Teil des Jahres im Umfeld der Insel verbringen, bestmöglich zu schützen, hat sich die Regierung von Costa Rica mit jener Panamas, Ecuadors und Kolumbiens verständigt und einen riesigen Schutzkorridor im tropischen Ostpazifik errichtet, der die jeweiligen Meeresreservate der Länder verbindet: Galapagos (Ecuador), Malpelo (Kolumbien), Coiba (Panama) und die Kokos-Insel (Costa Rica).

Oben: Die kolumbianische Isla de Malpelo gehört seit 2006 zum UNESCO-Weltnaturerbe – dank des hartnäckigen Eifers der Leiterin des Nationalparks, Sandra Bessudo. Die Biologin und Taucherin führt seit mehreren Jahren Markierungen der Hammerhaie durch. 2008 konnte sie auf diese Weise beweisen, dass die Tiere zwischen der Isla de Malpelo (März) und der Kokos-Insel (April) pendeln, um dann (im Mai) zu den Galapagosinseln zurückzukehren. Die Notwendigkeit eines Schutzkorridors war damit untermauert.

Dinge filmen. Diese suchten sie aber in Regionen, die fernab der Zivilisation liegen: der Arktis, Antarktis und in Meeresgebieten mit starkem Auftrieb, die von der Strömung ständig mit Nährstoffen angereichert werden (beispielsweise an der Westküste von Costa Rica).
Das Meer lässt sich nicht so schnell unfruchtbar machen. Es verödet nicht – anders als entwaldete Gegenden, deren fruchtbare Böden sich in Laterit oder Sand verwandeln. Die starken Strömungen sind die Adern des Ozeans und transportieren unaufhörlich Nährsalze, mit denen die Planktonblüte aufrechterhalten wird. Zudem tragen sie Eier und Larven von Tierarten, die sich in geschützten Gebieten fortgepflanzt haben, in bis dahin verwüstete Gebiete, die auf diese Weise zurückerobert werden.

»Benkei« – so lautet der Name des ältesten Zahnlippfisches *(Semicossyphus reticulatus)*. Er ist ein Symbol. Dieses beeindruckende Männchen ist mehr als 20 Jahre alt. Der *Semicossyphus reticulatus* herrscht über die Region Akaiwa nahe der japanischen Insel Sado. Nirgendwo sonst auf der Welt trifft man noch so große Fische an. Die Fische können bis zu 40 Jahre alt werden, aber aufgrund des intensiven Fischfangs haben sie keine Zeit, zu altern. 1980 jedoch haben die Fischer des Dorfes Kitakoura auf Bitten der Tiefseetaucher beschlossen, das Gebiet nicht mehr zu nutzen. Zudem änderten sie in den benachbarten Regionen ihre Fangmethoden: Sie begrenzten die Fangzeit für Seeohren, vergrößerten die Maschenbreite ihrer Netze und verpflichteten sich, Delfine, Walhaie und Schildkröten, die sich in ihren Fangapparaten verfangen, freizulassen. Diese lokalen, auf Absprachen fußenden Schutzmaßnahmen verdeutlichen den Erfolg begrenzter Aktionen, die von Einzelnen getragen werden. Sie können schädliche Einflüsse korrigieren, ohne auf langwierige nationale oder internationale Maßnahmen warten zu müssen, die oft erst nach Jahren in Kraft treten.

Die Rückkehr der ausgewachsenen großen Raubfische

Im Meer kehrt das Leben stets zurück, wenn man ihm Freiräume lässt und es nicht von allen Seiten angreift. Nicht rückgängig zu machende Situationen sind selten – aber man muss rechtzeitig handeln. Und es ist an der Zeit!
Die Meeresschutzgebiete, in denen wir gedreht haben, zeigen, dass stark ausgebeutete Regionen zu Fülle und Artenreichtum zurückkehren, wenn sie in Ruhe gelassen werden. Man kann in den Schutzzonen erneut ein komplexes Nahrungsnetz beobachten, zu dem viele ausgewachsene große Raubfische gehören. Diese sind ein untrügliches Zeichen für die Gesundheit eines Ökosystems, denn im Falle einer Störung verschwinden sie zuerst. In den Schutzgebieten bildet sich erneut ein Gleichgewicht zwischen Arten mit kurzer Lebensdauer, die sich meist am Anfang der Nahrungskette befinden, und Arten mit langer Lebensdauer, die oft am Ende der Nahrungskette stehen.
Ein gestörtes Ökosystem besteht dagegen häufig aus ubiquitären, robusten Arten, die sich durch eine frühe Geschlechtsreife und hohe Fortpflanzungsrate schnell vermehren. Tierarten, die mehr Zeit brauchen, um sich zu entwickeln, verschwinden dagegen. Durch die heftige und unüberlegte Ausbeutung unserer Natur gibt es nur noch wenige ausgewachsene Exemplare. Die Nahrungskette wird an oberster Stelle, bei den großen Raubfischen, abgeschnitten – zugunsten der kleinen Lebewesen am unteren Ende der Nahrungskette. Wenn die Ausbeutung der Meere im derzeitigen Rhythmus fortschreitet, wird der Ozean unserer Kinder von Quallen, Krabben und Möwen bevölkert sein.

Das Lebendige steht in Verbindung

Wir können unsere Fauna nicht in Zoos, Delfinarien oder Genbanken bewahren – sie sind eine schlechte Arche Noah für die vergangene Artenvielfalt der Natur. Ein Lebewesen zeichnet sich zwar oberflächlich durch seine Morphologie aus, aber es existiert im Grunde erst durch sein Verhältnis zur Umwelt und zu anderen Lebewesen. Die Gefangenschaft bewahrt also die Form, das »Bild« eines Tieres, kann aber niemals sein Verhalten und seine Beziehungen respektieren. Sie hebt die Identität eines Lebewesens auf.

Vor ihrer wirtschaftlichen Ausbeutung bewohnten fast 300 000 Meerotter die Küsten des nordöstlichen Pazifiks. Als 1911 Japan, Russland, Großbritannien und die USA einen Schutzvertrag unterzeichneten, waren es nur noch einige Tausend. Ohne den Vertrag wäre der Meerotter ausgestorben. Die durch den Marine Mammal Protection Act von 1977 geschützten Tiere haben dennoch Mühe, ihren einstigen Verbreitungsgrad zu erreichen. Man schätzt ihren Bestand auf 5000 bis 10 000 Exemplare.

Nun wird argumentiert, die Gefangenschaft sei nur eine Etappe zur Rettung der bedrohten Arten, da diese ja anschließend in ihr natürliches Milieu zurückgeführt würden. Doch das Milieu muss in jedem Fall intakt sein. Also sollte man den natürlichen Lebensraum doch besser zusammen mit seinen frei lebenden Arten erhalten. Wir haben einfach keine andere Wahl, als das Ökosystem in seiner Gesamtheit zu schützen. Wir müssen Refugien der Meereswelt schaffen. Und das rechtzeitig! Der Tod von Qi Qi, einem Jangtse-Delfin, den man in der Hoffnung gefangen hielt, er würde sich vermehren, ist eine tragische Untermauerung für diese Dringlichkeit, denn Verschmutzung, Schifffahrt und Urbanisierung hatten die Tierart bereits dem Untergang geweiht.

Wirksame Schutzmaßnahmen

Auf unseren Reisen konnten wir ehemals gnadenlos ausgebeutete Tierarten filmen, die schon am Rande der Ausrottung standen und nun ihren Lebensraum zurückerobern, da sie von Schutzmaßnahmen profitieren. Die Buckelwale der Insel Sainte-Marie in Madagaskar und der Inselgruppe Mayotte sind hierfür ein gutes Beispiel.
Während der großen Walfangepoche, jener von Kapitän Ahab und Moby Dick, waren die Bucht von Antongil und die Insel Sainte-Marie für den Walfänger Charles W. Morgan ein äußerst beliebtes Jagdrevier, denn es ließen sich immer wieder außerordentliche Fänge machen. »Die Bucht ist ein einziges Blutbad«, notiert 1925 der aus New Bedford stammende Walfänger John P. West. Bis Mitte des 20. Jahrhunderts waren die Wale ausgerottet, und die Madagassen hatten vergessen, dass es sie je gab. Nur einige Ortsbezeichnungen wie »Walkopfspitze«, »Walbank« und »Walriff« erinnerten noch daran, dass einst zahlreiche Wale herkamen, um ihre Jungen auf die Welt zu bringen. Das 1979 beschlossene Moratorium für den Indischen Ozean und der allgemeine Walfangstopp 1982 haben die Überlebenden gerettet. Unauffällig kommen sie zwischen Wellen versteckt zurück, um vor der Insel Sainte-Marie ihren Nachwuchs zu gebären. Bewegende Bilder von Walen und ihren Jungen, die Luc Drion bei Sainte-Marie und Yasushi an den Komoren drehen konnten, sind Belege für den Erfolg dieses speziellen Schutzes.
Zahlreiche Meeressäugetiere wie Wale, Seeelefanten und Seehunde, die kurz vor der Ausrottung standen, wurden durch spezielle Schutzmaßnahmen gerettet. So auch die Seelöwen *(Otaria flavescens)*, die wir an der Halbinsel Valdés filmen konnten. Die Säugetiere wären in den 1950er Jahren beinahe von den südamerikanischen Küsten verschwunden. 90 Prozent ihres Bestandes waren durch Jäger vernichtet worden. Heute umfasst ihre Population 250 000 Tiere.
Wenn wir etwas aus unseren Dreharbeiten rund um die Welt gelernt haben, so ist es die Erkenntnis, dass das Meer zwar in einem schlechten Zustand, aber dennoch stabil ist. Es lohnt sich also, Schutzmaßnahmen zu ergreifen, denn sie erfüllen stets die Erwartungen und erreichen oft spektakuläre Erfolge. Es lohnt sich, aktiv zu werden – nicht nur, um den Verfall der Ökosysteme aufzuhalten, sondern vor allem auch, um folgenden Generationen einen reicheren Ozean zu hinterlassen, als jenen, den wir bekommen haben: Um ihnen das Meer zu schenken, das wir erträumt haben.

Wir können kaum ermessen, welcher Reichtum an Fischen und welch große Raubfische in den Meeren herrschten, bevor ihre industrielle Ausbeutung einsetzte. Aber noch können wir unseren Kindern einen »reicheren« Ozean hinterlassen als jenen, den wir derzeit vorfinden – wenn es uns gelingt, ihm Freiräume zu lassen.

Plädoyer für ein lebendiges Meer

Unsere drei Jahre andauernden Dreharbeiten rund um die Erde waren drei Jahre des Glücks. Mit dem Buch und dem Film *Unsere Ozeane* wollten wir unserer Freude Ausdruck geben, den »Großen« dieser Welt begegnet zu sein: Pottwalen, Schwertwalen, Haien, Seehunden, Rochen, aber auch einer Vielzahl unbekannter Fische, Tintenfischen und Schildkröten. Werden in Zukunft auch andere Menschen das Glück haben, mit diesen Tieren in Kontakt zu kommen? Im Laufe unserer Seereisen haben wir auch kranke Meere und verseuchte Ozeane gesehen. Unser Planet ist so klein! Alles hängt mit allem zusammen: Das, was wir jetzt und hier tun, wird morgen an anderer Stelle Konsequenzen haben. Wir wollen nicht, dass dieser Film und dieses Buch das letzte Zeugnis eines verlorenen Paradieses sind. Im Gegenteil, wir möchten, dass unsere Kinder heute und morgen, hier und woanders, das Gleiche erleben können wie wir. Wie könnten wir ihnen ohne Scham gestehen, dass ihnen dies nicht mehr möglich ist, weil wir durch unsere Gier, unseren Egoismus, unsere Willkür und Unbedachtheit alles vernichtet haben? Weil wir alles konsumiert haben, bis zur Neige? Seit 30 Jahren schon wird auf die kommenden Generationen hingewiesen, aber die Generationen wechseln sich ab, und der Raubbau geht weiter. Welchen Ozean wollen wir weitergeben? Einen Ozean ohne große Fische, bevölkert von Quallen, Krabben und Tintenfischen? Unser Planet ist nicht entstanden, um in einhundert Jahren zugrunde zu gehen, sondern um weitere Milliarden Jahre das Leben zu beherbergen. Es gibt keinen anderen Planeten, auf den wir uns retten könnten, und es gibt kein Meer, auf das wir als Reserve zurückgreifen könnten.

Und warum ist die unberührte Wildnis für uns so ein Problem? Ist die Natur nur ein Speicher von Proteinen und Rohstoffen? Warum muss sie dem Menschen unbedingt nützlich sein? Die Kriterien dieser Nützlichkeit ändern sich je nach Ort, Brauch und Zeit. Fischarten, die noch vor 30 Jahren wieder ins Wasser geworfen wurden, sind heute die begehrtesten auf dem Markt. Zum Glück gab es sie aber damals, wenn sie uns auch nicht nützlich waren. Verlangt man etwa von

der Kunst, nützlich zu sein? Welchen Nutzen haben die Höhlenmalereien in der Grotte Chauvet? Welchen Nutzen hat die schöne Milchfrau von Vermeer? Welchen Nutzen hat das Großbild *Guernica*? Wenn wir fähig sind, »nutzlose« Kunstwerke zu bewahren, dann sollten wir auch fähig sein, die Wildnis auf unserer Erde zu bewahren. Wir müssen lernen, Räume zu akzeptieren, die sich unseren Regeln und Berechnungen entziehen und weder unserem Rentabilitätsanspruch noch unseren ästhetischen Kriterien entsprechen. Der Mensch benötigt nicht nur die Produkte des Meeres, er braucht auch die Unvorhersehbarkeit der lebendigen Welt. Er braucht Träume, Abenteuer, Überraschungen. Diese findet er nicht in Aquakulturen, sondern in wilder Natur mit freilebenden Tieren. Die Vielfalt des Menschen und seines künstlerischen Ausdrucks entspricht der Vielfalt der uns umgebenden Welt und insbesondere der Vielfalt des Lebens. Der Louvre ist kein Kaufhaus. Ein schwebender Mantarochen ist wie das Lächeln der Mona Lisa. Im Grunde geht es um den Menschen. Die wilde Natur ist Erbe der Menschheit. Mit jeder Tierart, die von unserem Planeten verschwindet, verschwindet ein Stück unserer Menschlichkeit. »Es gäbe nichts Unmenschlicheres als einen Planeten, der ausschließlich von Menschen bevölkert wäre«, bemerkte der Ornithologe Francis Roux, als wir *Nomaden der Lüfte* drehten.
Wenn wir einen Ort für den Blauwal, den Weißen Hai, den Gorilla und den Elefanten finden, für all diese platzraubenden Tiere, die zu nichts nütze sind; wenn wir der Goldkopf-Sandgrundel und dem Fliegenden Fisch ein wenig Aufmerksamkeit schenken, all diesen unbedeutenden Tieren, die nicht nützlich sind, die wir wahrscheinlich nie sehen werden und von deren Existenz wir nichts wissen – dann lernen wir auch jeden Einzelnen von uns in seiner Besonderheit zu akzeptieren.

Auf die Frage: Welchen Ozean wollen wir? Welche Natur wollen wir?, sollten wir zuallererst antworten: Welche Menschen wollen wir sein?

Dank

Jacques Foussat

Jacques Perrin Lancelot Perrin

Jacques Cluzaud

Laurent Debas

Bruno Coulais

Vincent Schmitt

Catherine Mauchain

Nicolas Mauvernay

Unser Dank gilt allen, die an der Ausarbeitung des vorliegenden, durch den Film *Unsere Ozeane* von Jacques Perrin und Jacques Cluzaud angeregten Bildbands beteiligt waren.

Am 10. Juni 2006 versank Jacques Foussat nahe des Ufers im Meer, als er die Küste der Transkei im Süden Afrikas überflog. Am Vorabend des Unglücks hatte er einem Freund eine Mail geschickt, in der er ihm schrieb, wie sehr er sich freue, im Drehteam von Galatée zu sein, dem er als Regieassistent angehörte. Wir schätzten Jacques wegen seiner erstaunlichen beruflichen Fähigkeiten, seiner Genauigkeit bei der Ausübung seiner Tätigkeit und seiner menschlichen Qualitäten. Wir alle haben einen Freund verloren. Der Film *Unsere Ozeane* ist ihm gewidmet.

Unter Mitwirkung von Lancelot Perrin und Jacques Perrin

Drehbuch: Jacques Perrin, Jacques Cluzaud, François Sarano, Stéphane Durand, Laurent Debas
Filmmusik: Bruno Coulais
Kommentare in Zusammenarbeit mit: Laurent Gaudé
Wissenschaftliche Beratung: François Sarano, Stéphane Durand, Yvon Le Maho
Schnitt: Vincent Schmitt, Catherine Mauchain
Produzenten: Jacques Perrin, Nicolas Mauvernay
Herstellungsleitung: Romain Le Grand
Produktionsleitung: Manuel Monzon, Jean-Marc Henchoz
Executive Producer: Jake Eberts
Produktionsmitarbeit auswärtige Beziehungen: Yvette Mallet
Ausführender Produzent: Olli Barbé
Bearbeitungsleiter: Guy Courtecuisse
Regisseur 2nd Unit: Christophe Cheysson
Regieassistent (Jonas und Polecam): Alexandre Poulichot

Kamerastab: Luc Drion (SBC), Luciano Tovoli (AIC-ASC), Laurent Charbonnier, Éric Börjeson, Philippe Ros, Christophe Pottier, Laurent Fleutot, Thierry Thomas, Philippe Garguil, Valérie Le Gurun, Michel Benjamin, Olivier Gueneau

Kamerastab Unterwasseraufnahmen: Didier Noirot, René Heuzey, David Reichert, Yasushi Okumura, Simon Christidis (A.C.S.), Jean-François Barthod, Denis Lagrange, Georges Evatt, Thomas Behrend, Mario Cyr
Kamera und Elektrik: Philippe Ros
Leiter Kalibrierung: Luciano Tovoli
Digitale Kalibrierung: Laurent Desbruères, Tommaso Vergallo

Ton: Philippe Barbeau, Martine Todisco
Tonschnitt: Dominique Fano Renaudin, Élisabeth Paquotte
Tonbearbeitung: Jérôme Wiciak
Tonmischung: Florent Lavallée, Anne Le Campion
Szenenbild: Jean Rabasse
Spezialeffekte: Christian Guillon, Arno Fouquet
Assistenz der Aufnahmeleitung: Johann Mousseau, Antoine de Cazotte, Vincent Steiger, Charles Stenhouse
Produktionsleiter Postproduktion: Philippe Schwartz

Technische Entwicklung und Beratung: Jacques-Fernand Perrin
Technische Konzeption und Realisation: Alexander Bügel, Hervé Theys
Techniker Digitale Aufnahmen: Christian Mourier, Olivier Garcia
Kamera: Philippe Ros, Luc Drion
Koordinator: Dimitri Billecocq

Beratung See: Bernard Deguy
Beratung Wetter: Pierre Lasnier (Météo Mer)

Filmgeschäftsführung: Catherine Kieffer
Assistenz der Filmgeschäftsführung: Yasmina Ho You Fat
Produktionsassistenz: Florence Forney, Odile Balme, Julie Saint-Hilaire
Allgemeine Aufnahmeleitung: Nicole Soriano, Philippe Baisadouli (A.F.R.), Gil Descoings, Paula Luttringer, Étienne Steiger
Set-Aufnahmeleitung Frankreich: Dimitri Billecocq, Marc Gaviard
Aufnahmeleitung: Linda Abbing, Éric Chevalier, Romain Cordonnier, Christophe Gindre, Serge Lamadie, Stéphane Martin (Jonas), Thomas Pflimlin, Raphael Lucchini di Pozzo, Ludovic Sigaud, Sophie Alexia Stenhouse
Regieassistenten: Mathieu Aeberhard, Julien Darnaud

Instruktion Taucher: Aldo Ferrucci, Ian Thomas, Denis Lagrange, Mark Thurlow, Patrice Pain
Unterwasserbeleuchtung: Sylvain Champion
Tauchärzte: Éric Bergmann, Sylvain Chapon, Corinne Lelong, Georges Pernod

Techniker Steadicam: Michel Rodas

Leitender Techniker für HD-Aufnahmen: François Paturel
Techniker HD-Aufnahmen: Arnaud Delannoy, Mélanie Desautels, Euriel Etevenon, Salomé Gadafi, Manuel Henry, Mathieu Lamand, Cyrille Liberman, Léonard Rollin, Benoît Torti
Erster Kameraassistent 35 mm: Stéphane Aupetit
Kameraassistenz 35 mm: Éric Bornes, Maryse Charbonnier, Nicolas Desaintquentin, Mélinda Lignot, Steve Moreau, François Quillard, Rodolphe Soucaret

Pilot Minihelikopter: Frédéric Jacquemin (Birdy Fly)

Storyboard: Vincent Coperet

Regisseur Making of: Renan Marzin
Kamera Making of: Alexandre Ayer, Steve Gadler
Assistenz Making of: Alheid von Bothmer

Tonassistenz: François Bidart, Grégory Wintrebert
Geräuschaufnahmen: Lisa Busch (Alaska), Isabelle Charrier (Arktis), Vincent Lecomte (Antarktis), Jan Straley (Alaska)

Leitende Techniker Naturaufnahmen: Alexander Bügel, Alain Benoist (Jonas), Edgar Raclot, Vincent Blasco, Guilhem Boubée de Gramont, Sylvain Bardoux
Leitende Techniker für die Dreharbeiten zur Story: Vincent Blasco, André Haidant

Unterwasserelektrik: Andrew Harcourt, Paul Johnstone
Elektrik Innenaufnahmen: Jean-Claude Le Bras
Leitende Techniker Elektrik: Marc Serayet, Philippe Wegiel

Hubschrauberpiloten: Nick Hill, Tyler Bullick
Bootsführer: Jean Bourel de la Touche, Philippe Lengaigne-Petitjean, Laurent Champion, Randy Morse, Shune Harle, Williem Gouws (Südafrika), Alain Carpentier

Wissenschaftliche Beratung

Argentinien: Roberto Bubas, Hector Casin
Arktis: Graham Dickson
Australien: Richard Fitzpatrick, Mark Douglas Norman, Julian Finn, David Donnelly
Costa Rica: Nico Ghersinich
Galapagos: Ana Maria Velasco-Steiger
Guadeloupe: Renato Rinaldi
Madagaskar: François-Xavier Mayer, Association Megaptera
Mexiko: Doc Anes
Neukaledonien: Claire Goirand (Institut de recherche pour le développement – IRD)
Neuseeland: Bob Torelli
USA: John Calambokidis, Erin Falcone (Kalifornien), George Schmall, Emma Hickerson (Texas), Jan Straley, Fred Sharpe (Alaska), Richard Sears, Roberto Bubas

Postproduktion

Assistenz Postproduktion: Christelle Didier
Assistenz Bildschnitt: Noémie Loeve, Lise Courtès
Stellvertretende Assistenz Bildschnitt: Clémence Hardouin
Assistenz Tonschnitt: Émilie Boueil
Geräusche: Nicolas Becker, Philippe Penot
Assistenz Geräusche: Assia Zipper, Jacques Defrance
Geräuschaufnahmen: Florent Lavallée
Organisation und Planung Schnittraum: Sophie Vermersch
Überwachung Spezialeffekte: L'E.S.T.
Leitung visuelle Effekte: Christian Guillon
Überwachung visuelle Effekte: Arno Fouquet
Koordination VFX: Bérengère Dominguez
Visuelle Effekte L'E.S.T.: Mathilde Germi
Visuelle Effekte: BUF Compagnie
Visuelle Effekte: DEF 2 SHOOT

Allgemeine Überwachung visuelle Effekte: MIKROS Image, Hugues Namur

Eine Produktion von Galatée Films

Stellvertretender ausführender Produzent: Nicolas Dumont
Geschäftsführung: Claire Maillard
PR: Élise Fressin
Assistenten von Jacques Perrin: Patricia Lignières, Jean-Luc Tesson
Assistentin der Geschäftsführung: Claude Morice
Pressesprecherin: Eva Simonet

Yvette Mallet

Olli Barbé

Christophe Cheysson

Alexandre Poulichot

Luc Drion

Luciano Tovoli

Laurent Charbonnier

Eric Börjeson

Philippe Ros

Laurent Fleutot

Thierry Thomas

Didier Noirot

René Heuzey

Mario Cyr

David Reichert

Philippe Barbeau

Yasushi Okumura

Martine Tadisco

Jean-François Barthod

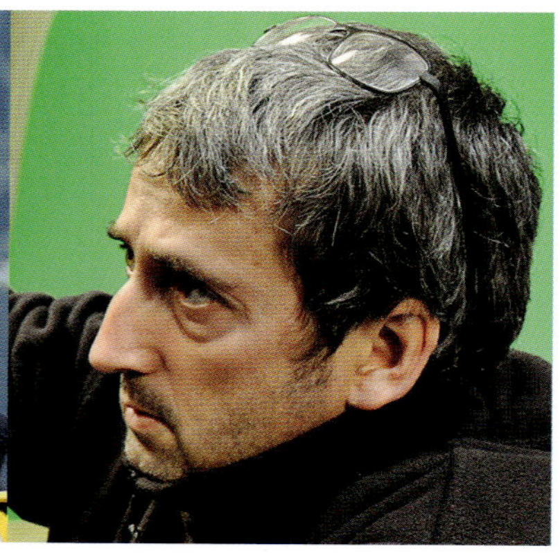
Jean Rabasse

Simon Christidis

Christian Guillon

Thomas Berhend

Arno Fouquet

Zudem möchten wir danken:

Frankreich

Dreharbeiten Story

Kinder in den Dünen: Zelda-Rose Barbé, Nyima Barbé, Virgil Deguy, Nyls Deslauriers, Shinsai Deslauriers, Annélie Durand, Suzie Le Berre, Maxime Lelièvre, Sonam Marzin, Isis Ramuz, Oscar Stenhouse, Karl Timsit
Erste Regieassistentin: Vanessa Djian
Zweiter Regieassistent: Yann Le Boucher
Weitere Regieassistenten: Sacha Bollet, Colin Cluzaud, Aurélia Hollart
Gewandmeisterin: Françoise Guégan
Erster Assistent Szenenbild: Arnaud Le Roch
Leitender Bühnenbildner: Jacky Hardouin
Chef-Modelleur *Stellers Seekuh* und *Jangtse-Delfin*: Francis Poirier
Chef-Modelleur *Hector-Delfin, Engelhai* und *Jangtse-Tümmler*: Jean-Pierre Barthes
Gipser *Stellers Seekuh* und *Jangtse-Delfin*: David Dreiding
Modelleure *Stellers Seekuh* und *Jangtse-Delfin*: Mimsy Farmer, Pascal Faviez, François Roux
Modelleure *Hector-Delfin, Engelhai* und *Jangtse-Tümmler*: Marie Barthes, Michel Weidmann
Modelleur *Karibische Mönchsrobbe*: Clément Wintz
Maskenbild Spezialeffekte *Karibische Mönchsrobbe*: Guillaume Castagné, Frédéric Lainé
Friseurin Haarteile *Karibische Mönchsrobbe*: Mélanie Gerbeaux Lainé

Dreharbeiten Sturm

Hubschrauberpilot: Thierry Leygnac
Fischkutter *Veronika*: Kapitän Alain Seven
Fischkutter *Coppelia*: Kapitän Jean-Baptiste Goulard
SNSM Le Conquet: Mannschaft des Schnellboots *La Louve*
Schlepper *Abeille Bourbon*: Kapitän Alain Choquet
Fregattschiff *Latouche-Tréville*: Kapitän zur See Liot de Nortbecourt

Dreharbeiten Bretagne

Bureau d'accueil des tournages de Bretagne
Syndicat mixte de la pointe du Raz, Grand Site de France
Société nationale de sauvetage en mer (SNSM), Brest
Isabelle Gay (Conservatoire du littoral)
Maison de la baie d'Audierne, Grégory Thomas
Stadtverwaltung von Saint-Jean-Trolimon, M. Augier
Stadtverwaltung von Cléden-Cap-Sizun
Association »La Belle Angèle«
Affaires Maritimes et Centre de Sécurité im Hafen von Guilvinec
CROSS Corsen für die Zusammenarbeit, Richard Dheedene, Jean-Charles Quéré
OCÉANOPOLIS, Éric Hussenot, Pierre Mollo, Jean-Marc L'Huillier, Philippe Coyault

Und an anderen Orten der Welt …

Antarktis

Dem Präfekten und dem gesamten Team der Terres australes et antarctiques françaises (TAAF)
Dem Leiter Gérard Jugie und allen Mitarbeitern des Institut polaire français (IPEV)

Arktis

Den Arctic Kingdom Marine Expeditions
Expeditionsleiter: Graham Dickson und Mannschaft
Richard Adams, Ian Big Canoe, Larry Brandridge, Leslie Currie, Michael Darby, Ashley Graham, Kristyn Gray, Darren Johns, Dawson Lane, Michel Lemieux, Thomas Lennartz, Louise Murray, Carl Nemeth, Leela Ramiengar, Denise Richards, Cecilia Vanman, Andrew Woodward, Sarah Marie Zatylny
Führer: Tommy Aglak, Pauline Akeeagok, Mark Akeeagok, Lenny Alooloo, Peter Arnatsiaq, Jake Awa, Sipporah Awa, David Curly, Kevin Enok, Simeonie Enok, Theo Ikummaq, Harry Ittusardjuat, Robbie Kakkik, Larry Kavtak, Simon Komengapik, Ham Kudluk, Dan Komongpik, Julyta Koonark, Daniel Koonoo, David Matoo, Aksakjuq Nigiuk, Liza Ningiuk, Leetia Noah, Joanie Nungaq, Brian Omik, Sam Omik, David Panipakoocho, Elija Panipakoocho, Eric Pijamini, Randy Pijamini, Sandra Pijamini, Jimmy Pitseolak, Jimmy Qaapiq, Paul Qamnaq, Solomon Qanatsiag, Matthias Quanaq, Brian Simonee, James Simonie, Steven Simonie, Sheatie Tagak, Silus Takawgak, Juda Taqtu
Government of Nunavut, Nunavut Tourism, Nunavut Economic Development and Transportation, Hamlet of Pond Inlet, Hamlet of Grise Fiord, Hamlet of Igloolik, Canadian Wildlife Service, Grise Fiord Hunters & Trappers Association, Pond Inlet Hunters & Trappers Association, Igloolik Hunters & Trappers Association, Grise Fiord Arctic Cooperative, Pond Inlet Arctic Cooperative, Igloolik Arctic Cooperative

Argentinien

Hector Horacio Casin (Direccion Gral de Conservacion de Areas Protegidas Chubut)
Juan Copello (Führer durch die Fauna von La Ernestina)

Australien

Dreharbeiten Story und Studio
Kamera: Simon Christidis (A. C. S.)

Allgemeine Leitung: Andrew Harcourt und Team
Jared Faulkner, Che »Taffy« McGuinness, Nick Wolf, Zuraya Hamilton, Nick McKinnon, Scott Menzies, Mel McKinnon, Paul »PJ« Johnstone, Mark »Watto« Watson, Richard Fitzpatrick, Andrew Burns, Christian Kuhn, Misha Temple, Graeme Dew, Mano Enos, Geoff Brown, Mark »Barky« Jefferies, Grant Wilson, Brett Cooper, Graeme Cook, Danny Cairns, Mirka Bimr, Leigh Tait, Leith Klaffer, Bruce Bright, Rain Hart, Murray Clarke, Guy Mewburn, Ray Pukis, Bud Hopes, John Medland, John »Gomer« Pile, Herb Llic, Charlie Doug Brown, Ray Davis, Stella Freund, John Philipps, Andrew Alan, Carla Thexton, Dick Kristian, Matt Knevett, Simon Buckly, Gary Ringet, Chris Morgan
Seaworld Australia, DECC, NSW Maritime, DPI Fisheries, GBRMPA and Reef HQ Aquarium, Martina Neidig, Paul Boyd, Chris Ferris, Gladstone Port Authority, Screenwest

Animatronics

Herstellung der Animatronics:
Greg McKee und Team: Paul Trefry, Matt Rowe, Matt Ward, Daniel Carlisle, Gustavo Balboa, Wantana Suesut, Warren Finlay
John Cox, Creature NFX Workshop

Azoren

Espaço Talassa, Serge Viallelle

Bahamas

Mark Davis, Tamee Furgusson, Sean Gilbert, Scott Howel, Shaun Howel, Kenny Kevin, Gary Lowe, Dan Malone, Debbie Neil Andrea
Bahamas Film & Television Commission
HMS Bounty Organization LLC und Mannschaft
UNEXSO The Dolphin Experience

Costa Rica

Michael Rothschild (Marviva)

Insel Europa

Dem Präfekten und dem gesamten Team der Terres australes et antarctiques françaises (TAAF)
FAZSOI (Forces armées en zone sud de l'océan indien), Oberleutnant Hilaire
Polizist Pascal Bellair, Gendarmerie de La Réunion
Dem Sondertrupp des 5. Kampfhubschrauber-Regiments von Pau unter dem Kommando von Oberleutnant Abergel
Der Organisation KELONIA, Fabien Jan
SHELTAM, Peter Woods

Galapagosinseln

Dem Sekretariat für Kommunikation der Präsidentschaft der Republik Ecuador
Dem Umweltministerium
Alfredo Carrasco Valdivieso, Vorsitzender von SAMIRI (Projekte zur Umweltwirtschaft)
Nationalpark der Galapagosinseln, Fabian Oviedo (Kommunikationsbeauftragter)
Graham Watkins (Charles Darwin Foundation auf den Galapagosinseln)
Der Zollbehörde Ecuadors
Eduardo Rosero (Kapitän der *Queen Mabel*)
Friedmann Koester, Gunther Reck, Thomas Dellinger, Carlos Valle, Sylvia Harourt, Victor Saenz, Daniel Arcos, Francisco Gonzales

Guadeloupe

Caroline & Renato Rinaldi (Organisation »Évasion Tropicale«)

Guyana

Jacques Burle (Küstenschutz-Agentur »Conservatoire du littoral et des rivages lacustres« in Guyana)
Jean Leduc (DIREN, Direction régionale de l'Environnement in Guyana)
Sylvain Huriot (GEPOG)
ONCFS (Office national de la chasse et de la faune sauvage)
Julien Semelin (Réserve naturelle de l'île du Grand Connétable)
Dem Zoo von Guyana, Olivier et Emmanuelle Bongard, Franck und Angélique Chaulet
Der Organisation Kwata, Benoît de Thoisy, Guillaume Feuillet, Eddy Poirier
Laurent Kelle (WWF Guyana)

Indonesien

Lembeh Resort and Dive Center, Danny Charlton

Irland

Galway Film Office

Italien, Sardinien

Carloforte Tonnare PIAM, Giuliano Greco

Japan

Noriko Fukasawa, Masahiko Sakata, Sayaka Sato, Akihiro Yamada
Japan Underwater Films Co., Ltd
Friends Shimane Diving Service, Jun Ishikura
Sado Diving Center, Ryo Honma

Kanada

John K. B. Ford, Jared Towers, Paul Spong

Madagaskar

Vanessa Estrade

Mayotte

Nils Bertrand (Sea Blue Safari)

Johann Mousseau

Catherine Kieffer

Antoine de Cazotte

Yasmina Ho You Fat

Vincent Steiger

Odile Balme

Charles Stenhouse

Jacques-Fernand Perrin

Dimitri Billecocq

Philippe Baisadouli

Bernard Deguy

Étienne Steiger

Marc Gaviard

Ian Thomas

Éric Chevalier

Denis Lagrange

Stéphane Martin

Marc Thurlow

Thomas Pfimlin

Philippe Shwartz

Ludovic Sigaud

François Paturel

Aldo Ferrucci

Euriel Etevenon

Mexiko

Dem Sekretariat für Umwelt und natürliche Ressourcen
Drehgenehmigung (Conanp): Rebeca Kobelkowsky

Neukaledonien

Pierre Laboute, Jean-Michel Boré (IRD), Richard Fitzpatrick, Alain Gerbault, Jean-Pierre Godot, Philippe Lebanc, Gilles Donneger, Guillaume Soulard, Clarisse Gaspard, James Bouchon, Thierry Baboulenne (Babou Plongée), Sylvain Beata, Thomas Douchy, Micha Masso (Unterwassertechniker), Alain Queval, Gilles Garnier, Gilles Watelot, Didier, Philippe Mazalobo
Aline Marteaud (Bureau d'accueil des tournages, Province Sud), Jean-Michel Foutrein (GIE, Nouvelle-Calédonie Tourisme Point Sud)
Mit Unterstützung der Province Sud, der Direction de l'Environnement de la Province Sud und der Mission aux Affaires culturelles
Lagunen-Aquarium in Nouméa, Richard Farman, Selbstverwalteter Hafen von Nouméa, Kommandant Martin, Vincent Denamur (Affaires maritimes), Chambre de commerce et d'industrie, Institut de recherche pour le développement (IRD)
Und: Der Organisation »Fortunes de mer« und Jean-Pierre Folliard, Bernard Andreani (Amédée Diving Club), Fabrice »Balou« Donato, Enercal, Jean Begaud, SORECAL Biotech, Florian Chauvaud, Endel, Luc Sorlin, den Bewohnern der Insel Ouen, Olivier Martin, Jean-Marc Masson, Kommandant Juet (Marinestützpunkt), Patrick Josien (Region Koulnoue), Helicocean, Michel Mai, der Apotheke in Ducos, Thierry Waerebeke

Philippinen

Melissa Monasterio, Stella Freund, Marlon Maraguinot, Ronald Bon, Kenneth Dingle, Ronnie Tillado, TM Props, Romel Gurango, Ernesto Trinedad, Ryan Abugan, Ann Trono, Romy Trono, Dr. Mundita Lim, Jovi & Gota Beach Resort Boat Crew
Governor L'Ray Villafuerte, Mayor Toby Tiangco, Rose Coni, Fai Tsang (Cinerent Manila), Michael Madua (Typhoon 2000 weather consultant), Gary Garcia (Virac radio station observer), Ely Rodulfo (Virac weather station – Virac synop)

Senegal

Éric Dubouchet (Atlantic Évasion)

Südafrika

Rainer Schimpf (Expert Tours)
Marc Adisson (Blue Wilderness Dive Expeditions)

USA

Wissenschaftler:

Stanford University: Barbara Block, Scott Benson, George Schillinger, Randy Kochevar
Benito Bermudez, Carlos Narro, Lilian Carswell, Peter Vize, Jay R. Reichman, Sarah Davis, Asling Brady, David Booth, Kevin Vancleemput, Craig Matkin, John Durban
Delfin-Training: Veronica Cuccurullo
Produktionsassistenten: Shane Wells, Adam Rudder (Jonas & Scooter, San Diego), Erin Blender, Pete Curry, Ryan Graffeo, Heidi Meitzler, Jay Rogers (Pfeilschwanzkrebse, Florida), Dawson Bryington, George Phillips (Flower Gardens)
Ray Saint Pierre, Christina Zenato, Tibor Farkas, Dave Miller, Casey Miller, Tom Green, Carl Sbarounis, Ken Bellows, Kelly Pellet, Bland Ellen, Michael Howard, Miguel Garvalena, Gregory Dreischmeyer, Pam Darty, Chuck Bancroft, Roxana Capper, John Caroll, Mike McReynolds, Chris Hunter

Drehgenehmigung Noaa: Michael Payne, Amy Sloan, Carrie Hubard
Monterey Bay Aquarium: Chris de Angelo, Alicia Pereyra, Mika Yoshida, Dr. Mike Murray, Marissa Viens, Karl Mayer, Karen Jeffries (Public Relations Manager), Paul Cain (Filmvorführer)
Franck Thurlow (Aufnahmeleitung Blauwale), Eric Abma (Meerotter, Monterey), Dennis Dreischmeyer (Boat Depot), Jim Borrowman, Mike Brittain (Schwertwale, Alaska), Fling Charters, Bob Evasick (Scooter, San Diego), Atle Remme, Rich Lashbaugh, Ron Pauley, Rory Mullen (Alaska), Bob Cranston, Fred Demchuck (Riesenkrake)
Georgia Aquarium, World's Largest Aquarium, Atlanta
Georgia: Dave Santucci (VP, Marketing & Communications), Meghann Gibbons (Director, Public Relations), Paul O'Daniel (Production Consultants & Equipment), Patrick Ingram
Pace Technology, Vince Pace, Ryan Sheridan
CSC Camera and Lighting Ft Lauderdale, Cinemoves Inc., Hydroflex Inc., Los Angeles, Gulfstreams Films, Paradise Water Sports, Ocean Motion, Island Java
Aquarium von Atlanta: Jeannie Rochelle, Asher Emmanuel, Al Greene, Dudley Voll, Jos'h Hancher, Freddy Thomas, Edwin Myers, Alex Dahlberg, Ed Mosley, Julie Lee

Nautische Partner

Zodiac Bombard, Guy Cotten, Volvo Penta, Suzuki, Volvo Car, Anhänger PAM, Musée maritime de La Rochelle, Patrick Schnepp, Les Abeilles International, Christian Quillivic, M. le baron Benjamin de Rothschild et Gitana Team, PLASTIMO, Jean-Louis Libouban, Philippe Court, Resident des Yacht Club de France

Institutionelle Partner

Jean Bellais, Fabrice Legrand, François Lureau (Wehrtechnische Behörde: Délégation générale pour l'Armement – DGA), Laurent Giovachini (Assistent Operationen DGA), Pierre Bascary (Versuchsleiter DGA), M. Duvelleroy (Kommunikationsbeauftragter DGA), Patrick Auroy (Assistent Strategie DGA), französische Marine, Olivier Ribbard (Sirpa Marine), Pierre Dubrulle

»La Cité de la Mer« in Cherbourg

Galatée Films dankt folgenden diplomatischen Instanzen für ihre wertvolle Hilfe:
Michèle Carteron (Botschaft von Australien in Paris), Sophie Roy-Sultan (Botschaft der Vereinigten Staaten in Paris), Mme Kusuma Habir (Ministerialrätin, Botschaft von Indonesien in Paris), Mme Escure (Botschaft von Neuseeland in Paris), M. le Vice-Consul Emilio Gilly (Mexikanisches Konsulat), José Abeto Zaide, Botschafter (Botschaft der Philippinen in Paris)

Sowie:

Olivier Adam (Laboratoire images, signaux et systèmes intelligents, Université Paris, XII Val-de-Marne), Michel Andre (Laboratori d'Aplicacions Bioacustiques, Universitat Politècnica de Catalunya), Jean-Yves Boisson (CIANAS), Véronique Cayla, Isabelle Charrier (Équipe communications acoustiques, CNRS, Université Paris-Sud), Fregattenkapitän Pascal Cloos und Korvettenkapitän Marie-Laure Masson (C.I.R.A.), Marie-Hélène Colinet (CNC), Catherine Elmassian (DASS, Paris), Jean-Pierre Guerrieri, Catherine Sauvin, Zoologisches Museum in Lausanne, Zoologisches Museum in Strasbourg, Laurent Leflanchec, Amnon Band (Band Pro), Milan Krsljanin (Arri)

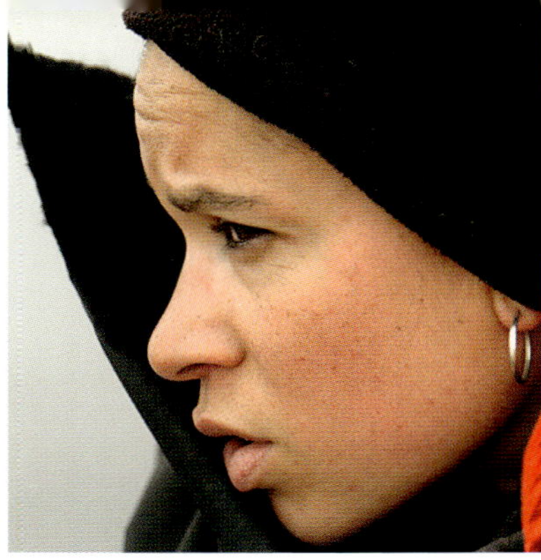
Salomé Gadafi

Mélinda Lignot

Andrew Harcourt

Cyrille Liberman

Fred Jaquemin

Jean-Claude Le Bras

Léonard Rollin

Alex Ayer

Élise Fressin

Benoît Torti

Alexander Bügel

Patricia Lignières

Stéphane Aupetit

Edgar Raclot

Nicolas Dumont

Nicolas Desaintquentin

Vincent Blasco

Eva Simonet

Partner

Um die Emotionen zu wecken, die das Bewusstsein und die Erinnerung prägen:

zwei Jahre Vorbereitung,
vier Jahre Dreharbeiten,
50 außergewöhnliche Drehorte,
70 Expeditionen,
zwölf Teams, Kameras und Apparaturen,
eigens ersonnen,
um mehr als 100 Arten zu filmen,
wie man sie noch nie erlebt hat.

Unsere Ozeane – das bedeutet, die Tiere im Laufe der Jahreszeiten bei ihren Wanderungen durch die Weite der Meere zu begleiten, und es bedeutet, sich die Zeit zu nehmen, ihnen näher zu kommen, ohne sie zu stören. Es ist unseren Teams gelungen, die Dynamik der Lebewesen der großen Ozeane einzufangen, in einem fremden Milieu, das dem 100 Tonnen schweren Blauwal die Leichtigkeit eines Schmetterlings schenkt und dem Mantarochen die Präzision einer Schwalbe und die Anmut eines Albatros verleiht.
Unsere Ozeane ist ein außergewöhnliches Abenteuer, das ohne die Unterstützung unserer Partner niemals Wirklichkeit geworden wäre.
Dank der Satelliten der **Europäischen Weltraumbehörde (ESA)** wurde unser Wissen über die Ozeane revolutioniert. Die Mittel für ein besseres Verständnis und einen besseren Schutz der Meere waren noch nie so bedeutend.

Das Unternehmen **Véolia Environnement** setzt sich direkt dafür ein, schädliche Einflüsse auf die Meereswelt zu begrenzen, indem Häfen saniert, Strände gesäubert und das Ballastwasser von Schiffen aufbereitet wird, das oft mit der Einschleppung fremder Arten in Zusammenhang gebracht wird. Mit der **Fondation Diversiterre** beteiligt sich der französische Stromkonzern **EDF** am Küstenschutz des Conservatoire du littoral und unterstützt Maßnahmen zum Schutz der Umwelt und der Artenvielfalt. Das **Fürstentum Monaco** und die **Fondation Prince Albert II de Monaco** führen das große Abenteuer der Erforschung der Meere fort, das **Prinz Albert I von Monaco** als Gründer des Ozeanografischen Instituts begonnen hat. Ihr Wirken für die Erhaltung der Biosphäre und die Information der Öffentlichkeit haben sie ganz selbstverständlich dazu bewogen, sich an unserer Seite zu engagieren.

Auch die **Fondation Bettencourt Schueller** setzt sich für uns ein, denn sie ist überzeugt, dass die Sensibilisierung eines jeden für den Erhalt der unberührten Natur notwendige Voraussetzung für eine Änderung unseres individuellen Verhaltens ist.

Die **TOTAL Stiftung** finanziert seit 1992 Programme zum Erhalt der Umwelt und der Artenvielfalt wie das Projekt Census of Marine Life, und dies zusammen mit Partnern wie dem Pariser Naturkundemuseum oder dem französischen Forschungsinstitut zur Nutzung der Meere IFREMER.

Der **Crédit Agricole**, der uns bereits bei den Dreharbeiten zu *Nomaden der Lüfte* zur Seite stand, hat ganz selbstverständlich seine Unterstützung für dieses unglaubliche Unterwasser-Abenteuer verlängert.

Die **Alfred P. Sloan Foundation** ist seit fast zehn Jahren Hauptförderer des ehrgeizigsten internationalen Programms zur Erforschung der Meere und ihrer Bewohner: des Census of Marine Life (CoML). Das Programm vereinigt Wissenschaftler aus aller Welt und wird mit seiner Beendigung die Grundlage für eine neue Beziehung zur Meereswelt bilden. Dank der Alfred P. Sloan Foundation stand uns die wissenschaftliche Gemeinschaft bei all unseren Expeditionen zur Seite.

Jacques Perrin

Bildnachweis:

Leitung Foto: Pascal Kobeh
Kalibrierung Foto: Loïc Simon

Pascal Kobeh: S. 2, 8, 10–11, 13, 20 unten, 29, 30–31, 33 unten, 37, 44–45, 46, 47, 48, 50, 51 unten, 52–53, 54–55, 56, 76, 77, 126–127, 138–139, 156, 157, 158, 159, 160, 161, 174–175, Faltblatt 3 erste Seite und rechte Klappe, 185 unten, 189, 194–195, 196, 205, 222–223, 230–231, 232, 233, 234, 236, 237, 238–239, 240, 241, 242, 243, 248, 253, 254, 276, 277, 280 unten, 281, 284 oben links, 291, 295, 301, 307, 308–309
Hideki Abe: S. 68, 69, 70, 71, Faltblatt 2 erste Seite und rechte Klappe, 147
Jesse Ausubel: S. 289
Igor Bely: S. 104, 105 unten, 109, 110, 111, 250 oben rechts, 260 unten, 261
Barbara Block: S. 288
Christophe Cheysson: S. 6, 208, 259, 268, 269
Stéphane Durand: S. 24 oben links und unten, 72–73, 74, 75, 78, 79, 128–129, 130, 131, 132, 133, 134, 135, 136, 137, 140, 141, 176 oben links, Faltblatt 3 letzte Seite, 267, 270 Mitte links, 298 oben links, 299
ESA: Faltblatt mit Satellitenbildern
KARI/ESA: Satellitenbild der Insel Europa
JAXA/ESA: Satellitenbild der Insel Sainte-Marie
Galatée Films-Photogramme: S. 12, 17 oben links, 25 unten, 28 oben und unten links, 33 oben, 36, 51 oben, 54, 57, 93, 98, 99, 103, 201, 203, 207 oben links, 209, 218, 220, 221, 235, 274 rechts, 278 unten rechts
Yves Gladu: S. 58–59, 60, 61, 62, 63, 64, 65, 66, 67, 235, 279
Richard Herrmann: S. 16, 18–19, 20 oben rechts, 26–27, 38–39, 142–143, Faltblatt 2 innenliegende Doppelseite links und rechts, innere Klappe links und letzte Seite des Faltblatts, 144, 145, 150–151, 152, 153, 154, 155, 162–163, 164–165, 166, 168, 169, 170–171, 172, 173, 176 unten, Faltblatt 3 innenliegende Doppelseite rechts und linke Klappe, 197, 210–211, 212, 213, 214, 215, 216, 217, 224, 225, 226, 227, 228, 229, 244–245, 246, 249, 250 oben links, 252, 256 oben, 260 oben, 262 oben, 263, 265, 282, 284 oben rechts, 292, 294, 300, 302, 305
Vincent Lecomte: S. 32, 34–35, 285, 286–287 oben
Yvon Le Maho: S. 286 unten
Renan Marzin: S. 17 oben rechts, 264
François-Xavier Mayer: S. 94, 95
Johann Mousseau: S. 124–125, 198–199, 200, 204, 206 Mitte, 207 oben rechts, 250 unten links, 251, 297
Koji Nakamura: S. 14–15, 40–41, 255, 304
Katell Pierre: S. 96–97, 100, 101, 102, 105 oben, 106, 107
David Reichert: S. 108
Roberto Rinaldi: S. 4–5, 21, 28 unten, 90, 91, 92, 192 oben, 219, 303, 306
Julien Samson: S. 262 unten
François Sarano: S. 20 oben links, 22–23, 24–25 oben rechts, 49, 80–81, 82, 83, 84, 85, 86, 87, 88, 89, Faltblatt 1, 112–113, 114, 115, 116–117, 118, 119, 120–121, 122, 123, 146, 148, 149, 167, Faltblatt 3 innenliegende Doppelseite links, 178–179, 180, 181, 182, 183, 184, 185 oben, 186–187, 188, 190, 192 unten, 246–247, 250 unten rechts, 256 unten, 257, 258 unten, 270 oben rechts und links, 271, 272, 273, 274 links, 275, 278 oben, 280 oben, 290, 293, 296
Mathieu Simonet: S. 177, 191, 193, 258 oben, 298 oben rechts
Edmond Staal: S. 202, 206 oben
Martine Todisco: S. 266
Boris Worm: S. 287 unten

Pascal Kobeh

Igor Bely

Roberto Rinaldi

Yves Gladu

Mathieu Simonet

Richard Herrmann

Johann Mousseau

Renan Marzin

Stéphane Durand

François Sarano

Loïc Simon

Für die Aufnahmen in diesem Bildband haben die Fotografen die Spiegelreflexkameras Canon EOS-1D Mark II und EOS 5D sowie die professionellen Objektive Canon EF 14mm 1:2,8L, EF 15mm 1:2,8L, EF 100mm 1:2,8 macro, EF 16–35mm 1:2,8L, EF 24–70mm 1:2,8L und EF 70–200mm 1:2,8L verwendet.
Auf diesem von Regisseur Jacques Cluzaud aufgenommenen Foto sucht Fotograf Pascal Kobeh Schutz vor den gleißenden Sonnenstrahlen, die auf die Galapagosinseln niederbrennen, um dann die Meeresleguane zu fotografieren.

Canon

Bibliografische Information Der Deutschen Nationalbibliothek
Die Deutsche Nationalbibliothek verzeichnet diese Publikation in der Deutschen Nationalbibliografie; detaillierte bibliografische Daten sind im Internet unter http://dnb.d-nb.de abrufbar.

Titel der Originalausgabe: *Océans*
Erschienen bei Éditions du Seuil, Paris 2009

Deutsche Erstausgabe

Ein Unternehmen der La Martinière Groupe

Gestaltung: Valérie Gautier
Satz: satz & repro Grieb, München
Druck: Pizzi, Mailand
Printed in Italy

ISBN 978-3-86873-129-3

www.knesebeck-verlag.de